U0306980

二氧化硅光学薄膜材料

Silicon Dioxide Optical Thin Film Materials

季一勤　刘华松　著

国防工业出版社

·北京·

内 容 简 介

本书系统地归纳、整理和总结了二氧化硅光学薄膜材料的基本特性及其应用。作者通过理论分析和实验工作,重点针对物理气相沉积制备的二氧化硅光学薄膜材料的光学、力学和随机网络微结构特性进行了深入的研究,给出了典型的现代光学精密系统中的光学多层膜元件研究结果。对于高性能和特种光学多层膜的应用,本书的研究结果具有重要的参考价值。本书可供光学工程、光电信息技术以及薄膜材料物理等相关学科从事光学薄膜技术研究的科研人员、工程技术人员,以及高等院校相关专业的研究生和高年级本科生参考。

图书在版编目(CIP)数据

二氧化硅光学薄膜材料/季一勤,刘华松著 . —北京:国防工业出版社,2018. 6
ISBN 978 – 7 – 118 – 11555 – 0

Ⅰ.①二… Ⅱ.①季… ②刘… Ⅲ.①二氧化硅薄膜 – 光学薄膜 Ⅳ.①TB43

中国版本图书馆 CIP 数据核字(2018)第 097095 号

※

国防工业出版社出版发行
(北京市海淀区紫竹院南路 23 号 邮政编码 100048)
三河市腾飞印务有限公司印刷
新华书店经售
*
开本 710×1000 1/16 插页 15 印张 13½ 字数 248 千字
2018 年 6 月第 1 版第 1 次印刷 印数 1—2000 册 定价 89.00 元

(本书如有印装错误,我社负责调换)

国防书店:(010)88540777   发行邮购:(010)88540776
发行传真:(010)88540755   发行业务:(010)88540717

前　言

二氧化硅具有从紫外到红外的宽谱段透明特性，莫氏硬度为 5.5~6.5，具有良好的物理和化学稳定性，以及对各种薄膜沉积技术的适应性，已经成为光学和光电子等领域的基本材料。在光学薄膜技术领域内，是紫外至近红外低折射率光学薄膜材料的主要选择之一，对近紫外至近红外波段的低损耗、强激光及上百层膜系通常都是唯一的低折射率薄膜材料。随着二氧化硅薄膜应用的广泛、深入及新领域的拓展，系统性整理、分析和总结二氧化硅光学薄膜性能具有重要的科学价值和应用意义。

二氧化硅薄膜材料的制备方法较多，考虑光学薄膜材料的体量限制，在主流的物理气相沉积技术(PVD)中，由于在薄膜沉积过程中的强烈非平衡态，导致薄膜性能鲜明"个性"和不确定性；本书以熔融石英的基本数据作为参考对象，试图给读者一个比较系统、可靠的二氧化硅光学薄膜特性数据。全书由以下七部分内容组成：

第1章二氧化硅材料基本特性。对二氧化硅体材料和二氧化硅薄膜材料两者的光学、热力学、微结构和分子结构特性进行了概括性总结和比较，使读者能够较全面知悉二氧化硅材料特性，以及块体材料和薄膜材料特性的差别。

第2章二氧化硅薄膜材料制备技术。对二氧化硅光学薄膜的主流制备技术(物理气相沉积技术)进行了简要的概述，给出了本书研究所涉及的典型工艺参数，介绍了二氧化硅薄膜常用的退火和热等静压后处理技术。

第3章二氧化硅薄膜材料光学特性。系统讨论了薄膜材料光学常数相关的测试技术、数据分析和拟合方法，对薄膜的弱吸收和极薄层进行了专门的讨论。以IBS技术沉积的二氧化硅薄膜材料为主线，结合电子束蒸发、离子辅助和磁控溅射等沉积技术，讨论、分析和比较了二氧化硅薄膜的折射率特性、可见区弱吸收特性、紫外吸收和截止波长特性，以及OH根吸收和激光损伤特性，并探讨了二氧化硅薄膜特性与沉积技术之间的关联性。

第4章二氧化硅薄膜的后处理效应和时效。系统讨论了热处理后二氧化硅薄膜光学特性的演变规律，对薄膜在自然存储过程中的时效效应进行了长期的数据测量和分析，获得了二氧化硅薄膜特性的演化规律；最后探索性地将热等静压后处理技术应用于二氧化硅光学薄膜,讨论了热等静压处理后薄膜材料折射率及应力双折射的变化特点。

第5章二氧化硅薄膜材料力学和热力学特性。分别介绍了应力测试技术和纳米压痕测试技术两种典型薄膜力学特性测试技术:基于离子束溅射沉积技术,分析了离子束溅射二氧化硅薄膜应力产生的机理,研究二氧化硅薄膜的应力时效特性、热处理后薄膜应力特性的演变规律,建立了薄膜应力特性与薄膜光学特性之间的关联性,提出了应力调控的基本思路和研究方法,最后对薄膜热力学参数(膨胀系数、弹性模量和泊松比)进行测量和表征,确定性地得到了热处理对热力学参数的影响。

第6章二氧化硅薄膜材料短程有序微结构特性。介绍了红外光谱和红外介电常数表征二氧化硅薄膜微结构振动特性的方法,分别对热蒸发、离子束溅射和磁控溅射方法制备的二氧化硅薄膜 Si－O－Si 键振动特性的研究,获得了不同制备技术下的二氧化硅薄膜随机网络结构特性;确定性研究了热处理对离子束溅射二氧化硅薄膜微结构的影响。

第7章二氧化硅光学薄膜材料的应用。给出了五氧化二钽(Ta_2O_5)和氧化铪(HfO_2)两种常用高折射率薄膜材料的光学特性;讨论了低损耗薄膜在等离子体环境下性能演化的物理机制和演化规律;最后对二氧化硅薄膜在滤光薄膜领域中的应用进行了实验研究。

本书内容涉及的学科范围较广,希望能为读者在对薄膜材料的研究上提供新的思路方法和参考。限于知识水平和对材料特性的认识深度,书中难免有不妥之处,敬请广大读者,特别是同行专家、学者不吝指教,提出宝贵的批评和建议,以便有机会再版时修订和扩充。本书的出版获得了国家科学技术学术著作出版基金资助,研究工作获得了国家自然科学基金重点项目(61235011)、国家自然科学青年基金项目(61405145)、天津市自然科学重点基金(15JCZDJC31900)和中国博士后科学基金(2014M560104,2015T80115)资助。本书在撰写过程中,得到了单位领导和同事的大力支持和帮助,在此一并感谢!

季一勤　刘华松

天津津航技术物理研究所

目　　录

第1章　二氧化硅材料基本特性

二氧化硅材料(化学式为 SiO_2)具有优良的化学稳定性、结构稳定性、力学强度等特性,以及美丽的外形和丰富的地表含量,已经成为装饰品和极为广泛使用的基材和基本材料之一,主要的应用领域包括装饰、建筑、电子学和光学等领域。

二氧化硅具有较宽的禁带宽度,从而具有从紫外至近红外的高透特性,加之分子结构的多样性,是人们日常生活中必不可少的物品之一。如其在自然界中纯度较高的结晶体称为"水晶",通过在材料中掺入微量杂质,产生了珍贵的形状各异、色彩斑斓的"天然水晶"装饰品,千百年来广受人们喜爱、珍藏,见图 1-1[1]。

图 1-1　"天然水晶"装饰品

在建筑领域中,二氧化硅作为基本材料应用的典型例子就是建筑玻璃(通常称平板玻璃),利用二氧化硅特有的光学透过特性和网络微结构特性,以二氧化硅为基材(占平板玻璃成分的 71% ~73%),形成玻璃的"骨架",加入 Na、K、Mg 和 Al 等氧化物,以及对应的辅助原料,通过控制各种配料成分及工艺参数,就能够生产不同特性的平板玻璃,主要用于窗玻璃、建筑玻璃及车玻璃等,见图 1-2[2]。

在光学技术领域中,二氧化硅作为基本材料应用的典型例子就是各种光学玻璃[3],基本工艺流程类似于平板玻璃,只是对原材料、工艺流程和参数要求更加严格、细致,代表性产品为 K9 光学玻璃。K9 玻璃的主要成分为质量比 66.21% 的二氧化硅,同时添加质量比 8.17% B_2O_3、17.8% K_2O、1.93% CaO、4.93% BaO 和 0.97% As_2O_3 等材料,在可见光波段钠黄光 D 线的折射率 $n_D = 1.519$,在整个可见光及近红外光谱范围内,呈现极高的透光特性和稳定性,图 1-3 为透射光谱曲线和折射率色散曲线。

1

图 1-2 厚度为 1mm 的窗玻璃和光学波段透射率曲线

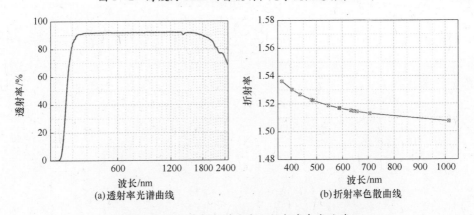

(a)透射率光谱曲线 (b)折射率色散曲线

图 1-3 K9 透射光谱曲线和折射率色散曲线

纯二氧化硅材料是在光学、光电子和半导体等技术领域内应用的基础材料。虽然在自然界中二氧化硅总的储量非常巨大(占地壳总质量的 12%),但高纯度(优于 99.99%)、均匀二氧化硅体材料在自然界存量极少。实际使用的材料完全通过人工合成方法实现,主要形态是晶体、玻璃和薄膜。

二氧化硅晶体(通常称石英晶体)主要利用水热温差法合成,具有压电、旋光等效应,主要用于晶振和压电驱动,以及数码相机镜头等。图 1-4 为透射光谱曲线和折射率色散曲线,其中 n_o 为寻常光(o)折射率,而 n_e 为非寻常光(e)折射率。

熔融石英通常称为石英玻璃,可粗分为普通石英玻璃和合成石英玻璃,前者以天然水晶或硅石经高温熔制,后者以高纯无机或有机含硅化合物(如四氯化硅)火焰合成,是一种高纯、优质石英玻璃。由于石英玻璃应用广泛,已经有大量的报道相关的热、力、电、机械等方面的特性研究和应用研究,具有完整的、高精度的相关特性数据。二氧化硅薄膜由于其在薄膜领域内应用的广泛性,制备技术的选择几乎包括了所有的薄膜制备方法。每种方法得到的薄膜虽然都是二氧化硅薄膜,但

2

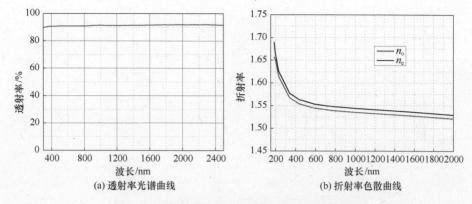

图 1-4   石英晶体透射率光谱和折射率色散曲线

其折射率、紫外吸收限、激光损伤阈值和热力学等特性差异十分明显。目前在光学薄膜应用领域,主流技术是物理气相沉积,特定领域也使用溶胶凝胶等技术。考虑到薄膜沉积技术过程特有的强烈非平衡特点,得到的薄膜材料具有非常鲜明的工艺技术、时间、地点和"个性特征",而且由于薄膜材料体量较小,其相关参数的测量也具有较大的不确定性。在此,首先概括性地归纳出熔融石英材料的光学、热力学及分子结构等参数,作为后续二氧化硅薄膜相关研究的参照;然后总结出不同方法沉积的二氧化硅薄膜材料基本特性。

1.1   二氧化硅体材料基本特性

这里讨论的二氧化硅体材料,主要针对光学和光电子应用领域(不包括用于电光源、灯及扩散坩埚等),包括普通石英玻璃和合成石英玻璃,通常简称熔融石英。中华人民共和国建材行业标准《光学石英玻璃 JC/T 185—1996》中将石英玻璃分为 ZS1、ZS2、KS 和 HS 四类,其中,ZS1 和 ZS2 是合成石英玻璃,典型制造流程就是 $SiCl_4$ 通过载气进入氢气/氧气燃烧器合成石英玻璃;KS 和 HS 是普通石英玻璃,典型制造流程就是在真空环境下将水晶粉熔融形成石英玻璃[4]。

石英玻璃应用范围广,针对特定的应用领域和方向,采用不同的制造技术制备的熔融石英,其内在品质和指标具有较大的差异,国际上著名的生产厂商一般选用不同的商业品牌或分级与此对应,如 Heraeus 的合成石英对应 Suprasil® 系列,熔融石英依据电熔炼和火焰熔炼对应于 HLQ®、M 和 Heralux® 系列。从目前各个著名的石英玻璃生产厂商公布的数据可以看出,显著差异在于紫外和深紫外的透过特性,而密度、硬度、热学和电学等特性十分接近。Corning 公司由于熔融石英产品侧重于光学应用,合成石英 7980 系列分为标准级、KrF 级和 ArF 级,如表 1 - 1 所列,石英玻璃的光学差异在于紫外的透过特性,物理特性差异在于除羟基(OH)之外的杂质含量。

表 1 - 1　Corning 公司 7980 系列特性对比

	紫外内透射率	杂质含量(除 OH 之外)
标准级	$\geqslant 88\% /cm@185nm$	$\leqslant 1000 \times 10^{-9}$
KrF 级	$\geqslant 99.8\% /cm@248nm$	$\leqslant 500 \times 10^{-9}$
ArF 级	$\geqslant 99.5\% /cm@193nm$	$< 100 \times 10^{-9}$

普通石英玻璃采用水晶粉熔融工艺,羟基含量低于 10×10^{-6},$2.73 \mu m$ 吸收较小,Heraeus 的 HLQ® 系列低于 1×10^{-6};合成石英玻璃采用反应工艺,羟基含量 $100 \times 10^{-6} \sim 1000 \times 10^{-6}$,在近红外光谱上 $2.73 \mu m$ 处有强吸收峰;现在的技术发展可有效改善羟基吸收特性,如 Heraeus 的 Suprasil® 300 羟基含量低于 1×10^{-6},纯度可达 99.99998%,实现了从深紫外至中红外宽波段的高透过率特性。由于石英玻璃优异的特性,基于应用领域的拓展需求,在杂质去除技术、新的制备技术和特定的掺杂技术等方面都取得较大的进展。通常依据制造方法的不同,将不同生产厂家的几十种牌号的熔融石英分成 4 类,命名为 Type I、Type II、Type III 和 Type IV;随着制造技术的进一步发展和细化,进一步细分为 7 类:Type I、Type II、Type III、Type IV、Type V、SolGel SiO_2 和 Mod. SiO_2,按照此分类方法各个厂家的相关产品见表 1 - 2。

表 1 - 2　分类及厂家/品牌对应表*

类别	品牌	厂家
SiO_2 I 石英砂等在真空或 保护气氛下坩埚电熔	IR - Vitreosil	Thermal Syndicate Ltd, Montville, NJ
	Infrasil	Hereaus Amersil, Duluth, GA
	ursil 453, Ultra	Quartz et Silice, France
	GE 104, 105, 201, 204, 124, 125	General Electric Co., Cleveland, OH
SiO_2 II 石英砂等由氢氧炬或 等离子炬熔融	Herasil, Homosil, Ultrasil, Optosil	Hereaus Amersil, Duluth, GA
	Vitreosil 055, 066, 077	Thermal Syndicate Ltd, Montville, NJ
SiO_2 III $SiCl_4$ 或其他前 驱体 precursors 在氢氧炬下合成(湿法)	Suprasil	Hereaus Amersil, Duluth, GA
	Spectrosil	Thermal Syndicate Ltd, Montville, NJ
	7940, 7980（HPFS）	Corning Incorporated
	Dynasil	Dynasil Corp. of America, Berlin, NJ
	Tetrasil	Quartz et Silice, France

类别	品牌	厂家
SiO₂ Ⅲ SiCl₄ 或其他前 驱体 precursors 在氢氧炬下合成（湿法）	NSG – ES	NSG Quartz, Japan
	GE 151	General Electric Co. , Cleveland, OH
	Synsil	Westdeutsche Quartzschmelze GmbH, Germany
SiO₂ Ⅳ SiCl₄ 或其他前驱体在 氧或氩等离子 炬下合成（干法）	Suprasil W	Hereaus Amersil, Duluth, GA
	Spectrosil WF	Thermal Syndicate Ltd, Montville, NJ
SiO₂ Ⅴ SiCl₄ 或其他前驱体在氧或 氩等离子炬下合成（干法）， 沉积在保湿设备	Nippon Sheet Glass	Nippon Sheet Glass, Japan
SolGel SiO₂ 溶胶凝胶工艺	Hench, L. L. , Wang, S. H. , Nogues, J. L. , Gel – silica optics, Proc. SPIE 878, 76 (1988). Shoup, R. D. , Gel – derived fused silica for large optics, Ceramic Bull. 70, 1505 (1991)	
Mod. SiO₂ 掺 F 低 OH，用于 DUV 和 VUV	Smith, C. M. , Modified silica transmits vacuum UV, Optoelectronics World（July 2001）, p. S15. Moore, L. A. and Smith, C. M. , Fused silica for 157 – nm transmittance, Proc. SPIE 3673, 392(1999)	

＊数据来源于各公司网站或宣传资料

1.1.1　光学特性

在光学系统中作为光学元件应用的熔融石英，主要指标包括工作波段、光学常数、折射率均匀性（Refractive Index Homogeneity）、应力双折射特性（Stress Birefringence）、气泡（Bubbles）和包裹体（Inclusions）密度等，而对于在激光和紫外波段的光学应用中，则会进一步关心激光损伤及辐射诱导缺陷产生特性、光学性能衰变特性等。这里重点给出各类熔融石英的有效工作波段、实测光谱曲线和对应的光学常数。不同类别熔融石英的光学性能见表 1 – 3。

表 1-3　不同类别熔融石英光学性能

类型	透光范围 μm	折射率 n_D	阿贝数 ν_d	dn/dT /(10^{-6}/K)
SiO_2 I	0.21~2.8	1.45867	67.56	10.5
SiO_2 II	0.19~3.5	1.45857	67.6	—
SiO_2 III	0.17~2.2	1.45847	67.7	9.9
SiO_2 IV	0.18~3.5	—	—	—
SiO_2 V	0.18~3.5	1.45847	67.7	9.9
Sol gel SiO_2	0.17~3.5	1.458~1.463	66.4~67.8	—
Mod. SiO_2	0.155~3.5	1.65423(157nm)	—	39(157nm)

表 1-3 给出了不同工艺得到的熔融石英光学性能,其有效工作波段有较大差别,短波的差异源自多种杂质的控制和去除,长波则完全取决于 OH 根的控制和去除,与 SiO_2 本身并无直接关联性,但是有几种杂质的存在是和 Si-O 键的亲和特性相关的。Type I ~Type IV 这几类熔融石英的典型光学常数,如折射率 n_D、阿贝数 ν_d 和折射率温度系数 dn/dT 等参数十分稳定,几乎不受石英的类别和制造工艺方法影响。

为了给出熔融石英光学特性整体轮廓,图 1-5 给出了 6mm 厚双面抛光的紫外级熔融石英的全光谱透/反射率曲线;图 1-5(a) 为对应透射光谱曲线,图中的3 个吸收峰源于 OH 根的振动吸收,其特性对应表 1-3 中的 SiO_2 III;图 1-5(b) 对应反射光谱曲线,7000nm 以上区域出现的两个强反射带是 SiO_2 的分子振动和羟基振动的吸收峰。图 1-6 给出了几个常用牌号熔融石英透射率光谱曲线,表 1-4 给出了国际上典型的合成熔融石英牌号厂家实测折射率特性。

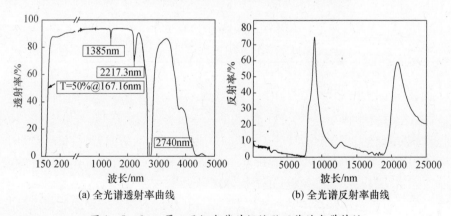

(a) 全光谱透射率曲线　　　　　(b) 全光谱反射率曲线

图 1-5　6mm 厚双面抛光紫外级熔融石英的光学特性

6

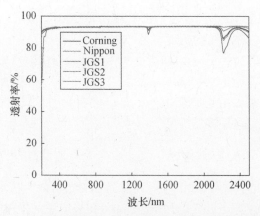

图 1-6　3mm 厚双面抛光熔融石英 UV – VIS – NIR 透射光谱曲线

表 1-4　熔融石英折射率特性

λ/nm	厂家			λ/nm	厂家		
	Suprasil	Homosil/ Herasil/ Infrasil	HPFS 7980		Suprasil	Homosil/ Herasil/ Infrasil	HPFS 7980
	折射率				$dn/dT(10^{-6}/K)$		
193	1.56077		1.560841	193			20.6
238				238	14.6	15.2	
248	1.50855		1.508601	248			14.2
308	1.48564		1.485663	308			12.1
365	1.47447	1.47462	1.469628	365	11.0	11.5	11.2
405	1.46962	1.46975	1.469628	405			10.8
436	1.46669	1.46681	1.466701	436			10.6
486	1.46313	1.46324	1.463132	486			10.4
546	1.46008	1.46018	1.460082	546	9.9	10.6	10.2
588	1.45846	1.45856	1.458467	588	9.8	10.5	10.1
633	1.45702		1.457021	633			10.0
644				644	9.6	10.4	
656	1.45637	1.45646	1.456370	656			9.9
1064			1.449633	1064			9.6
1500	1.44462	1.44473		1500			
2000	1.43809	1.43821		2000			
2500	1.42980	1.42995		2500			
3000	1.41925	1.41941		3000			
3500	1.40589	1.40605		3500			

表 1-4 的数据表明:不同牌号的折射率差异在 10^{-4} 量级,而折射率温度系数差异在 10^{-7} 量级。熔融石英的折射率色散方程可以表示为

$$n^2 - 1 = B_1\lambda^2/(\lambda^2 - C_1) + B_2\lambda^2/(\lambda^2 - C_2) + B_3\lambda^2/(\lambda^2 - C_3) \qquad (1-1)$$

方程适用的波长范围为 $184 \sim 2326\,nm(20℃,1013hPa)$;其中 λ 单位为 μm,$B_1 = 0.473115591$、$B_2 = 0.631038719$、$B_3 = 0.906404498$、$C_1 = 0.0129957170$、$C_2 = 0.00412809220$ 和 $C_3 = 98.7685322$。

1.1.2 热力学及其他特性

二氧化硅作为光学材料,除了考虑其最基本的光学特性之外,其热力学特性及化学稳定性等性能也直接决定了适用范围和可拓展应用的领域。光学玻璃材料属于脆性材料,易破损,而光学系统的最外一片镜片或保护窗又必须与外界接触,要求其承受外界环境中的各种力学和化学作用,并且在光学元件使用寿命周期内,其性能退化必须限定在给定区间。在很多特定环境应用中,需进一步考虑诸如高温、高压、强激光、沙尘或强腐蚀性气体/液体等作用。作为近紫外到可见光波段的光学窗口材料,熔融石英是目前优秀的候选材料之一,而采用薄膜技术对光学窗口表面进行改性也是极其有效和成熟的技术方法之一。7 类熔融石英的力学和热学性能分别见表 1-5 和表 1-6。

表 1-5 熔融石英典型力学特性

类型	密度/(g/cm³)	弹性模量 $E/(10^3 N/mm^2)$	泊松比 μ	努氏硬度 /(kg/mm²)
SiO₂ I	2.203	72	0.17	570
SiO₂ II	2.203	70	0.17	600
SiO₂ III	2.201	70	0.17	610
SiO₂ IV	2.201	70	0.17	600
SiO₂ V	2.201	70	0.17	600
Sol gel SiO₂	2.204	73	—	—
Mod. SiO₂	2.201	69	0.17	—

表 1-6 熔融石英典型热学特性(0~300℃)

类型	热膨胀系数 /(10⁻⁶/K)	热导率 /(W/(m·K))	比热容 /(J/(g·K))	转化温度 /℃	软化温度 /℃
SiO₂ I	0.55	1.4	0.67	1215	1683
SiO₂ II	0.55	1.38	0.75	1175	1727
SiO₂ III	0.60	1.38	0.74	1080	1590

类型	热膨胀系数 /(10^{-6}/K)	热导率 /(W/(m·K))	比热容 /(J/(g·K))	转化温度 /℃	软化温度 /℃
SiO$_2$ Ⅳ	0.55	1.38	0.75	1110	1650
SiO$_2$ Ⅴ	0.60	1.38	0.74	1080	1590
Sol gel SiO$_2$	0.57	—	—	~1160	—
Mod. SiO$_2$	0.51*	1.37	0.77	—	—

熔融石英的应力是典型的力学特性，在体材料上的宏观表述就是应力双折射效应，单位为 nm/cm，典型指标不大于 5nm/cm，为了满足较高的应用需求，有时需要达到不大于 1nm/cm 或更高的指标，不过由于边缘效应，在约 10% 的边缘区域，应力会增大几倍。熔融石英的化学稳定性见表 1-7[5]：

表 1-7　熔融石英的化学稳定性

溶剂	温度/℃	时间	重量损失/(mg/cm^2)
5% HCl（重量）	95	24h	<0.010
5% NaOH	95	6h	0.453
0.01mol/L Na$_2$CO$_3$	95	6h	0.065
0.01mol/L H$_2$SO$_4$	95	24h	<0.010
去离子水 H$_2$O	95	24h	0.015
10% HF（重量）	25	20min	0.230
10% NH$_4$F * HF（重量）	25	20min	0.220

1.1.3　微结构和分子结构特性

上面所讨论的熔融石英的光学特性、热力学特性及化学稳定性等性能属于宏观特性，不论是对材料的这些特性溯源，还是进一步研究材料的损伤或退化机理等，均需要深入到材料的微结构和分子结构层面，本书的重点是讨论二氧化硅材料宏观的光学特性和其他特性以及变化规律，微结构特性则是对描述的宏观特性及变化规律的辅助分析。

在 SiO$_2$ 的化学结构中，由于 Si 具有高价态、小半径的属性，Si-O 键具有很高的键能且具有共价、离子性等特点，熔融石英基本组成单位为 SiO$_4$ 四面体，人们对这种结构的认识基本成熟。SiO$_4$ 四面体通过 Si-O-Si 化学键相互链接构成熔融石英的网状分子结构中，O-Si-O 键长和键角十分稳定，因此这是一类极其稳定的结构体，如图 1-7 所示，其基本物理参数见表 1-8。

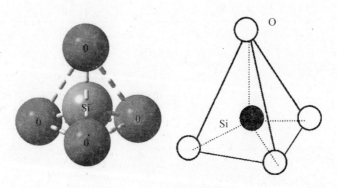

图 1－7　SiO₄四面体结构图

表 1－8　SiO₄四面体基本物理参数

参数	键角/(°)	键长/nm	
	O－Si－O	O－O	Si－O
	179.9	0.3076	0.1538

　　在熔融石英的网状分子结构中,SiO₄四面体作为稳定的基本单元,通过 Si－O－Si 键连接,如图 1－8 所示,其基本物理参数见表 1－9。Si－O－Si 键长虽十分稳定,但键角却分布在 140°~180°范围内,呈现复杂的空间分布特性,直接导致了熔融石英具有很多同质多相体、常温条件下存在诸多亚稳态相,幸运的是这类变化对宏观的光学特性影响较小。

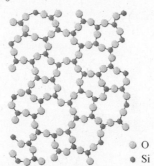

○ O
● Si

图 1－8　熔融石英结构图

表 1－9　SiO₄四面体的相互连接的物理参数

参数	键角/(°)	键长/nm
	Si－O－Si	O－O
	140－180	0.3076

10

早在 1965 年，Bradford 等对 Si 氧化物微结构红外光谱就进行了研究，指出 SiO_2 结构的振动带在 $9.3 \sim 9.5\mu m$ 和 $12.5\mu m$；SiO 结构的振动带在 $10.0 \sim 10.2\mu m$，Si_2O_3 结构的振动带在 $9.6 \sim 9.8\mu m$ 和 $11.5\mu m$。Steven A. MacDonald 等[6]基于红外光谱的 Kramers - Kronig 变换方法研究了硅酸盐玻璃的红外介电常数，表 1 - 10 给出了熔融石英的振动光谱的特征峰值位置。

表 1 - 10　熔融石英振动光谱的物理意义

峰值波数/cm^{-1}	振动模式
$440 \sim 460$	SiO_4 四面体基团的 Si - O - Si 弯曲振动
780	桥接 SiO_4 四面体基团的弯曲振动
800	在 Si - O - Si 平面内垂直于 Si - Si 轴的桥接氧的弯曲模式
805	SiO_4 四面体之间的 Si - O - Si 伸缩振动
1000	SiO_4 四面体伸缩振动
1060	SiO_4 四面体内 Si - O - Si 伸缩振动
1060 和 1090	Si - O - Si 伸缩振动（LO 和 TO 模式）

M. K. Gunde 等[7]对熔融石英在 $900 \sim 1300cm^{-1}$ 范围的振动模式进行了深入的研究，他们使用红外光谱仪测量光谱特性，通过光谱特性基于 Kurosawa 介电常数模型计算得到红外波段的介电常数，并通过介电常数计算出熔融石英的能量损耗函数，再利用 Cauchy - Lorentz 和 Gaussian 复合线形函数拟合能量损耗函数，得到如表 1 - 11 所列的振动模式特征。在表 1 - 11 中，f 是振动峰形中 Cauchy - Lorentz 中 Cauchy 线形的比例，而 $(1 - f)$ 为 Gaussian 线形的比例，峰值频率是通过拟合能量损耗函数得到，声子频率 Ω_i 则是从 Kurosawa 模型中计算得到。从分峰拟合结果来看，熔融石英主要的振动模式可分为典型三大类：①Si - O - Si 键非对称伸缩振动，即两个 Si 原子沿着键方向做不对称的振动，其键角不发生变化而键长变化，振动频率 $\omega_{AS} \approx 1070cm^{-1}$；②O - Si - O 弯曲振动，即两个氧原子沿键轴做对称伸缩振动，Si 原子在垂直与氧原子连线的平面内振动，振动频率 $\omega_{SS} \approx 800cm^{-1}$；③O - Si - O 摇摆振动，即仅仅是 O 原子在 O - Si - O 平面内摆动，振动频率 $\omega_{rock} \approx 450cm^{-1}$。

表 1 - 11　熔融石英的微结构振动模式特征

振动模式	峰值频率 /cm^{-1}	高度	半宽度 /cm^{-1}	f	声子频率 Ω_i/cm^{-1}	振子强度 $\Delta\varepsilon$
R,TO	446	8.42	49	0.2	447	0.923
R,LO	505	1.13	25	0.0	505	

振动模式	峰值频率 /cm^{-1}	高度	半宽度 /cm^{-1}	f	声子频率 Ω_i/cm^{-1}	振子强度 $\Delta\varepsilon$
SS,TO	810	0.96	69	0.9	811	0.082
SS,LO	819	0.11	68	1.0	820	
AS1,TO	1063	9.40	75	1.0	1064	0.663
LO	1072	0.08	90	1.0	1073	
TO	1164	0.85	80	1.0	1165	0.058
AS2,LO	1207	1.00	100	1.0	1208	
AS2,TO	1228	0.33	65	0.4	1228	0.017
AS1,LO	1248	2.05	36	0.75	1248	

上述的吸收谱分析技术除用于微结构振动特性分析之外，还可用于材料中的杂质分析，如图1-5(a)和(b)所示，在熔融石英在紫外到近红外的透射光谱中，在2.73μm处的吸收峰表明材料中含有羟基缺陷。不同的杂质对应不同的吸收波长，表1-12列出了熔融石英中常见的几种杂质和分子异构与吸收波长对应关系。从表1-12可以看出，OH根对应吸收在红外区域，其他的杂质吸收主要在紫外区域。

表1-12 常见的几种杂质和分子异构对应的吸收波长

序号	杂质类型	吸收波长
1	OH	2.73μm/1.39μm
2	Cl$_2$	320nm
3	E$'$心:SiO$_3$	215nm
4	Si-O-O	163nm
5	Si-O-O-Si	330nm
6	O-Si-Si-O	243nm

1.2 二氧化硅薄膜材料基本特性

考虑光学薄膜PVD沉积技术强烈非平衡态的特性，以及其厚度都在微米和亚微米量级的使用条件，薄膜的光学、力学和热力学等参数的高精度准确测量是十分困难的。而且薄膜都具有较强的时效特性，因此，一个可靠、稳定的参考材料十分必要。对于SiO$_2$薄膜，熔融石英不仅自身十分稳定，而且与SiO$_2$薄膜性能十分接近，也是研究得最广泛、深入的光学材料之一。因此，前面章节概括性地介绍了熔融石英的光学及其他参数,作为本书相关数据的参考、比对和校验。在讨论二氧化硅薄膜材料的基本特性之前,先概括一下光学薄膜材料的基本特点,主要表现在以下三方面。

(1) SiO_2 薄膜光学特性的数据精度。光学体材料在可见光波段的折射率测试精度可达 10^{-7},在这样精度下的测试理论和方法,需要将光学体材料加工呈特定几何结构、高角度精度和高面形精度的专用测试样品,而光学薄膜材料不具备这种制样的可能性,其折射率测试只能采用特定的理论和方法。光学薄膜材料折射率测试最为典型的例子是[8]:20 世纪 90 年代,美国光学学会组织了世界上 7 家实验室,对由 OCLI 公司统一制备的氧化钪(Sc_2O_3)样品,分别独立进行光学常数的测试分析,薄膜特性测试方法和光学常数计算方法各不相同。概括起来,不同实验室光学常数的模型主要有非吸收均匀、吸收均匀、非吸收线性非均匀及吸收线性非均匀 4 类,测量数据主要有椭偏反射光谱、单点透/反射、宽光谱透/反射、极值点透/反射和多角度宽光谱透/反射等,采取的光学常数计算方法主要有包络线法、透/反射法、极值法、宽光谱法和逆变换合成等。7 家实验室得到的 Sc_2O_3 薄膜折射率 n (450nm) $= 1.88 \pm 0.07$、n (650nm) $= 1.83 \pm 0.01$,折射率梯度 Δn (420nm) $= 0.2$,薄膜厚度 $d = 451.5 \pm 5.2$,折射率和物理厚度的精度仅为 10^{-2}。文章的最后指明,采取更复杂的模型才可能完全解释 Sc_2O_3 薄膜光学常数,不论光学常数的表征是否需要更复杂的模型,还是需要从理论上或测试分析方法上有所突破。虽然实验室给出了 10^{-2} 的折射率精度,以及各实验室选择了不同测试数据和拟合方法,但是与光学体材料 10^{-7} 的折射率测试精度和标准测试方法相比都相差甚远。

(2) SiO_2 薄膜特性的地域和时域特点。光学薄膜的制备技术较多,同样对于 SiO_2 薄膜的制备也有多种方法可以实现,并能满足技术指标的相关要求,看似相同的结果之间却有明显的差异。不仅不同技术之间制备的 SiO_2 薄膜光学常数存在差异,即使使用相同技术在不同的实验室、甚至于同一实验室的不同时期也会出现差异。实质上,对于光学薄膜技术人员来说,参考文献的光学常数仅具有相对的参考和借鉴意义,基本上不能够直接引用。对于每一个技术人员和每一台镀膜设备,对光学薄膜的常数均需要重新标定。因此,光学薄膜具有一定的地域和时域性,这也正是光学薄膜技术的个性特征。

(3) SiO_2 薄膜特性的时效特点。任何一类材料都会有时效特性,取决于预处理的时间和条件,以及使用环境和制备环境的差异等;光学晶体和玻璃材料,一般都在严格恒定的温度场条件下准静态生成,且要经过高温(二氧化硅的温度高于1000℃)长时间(几天到几个月)退火等后处理,再去除不合格部分,更高要求时需要进一步区域筛选;这些方法和条件是光学薄膜材料难以允许的。

光学薄膜材料的制备时间是以分钟或小时为时间单位来完成的,制备条件是

携带约 0.3eV(热蒸发技术)至约 10eV(离子束溅射技术)的粒子沉积在温度为
$(3 \sim 10) \times 10^2$K(对应能量约小于 0.1eV)的基片表面,而粒子在皮秒时间量级就
稳定下来。实质上,光学薄膜材料是在强烈非平衡态条件下形成的,决定了薄膜材
料具有相当可观的宏观、微观缺陷和初始应力。虽然对薄膜可以进行后处理,但后
处理的时间周期也仅为以小时或天为时间单位。如采用热退火后处理,热处理的
温度受限于基片材料、薄膜材料、薄膜应力、表面质量和光学性能等,允许的温度上
限通常不大于 400℃,否则就会出现面形超差、表面质量恶化、薄膜材料晶化、光谱
特性退化以及薄膜龟裂、脱落等失效现象。这些条件限制了光学薄膜的后处理范
围,因此光学薄膜具有明显的时效特征也是薄膜的重要特性之一。

薄膜的时效特性与沉积过程相关,与图 2 - 3 的几个区域相对应,当 $T_s/T_m \leqslant$
0.3 时(对应热蒸发沉积),薄膜呈现明显的多孔柱状结构,薄膜从真空室取出后在
大气环境下首先表现出快速的水汽吸收特性,在小时或天的时间周期内基本趋于
稳定,达到完全稳定的周期是一很长的过程。1971 年,Pulker[9] 对 MgF_2 薄膜材料
进行了研究:在真空度 10^{-6}Torr① 和基板温度 25℃ 的条件下,沉积约 120nm 厚度
薄膜对应晶控的振动频率变化量为 1510Hz,充入大气 30min 后(作者认为吸收已
饱和),水汽导致晶控的振动频率相对变化量 (176 ± 3)Hz(10 次平均),再抽取真
空后晶控的振动频率变化为 (-50 ± 2)Hz(10 次平均)。Kinosite 等[10] 研究了热蒸
发技术沉积系列 MgF_2 薄膜的空隙率 p,得到的结果是空隙率 p 的变化范围为
0.02 ~ 0.06。考虑到水的折射率为 1.33,那么薄膜置于空气中折射率的变化为
0.027 ~ 0.080。

若采用荷能粒子辅助或溅射沉积技术,对应 $T_s/T_m \geqslant 0.3$ 时,薄膜结构致密,能
够有效抑制水汽吸收现象。在合理的工艺参数条件下,甚至可以完全避免这种现
象的发生。现阶段,镀膜设备厂家表达设备特性的一个重要指标,就是对指定的多
层膜从真空室取出后光谱曲线与水煮后的对比,典型指标就是截止滤光片的 50%
透射率点对应的波长漂移量。不使用荷能粒子辅助时热蒸发沉积截止滤光片,在
加温条件下波长漂移量约 10nm;使用荷能辅助技术,波长漂移量可降至约 5nm;而
进一步采用高能溅射沉积技术,波长漂移量可降至 1nm,直至实现无漂移。

1.2.1 薄膜材料光学特性

系统地开展薄膜材料光学特性的研究和分析总结,是比较困难的工作。
G. Hass 和 C. D. Salzberg[11] 在他们早期的一篇文章中写道:尽管 SiO_2 是最常用的
光学薄膜材料,但是却几乎没有关于光学特性的定量信息。随着技术的发展和人

----

① Torr = 133.322Pa。

14

们工作的积累,这种情况得到了很大改观,但准确定量信息的获取一直是光学薄膜工作的主要部分之一。从应用角度出发,光学薄膜材料可以分为3类:第一类透射元件使用的氧化物、氟化物和红外半导体等薄膜;第二类反射元件使用的金、银和铝等薄膜材料;第三类功能薄膜材料则用氧化铟锡和铬等。在这里主要讨论透射元件所有的薄膜材料,对该类薄膜材料光学特性的关注点,可类比用于透镜的光学玻璃和晶体等透明材料,主要研究内容包括:①有效工作波段、消光系数 $k(\lambda)$ 和短波截止限 λ_E;②折射率 $n(\lambda)$ 和梯度 Δn 效应;③折射率和厚度的均匀性。

1. 有效工作波段、消光系数 $k(\lambda)$ 和短波截止限 λ_E

对光学材料通常给出类似图 1-5(a) 透射曲线,依据这个曲线就可以判定材料适用的工作波段,进一步就给出材料吸收系数 $\alpha(\lambda)$ 或内透射率,尤其是在短波截止带附近区域;薄膜材料若有对应的体材料,可作为基本参考,如 SiO_2 薄膜材料可参考紫外级熔融石英、Si 薄膜材料可参考单晶硅等。实质上,薄膜材料和体材料之间有显著的差异,具体原因如下:

(1) 来自于光学材料和光学薄膜的厚度差异。光学材料的使用厚度一般在毫米量级以上,而薄膜材料的厚度一般在微米量级、甚至会达到纳米量级或更小,这样实际使用时两者厚度差异在 10^3 量级以上,那么判断有效工作波段的判据就存在差异。最为典型的示例就是单晶硅与硅薄膜,图 1-9(a) 给出了单晶硅与硅薄膜在可见和近红外的透射光谱曲线,可以明显看出短波截止限 λ_E 的差异,单晶硅的 λ_E 为 $1.2\,\mu m$,硅薄膜的 λ_E 为 $0.9\,\mu m$;单晶硅 $1.2\,\mu m$ 的短波截止限与材料厚度非相关,即不论是亚毫米还是厘米以上的厚度皆适用,而硅薄膜的短波截止限则不然,图 1-9(b) 所示为单晶硅和不同工艺和沉积参数对应的硅薄膜消光系数,采取的工艺方法分别为电子束蒸发(EB)、电子束蒸发离子辅助(IAD)和离子束溅射沉积技术(IBS)。

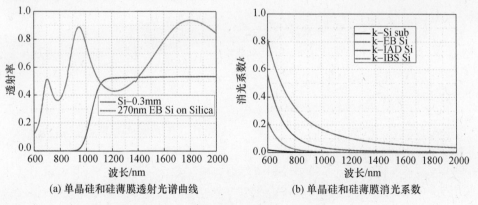

(a) 单晶硅和硅薄膜透射光谱曲线　　　　(b) 单晶硅和硅薄膜消光系数

图 1-9　单晶硅和硅薄膜的光学特性

通常判断体材料和薄膜材料是否合适的主要判点是吸收能否满足指标(多数情况下直接相互比较的指标为透射率),体材料的吸收可以容易确定,但薄膜材料的吸收较为复杂。硅薄膜的短波截止限及附近波段的消光系数与工艺方法和参数密切相关、整个膜-基组合的总吸收与设计密切相关,即光学薄膜材料的有效工作波段不仅与材料本身固有特性直接关联,而且与技术要求、工艺方法和参数密切相关,进一步与膜系的设计水平密切相关。在这花费了一段篇幅讨论这类拓展问题,实质是基于对光学薄膜的特定要求。在 1μm 附近可用的高折射率材料还是相当丰富的,如 TiO_2、Ti_2O_5、H_4、ZnS 和 ZnSe 等,但对于像宽的工作角度范围、低角度漂移特性的带通滤光片,这种吸收系数能控制在一定范围,折射率高达 4 的材料具有无法比拟的优势。图 1-10 分别为采用 TiO_2 和 Si 薄膜作为高折射率材料设计的带通滤光片光谱特性与入射角度相关的曲线,30°入射角相对于 0°入射角时,用 Si 薄膜作为高折射率材料时长波侧 $T_{50\% max}$ 波长的漂移为 14nm,而用 TiO_2 时漂移为 28.2nm;用 Si 与 SiO_2 作为基本膜堆的多层膜共 40 层、总厚度为 5.25μm,用 TiO_2 时膜堆达到 58 层、总厚度为 7.08μm。相比之下,采用 Si 薄膜材料则具有较好的经济性,不过其应用还是有较大的局限性,首先是峰值透射率 T_{max} 约有 5% 的损耗,其次是一定能量的激光系统等就不适用。

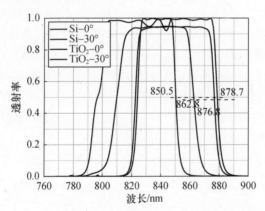

图 1-10 用 TiO_2 和 Si 作为 H 层时带通滤光片的角度敏感性

(2)来源于光学薄膜材料的宏观、微观和分子缺陷密度。光学薄膜材料的宏观、微观和分子缺陷密度远高于体材料,更有甚者往往是同质异构体。这样在截止带附近或对结构和缺陷敏感的紫外和红外波段,两者之间往往存在较大差异;图 1-11 是离子束溅射 SiO_2 薄膜材料和紫外级熔融石英在紫外的光谱曲线,虽然薄膜所用的靶材料也是紫外级熔融石英,薄膜与紫外级熔融石英的化学计量比也一致,但是在 632.8nm 波长的吸收在 10×10^{-6} 量级(0.001%),800nm 厚的薄膜在紫外吸收约3%，在180nm波长附近接近10%，实质上离子束溅射SiO₂薄膜材料短波限约为230nm，远大于紫外熔融石英的170nm。图1-12(a)、(b)是文献[12]报道的电子束蒸发SiO₂薄膜在真空紫外的光谱和光学常数，从图1-12(b)、(c)对比可以知道，薄膜中的各种缺陷使得紫外区的吸收高于熔融石英几个量级。

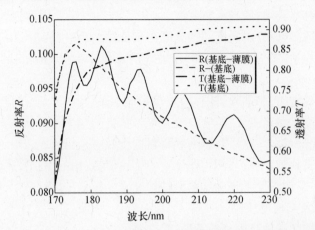

图1-11　800nmSiO₂薄膜材料和紫外级熔融石英光谱曲线

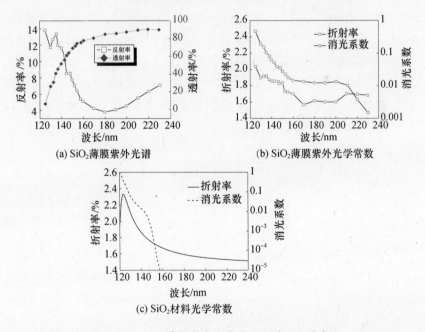

(a) SiO₂薄膜紫外光谱　　　　(b) SiO₂薄膜紫外光学常数

(c) SiO₂材料光学常数

图1-12　SiO₂薄膜在真空紫外的光谱和光学常数

（3）来源于镀膜原材料和环境的杂质效应。薄膜中的杂质主要源自于原材

17

料、真空室内残余的水汽和氧、使用和储存环境中的水汽和氧等,这些可以通过提高原材料的纯度、改进工艺和改善环境等方法来有效抑制。这类效应最明显的表现在 Al 膜的紫外反射率等特性,其反射率与工艺条件具有强关联性。例如 Al 膜厚度固定在 80nm,蒸发时间一致为 55s,当真空度为 1×10^{-5} mmHg[①] 时,Al 膜在 180nm 波长的反射率约为 76%,而当真空度为 1×10^{-4} mmHg 时,反射率仅约为 66%,与高真空度相比下降了约 10%;同样固定膜厚在 80nm 和真空度为 1×10^{-4} mmHg 时,将蒸发时间缩短为 1~2s,Al 膜在 180nm 波长的反射率大幅增加到约 85%,约提高了 19%[13]。

(4) 薄膜具有表面效应。薄膜的表面效应一般发生在表面的几个分子层内,对应的物理厚度是纳米量级;对于厚度是毫米量级的光学材料而言,这是非常弱的效应,多数情况下可以忽略。对于薄膜材料这类效应是否可以忽略,即是否可以当作一个弱效应来处理,不仅与薄膜厚度有关,而且与使用的沉积技术和后处理技术都密切相关,在多数情况下表面层的测试和准确分析也是比较棘手的。

2. 折射率及其梯度效应

体材料的折射率是其固有的特性,受外界干扰较小,如表 1-3 所列,即使采用不同的生产技术,制备的五大类熔融石英折射率的差异也仅为 $\pm 1 \times 10^{-4}$,但薄膜材料的折射率特性则完全不同。薄膜材料除了具有对应体材料的固有特性之外,还得承受强烈非平衡态工艺过程的调制,使得薄膜材料的折射率具有鲜明的个性,表 1-13 列出了不同沉积技术得到的二氧化硅薄膜光学常数。不考虑第 2 项中的 EB + 倾斜沉积和第 10 项 Sol – Gel(这两项技术得到的薄膜微结构远远偏离其他方法),二氧化硅薄膜在 633nm 波长的折射率变化范围为 $\Delta n = 4.8 \times 10^{-2}$ (1.437~1.485),消光系数的变化范围为 $1 \times 10^{-4} \sim 4 \times 10^{-7}$。

表 1-13　二氧化硅薄膜光学常数与沉积技术关系

序号	工艺方法	成膜过程	折射率 $n(\lambda)$	消光系数 $k(\lambda)$	沉积速率 /(nm/s)	参考文献
1	反应蒸发 (W, Mo 等)	$SiO \xrightarrow{O_2} SiO_2$	Ag、Al 等金属反射镜的保护膜,根据实际应用制备			
		$SiO \xrightarrow{离化 O_2} SiO_2$	1.42(633nm)	6×10^{-5}(190nm)	—	[14]
2	EB	$SiO_2 \xrightarrow{O_2 + 250℃} SiO_2$	1.478	—	—	[15]
		$SiO_2 \xrightarrow{EB + 倾斜沉积} SiO_2$	1.05(800nm)	—	—	[16]

---

① 1mmHg = 133.322Pa。

（续）

序号	工艺方法	成膜过程	折射率 $n(\lambda)$	消光系数 $k(\lambda)$	沉积速率 /(nm/s)	参考文献
3	EB+IAD	$Si \xrightarrow{IAD+O_2} SiO_2$	1.4678(633nm)	9×10^{-5}(633nm)	0.08	[17]
		$SiO_2 \xrightarrow{IAD+O_2} SiO_2$	1.4373(633nm)	6×10^{-5}(633nm)	0.72	[17]
4	PIAD	$SiO_2 \xrightarrow{PIAD(RF),(Ar+O_2)} SiO_2$	1.475(512nm)	—	0.6	[14]
		$SiO_2 \xrightarrow{PIAD,(Ar+O_2)} SiO_2$	1.489~1.496 (400nm)	—	—	[18]
5	IBS(RF)	$Si \xrightarrow{1100V,120mA+O_2} SiO_2$	1.4790~1.4943 (633nm)	$<1\times10^{-5}$ (633nm)	—	[17]
		$SiO_2 \xrightarrow{1100V,120mA+O_2} SiO_2$	1.4788~1.4849 (633nm)	$<1\times10^{-5}$ (633nm)	—	[17]
		$SiO_2 \xrightarrow{O_2} SiO_2$		$4\times10^{-7}\pm$ 0.5×10^{-7} (1064nm)	—	[19,20]
6	MS+PIA (APS)	$Si \xrightarrow{PIAD,O_2^+} SiO_2$	1.485(550nm)	$<1\times10^{-4}$ (550nm)	0.5	[21]
7	MS	$Si \xrightarrow{O_2^+} SiO_2$	1.46(550nm)	$<1\times10^{-6}$ (550nm)	16	[22]
			1.47(488nm)	—	1.33nm/s	[23]
			1.471(500nm)			[24]
8	CFM	$Si \xrightarrow{O,O_2,O_2^+} SiO_2$	1.47(550nm)	1×10^{-6} (550nm)		[25]
9	RAS	$Si \xrightarrow{O,O_2,O_2^+} SiO_2$	1.479(550nm)	2×10^{-5} (550nm)		[24]
10	Sol-Gel	$Si(OC_2H_5)_4:H_2O:C_2H_5OH: NH_3:PGE \rightarrow SiO_2$	1.23~1.25 (1064nm)	—		[26]
		$TEOS:H_2O:C_2H_6O \rightarrow SiO_2$	1.15~1.18 (550nm)	—		[27]
11	Si 热氧化	$Si \xrightarrow{O_2,1000℃} SiO_2$	1.46(633nm)			[28]

为了利于对比,图1-13(a)给出了SiO_2材料0.01~30μm的光学常数,吸收系数$\alpha<10^{-4}$区域为0.15~4μm;图1-13(b)是非吸收区($\alpha<10^{-6}$)0.17~2μm的折射率曲线[28],从图1-13(b)可知SiO_2材料折射率n(400nm)$\approx$1.47。图1-

19

14 给出 IAD 工艺制备的典型 SiO₂ 薄膜折射率曲线[29]，SiO₂ 薄膜的折射率 $n(400\text{nm}) \approx 1.48$，高于块体材料的折射率。

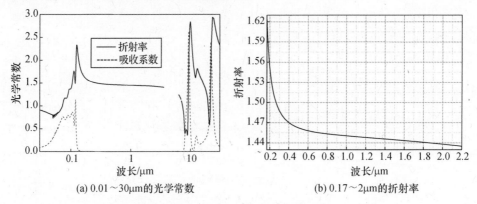

(a) 0.01～30μm 的光学常数   (b) 0.17～2μm 的折射率

图 1-13　SiO₂ 材料不同波段的光学常数

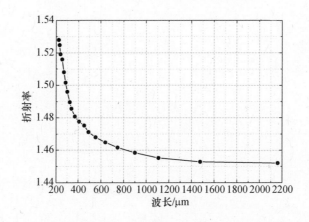

图 1-14　EB+IAD 工艺制备的 SiO₂ 薄膜折射率色散曲线

　　薄膜材料除了具有上述讨论的特征之外，还有折射率的厚度、角度效应和梯度特性，在必要时需特别针对这样的性能指标进行优化和控制。

　　（1）薄膜折射率的厚度效应，这里特指薄膜的厚度不同时，薄膜的折射率不同，即薄膜的折射率是厚度的函数，尤其当薄膜厚度为 10nm 或更薄的极薄层时，这种效应十分明显。图 1-15 是薄膜厚度分别为 15.7nm 和 154.7nm 时电子束蒸发 H₄ 薄膜的折射率色散曲线，在 600nm 波长的折射率差值达到 0.183。从薄膜物理学有关薄膜形成过程的特点、薄膜特性随薄膜厚度的变化规律的角度出发，对这类现象的解释还是比较成熟的。约 10nm 厚度的薄膜（电子束蒸发技术）刚刚成连续薄膜，薄膜的微结构、压力和表面效应等都远不同于约 100nm 厚度的薄膜；即使

20

100nm以后,薄膜的微结构、压力和表面效应等逐渐趋于稳定,但也呈现缓慢的演变;也就是当薄膜层数达到几十甚至上百、厚度接近十微米甚至几十微米时,薄膜表面粗糙度从基片的亚纳米,演变至纳米甚至十纳米量级,当然薄膜的微结构尺度也变大,这也是薄膜在灯光下发暗不透亮的原因之一。

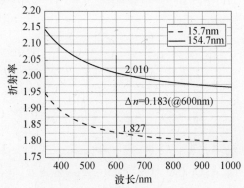

图1-15 电子束蒸发不同厚度的H_4薄膜折射率色散

(2)薄膜的梯度特性。这里指薄膜的折射率沿厚度方向是变化的,产生的机理正如折射率的厚度效应,需要强调的一点是:随着厚度的变化,薄膜的微结构、压力和表面效应等也呈现对应的变化,并逐渐趋于稳定;但是在不同厚度时,薄膜的特性被全部或局部保留,也就形成了薄膜的梯度特性。对于这类梯度效应,高折射率氧化物薄膜表现较为强烈,而采用高能辅助或溅射沉积技术能显著改善这类效应,具体数据参考3.3.1节。

厚度效应和梯度特性对可见光宽度减反射膜特性影响是最严重的,尤其是超宽带减反射膜,在这类或其他多层膜设计中,同种薄膜材料不仅厚度有明显差异,而且往往会出现薄层或超薄层。在实际薄膜制备中,考虑经济性一般仅选择两三种薄膜材料,那么设计中出现这种状况的概率更高。若在设计中不考虑薄膜的厚度效应和梯度特性,实际得到的效果就会很差;不过,对给定的设计,在初步设计了各层膜的厚度情况下,有针对性地在实验上获得相关特性,在多层膜设计过程中考虑进去就能得到较好的效果[30]。图1-16是考虑厚度效应和梯度特性前后ZS1基片表面单面镀膜后的可见光宽带减反射膜的实测350~900nm透射率曲线。

最后讨论角度效应,Dirks和Leamy[31]证明微结构中柱状特性遵从正切定律(tangent rule),即

$$\tan\beta = \frac{1}{2}\tan\alpha \qquad (1-2)$$

式中:α为蒸发物到达的角度(入射角);β为柱体结构的取向角。

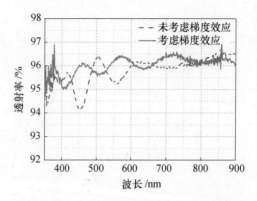

图 1 − 16　可见光宽带减反射膜的实测曲线

Sargent[32]用计算机对此进行仿真,进一步证实了式(1 − 2)的准确性,并得到入射角存在一个临界点,超过此点薄膜的密度会陡然变低、表面粗糙等变大。30°入射角是比较值得关注的点,当然表面迁移率(取决于基片表面的烘烤温度等)是比较大的影响因素。日常镀膜工作中,在使用大口径的真空室条件下,这个效应通常是一个容易被忽略的弱效应。但是,在深穹球面、尤其是接近半球的表面,大尺寸光学元件或大尺寸真空室满载条件下,这种现象表现的薄膜性能值得注意。

这类效应的分析和应用近期成为了一个热点,J. Q. XI[33]等人以 $\alpha = 87°$ 的入射角沉积 SiO_2 薄膜,SEM 照片显示薄膜的 $\beta = 45°$、$n = 1.054(600nm)$,如图 1 − 17所示,并进一步给出一个 AlN 基片表面五层结构对入射角不敏感的减反射膜:1 ~ 3 层对应 $\alpha = 25°/40°/65°$ 的 TiO_2,对应 $n, d(nm) = 2.03, 77.4/1.97, 80.2/1.67, 99.3;4 ~ 5$ 层对应 $\alpha = −68°/−87°$ 的 SiO_2 薄膜,相应的 $n, d(nm) = 1.27, 145.0/1.05, 223.0$。进一步拓展出现了入射沉积(glancing angle deposition, GLAD)技术[34],控制沉积过程中入射角 α 和基片的运动,能够得到 chevronic、zig − zag、helical 或 vertical 等柱状结构,这类薄膜在物理特性上会呈现各项异性(anisotropy),光学薄膜就表现为双折射(birefringence)效应,$\alpha = 65°$ 沉积的 TiO_2 和 $\alpha = 70°$ 的 Ta_2O_5 都有 $\Delta n = 0.15$。

3. 折射率与薄膜厚度的均匀性

均匀性是光学薄膜最为关注的特性之一,厚度均匀性直接决定了光谱均匀性,也就决定了有效镀膜区;厚度均匀性可以通过蒸发材料的分布特性,结合光谱均匀性或单炉产能需求,初步设计出真空室的尺寸、工装结构、蒸发(和辅助)源分布和烘烤布局,就可以得到比较好的初始结构。经过进一步微调,可采用薄膜厚度分布的修正板技术。对均匀性控制最大的难点在于:在光学薄膜的应用中,几十层甚至上百层已是平常之事,而对于采用蒸发类沉积技术制备薄膜,需消耗很多镀膜材

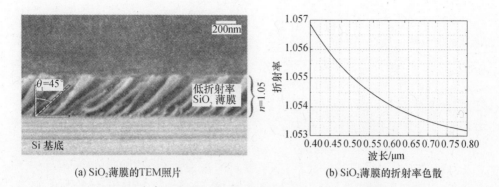

(a) SiO₂薄膜的TEM照片　　　　(b) SiO₂薄膜的折射率色散

图 1 - 17　入射角 α =87°时 SiO₂ 薄膜的 SEM 和折射率

料,并且镀膜周期很长,因此容易出现的问题是消耗很多镀膜材料。结合考虑目前蒸发源的特点,蒸发源的初始面的位置和形状都会发生变化,这种变化直接导致蒸发材料的分布特性出现变化。虽然采取大坩埚(包括连续和多工位)可以有效抑制这类效应的变化程度,但一定程度上的变化是不可避免的。若是用于宽波段介质高反或波长间隔较远的分光薄膜,目前的镀膜设备水平可直接胜任,但是对于纳米级或更窄的滤光片,那就是另一回事了。

1.2.2　薄膜材料力学与热力学特性

对于材料的力学特性,通常关注的是:①应力。光学材料通常经过严格的生产工艺和后退火处理,残余应力较小,通常转换为应力的双折射效应,其单位为 nm/cm,而在光学薄膜材料中直接测量和讨论应力特性,其单位为 Pa。②材料的硬度。硬度是材料的基本特性之一,直接影响光学材料的适用范围和加工参数的选择,但国内外至今仍没有一个统一且明确的定义。一般来说,硬度是材料对压入塑性变形、划痕、磨损或切削等的抗力;通常有莫氏硬度和显微硬度两大类评估方法[35]:莫氏硬度分 10 级,对材料之间划伤状态进行相对比较;显微硬度包括努氏(Knoop)硬度和维氏硬度等,一般通过纳米压痕的方法进行测试,努氏(Knoop)硬度表示为 kg/mm²;光学薄膜材料由于体量较小一般采用显微硬度方法。③材料的断裂强度等参数。因薄膜材料通常不使用或难以测量分析,这里就予以忽略。

1. 薄膜材料的应力

几乎所有薄膜都存在应力,根据形变主要分为张应力和压应力,它对薄膜在基板上的附着特性产生很大的影响,对于高精度的光学薄膜还将会导致光谱漂移。如果薄膜在生长过程中,其结构越来越疏松,或者薄膜相对于基底具有收缩趋势时,为了保持薄膜–基板系统的力学平衡,基板就相对地收缩,在薄膜膜内所产生的张应力会被基板的压缩力所平衡;由于短点力矩不能得到完全补偿,整个薄膜–

基板系统必须以弹性弯曲方式抵消未平衡力矩,于是膜内残留的张应力使基板或膜面向内侧弯曲或形成凹面,如果薄膜的张应力超过薄膜的弹性限度,则薄膜就会破裂、剥离基板而翘起。反之,若在生长过程薄膜越来越致密,或膜相对于基板膨胀,在膜内会形成压应力,使得基板或膜面向外凸,当压应力达到弹性极限时,则会使薄膜向基板内侧卷曲而导致薄膜起皱。在金属膜中,应力的范围为 $10^7 \sim 10^9 Pa$,并以张应力形式出现;与金属膜相比,介质膜应力的数量级一般约为 $10^8 Pa$。

薄膜的应力大小与基板材料、薄膜材料的组成成分、微观结构、制备方法都有关系,而薄膜的这些特性取决于制备技术和镀制参数。在应力特性研究上,热效应对薄膜的应力有很重要的影响,由于薄膜与基板的热膨胀系数不匹配,在高温下镀制的薄膜,当温度降至室温时,基板和薄膜因形变量不同就会产生热应力。

物理气相沉积技术的特点决定了薄膜普遍存在一定大小的应力,虽然通过工艺能够进行一定的调控(表 1-14),但呈现的两个主要特点为:①薄膜多数呈现压应力,尤其是使用荷能(辅助)沉积技术;②应力大小随工艺技术和参数的变化而变化,不过使用荷能(辅助)沉积技术时通常在几百兆帕,甚至能达到吉帕量级,这也是薄膜失效的主要原因之一。薄膜密度与沉积粒子携带的能量、辅助粒子的能量直接相关,能量增加可导致薄膜密度增大、薄膜的应力也增加;而低能量/无辅助沉积薄膜,薄膜的密度低、折射率低,应力也小,但是薄膜的时效和稳定性比较复杂并且难以控制。Leplan 等[36,37]以电子束蒸发沉积 SiO_2 薄膜为对象,研究应力与制备参数的关联性以及时效行为,并进一步探索在大气环境下应力进化动力学。研究结果表明,薄膜应力、微结构等特性与氧偏压、烘烤温度等参数直接相关,且十分复杂;但可归结薄膜生长过程中沉积到基板的粒子动能增大,对应薄膜密度增加(如动能 $25 \sim 300 meV$,薄膜的密度 $1.45 \sim 1.98 g/cm^3$),从而薄膜应力幅值增大(约 $600 \sim 100 MPa$);几千小时以上的时效会使应力与时间对数坐标近似线性的变化幅度大于 200MPa,主要源于水气吸附、并进一步与悬挂的 Si 键和 SiO_2 发生化学反应生成 $Si(OH)_4$ 或 $H_8Si_4O_{12}$ 等硅酸。

表 1-14 二氧化硅薄膜应力与沉积技术

序号	工艺方法	成膜过程	薄膜应力特性	参考文献
1	反应蒸发	$SiO \xrightarrow{O_2 离子化} SiO_2$	$d = 1\mu m$:真空中 $250 kg/cm^2$,空气中 $1800 kg/cm^2$	[14]
2	EB	$SiO_2 \xrightarrow{O_2} SiO_2$	$-289 \sim 20.4 MPa$	[32]

序号	工艺方法	成膜过程	薄膜应力特性	参考文献
3	EB + IAD	$Si \xrightarrow{IAD + O_2} SiO_2$	0.08nm/s1.782nmRMS（厚度：595nm）	[17]
		$SiO_2 \xrightarrow{IAD + O_2} SiO_2$	0.72nm/s1.361nmRMS（厚度：606nm）	[17]
4	PIAD	$SiO_2 \xrightarrow{PIAD(RF),(Ar + O_2)} SiO_2$	−245MPa(速率 = 0.6nm/s)	[14]
		$SiO_2 \xrightarrow{PIAD,(Ar + O_2)} SiO_2$	（MPa）：262~529	[18]
5	IBS(RF)	$Si \xrightarrow{1100V,120mA + O_2} SiO_2$	Stress：−373~−452	[17]
		$SiO_2 \xrightarrow{双 - IBS} SiO_2$	−310~−1000MPa	[17][33]
6	MS + PIA（APS）	$Si \xrightarrow{PIAD,O_2^+} SiO_2$	0.5nm/s10.36nmRMS（厚度：500nm）	[21]
7	MS	$Si \xrightarrow{O_2^+} SiO_2$	$n = 1.471$ @500nm（Helios）	[24]
8	CFM	$Si \xrightarrow{O,O_2,O_2^+} SiO_2$	−150MPa	[25]
9	RAS	$Si \xrightarrow{O,O_2,O_2^+} SiO_2$	$n = 1.479, k = 2 \times 10^{-5}$ @550nm	[14]
10	Sol - Gel	$Si(OC_2H_5)_4 : H_2O : C_2H_5OH : NH_3 : PGE \rightarrow SiO_2$	$n = 1.23~1.25$@1064nm，LIDT $= 15~20J/cm^2$@ 1053nm/1ns	[26]
		$TEOS : H_2O : C_2H_6O \rightarrow SiO_2$	$n = 1.15~1.18$@550nm	[27]
11	Si 热氧化	$Si \xrightarrow{O_2,1000℃} SiO_2$	−800MPa，$d = 60$nm	[28]

2. 薄膜材料硬度

薄膜的厚度一般处于微纳米量级，且随着沉积工艺方法以及后处理方式的不同，组织微观结构会有很大的差异，其力学性能通常有别于体材料，因此对于薄膜材料硬度的表征通常采用的方法与块体材料不同。理论上，薄膜显微硬度取决于原子之间相互作用力的大小，实际薄膜显微硬度大小受到材料微观结构以及测试方法的影响；通过对薄膜材料显微硬度的测试可实现对薄膜的热膨胀系数、弹性模量和泊松比的测试。薄膜的弹性特征(弹性模量和泊松比)是薄层结构力学性能评价的基础,可用于薄膜－基底系统的可靠性和稳定性评价。弹性模量定义为应力与应变之比,而泊松比则为负的横向应变与轴向应变之比。热膨胀系数的定义为当物体温度上升1℃时,其长度或体积发生的相对变化。由于薄膜材料本身的不确定性及体量小的特性,有关薄膜热膨胀系数、弹性模量及泊松比的研究较少,得到的数据离散性较大,但在更深层次薄膜特性、性能及应用研究中,又是必不可少的基本参数,在多数情况下使用体材料参数替代,造成了很大的误差。Çetinörgü等[38]在2009年较为系统研究了双离子束溅射(DIBS)沉积的SiO_2薄膜力学及热弹特性,表1－15列出了对应数据以及与 Fused Silica 的对比。

表1－15　双离子束溅射制备 SiO_2 薄膜与熔融石英性能对比

		双离子束溅射 SiO_2 薄膜	熔融石英
折射率	$n@550nm$	1.48	1.46
密度	$\rho/(g/cm^3)$	1.98－2.2	2.2
热膨胀系数	$CET/(1/10^{-6}℃)$	2.1	0.5
泊松比	ν_f	0.11	0.17
弹性模量	E_r/GPa	87	72
硬度	H/GPa	9.5	
附着力	L_C/N	1.5	
应力	σ/MPa	－470	

1.2.3　薄膜微结构和分子结构特性

薄膜材料制备过程的固有特性决定了其微结构和分子结构不仅与光学体材料有显著差异,而且形成的机制也完全不同。Revesz 等在其综述性文章[39]中指出:以 Si 基底热生长 SiO_2 薄膜作为讨论对象,这种非晶固体(non－crystalline,nc)具有短程有序高键序时称为玻璃态(vitreous,v)SiO_2 膜,具有低键序时称为无定形态(amorphous,a)SiO_2 膜。前者的网络缺陷密度小于10^{14} cm^{-3},但是其仅能够由特定的技术才能实现,同时工艺参数窗口非常窄。PVD 技术制备的光学薄膜,随技术和工艺参数的不同,其分子结构及对应的特性会出现极大差异,通常意义上沉积的 SiO_2 膜为无定形态。

如图1－18所示,评价 SiO_2 薄膜微结构的方法有 X 射线衍射法(XRD)、X 射线光电子能谱法(XPS)、扫描电子显微镜法(SEM 或 TEM)、原子力显微镜(AFM)等,主要用于表征薄膜的晶向结构、化学计量、表面/断面结构、表面形貌微结构。SiO_2薄膜分子结构中 Si－O－Si 键角是表征其网状结构的重要参数,通过振动光谱表征分子结构是重要的手段之一,虽然不能直接给出结构的内部信息,但是可以反映出内部短程有序的特征。

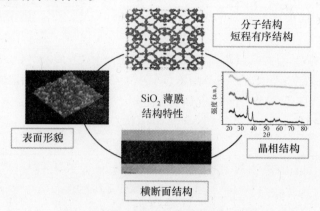

图 1 - 18　SiO₂薄膜微结构的表征方法

Lisovskii 等[40]首先研究了热氧化 SiO₂薄膜的振动模式,讨论了薄膜厚度对横向振动模式(TO)和纵向振动模式(LO)分离的影响,结果见表 1 - 16。通过热氧化的方法制备了 1148nm SiO₂薄膜,然后通过 HF 化学刻蚀的方法得到厚度为11.6nm、21.0nm 和 229.0nm 的热氧化 SiO₂薄膜样品。在 900 ~ 1400cm⁻¹范围内,通过测量正入射和 75°入射的红外吸收率光谱,发现吸收光谱中非规整波形的波峰可以分成两个子峰,也就意味着出现了 TO 模式与 LO 模式的分离。峰值透明区的最小位置从 1074cm⁻¹ (11.6nm)到 1100cm⁻¹ (1148.0nm),采用复合高斯线形拟合吸收率光谱,得到了振动带最大峰值的分布图。表 1 - 17 给出了 SiO₄四面体的相互连接方式,在不同的 SiO₄连接方式下,Si - O - Si 的平均键角不同。

表 1 - 16　热氧化 SiO₂薄膜的微结构振动模式特征

序号	振动峰频 /cm⁻¹	半宽度 /cm⁻¹	振动模式	Si - O - Si 键角 /(°)	微结构
1	1056	58	TO	132	类柯石英
2	1091	46	TO	144	类石英
3	1147	52	TO	180	Si - O - Si 链状结构片段
4	1200	68	LO	126	类柯石英
5	1252	44	LO	142	类石英
6	1300	57	LO	180	Si - O - Si 链状结构片段

表 1-17　热氧化 SiO_2 薄膜键角与微结构的关系

结构	SiO_4 连接方式	键角
石英晶体结构	6-折叠环结构	144°
柯石英	4-折叠环结构	120°
热液石英	5-、7-、8-折叠环结构	154°
方石英		180°
	3-平面折叠环	130.5°
	4-平面折叠环	160.5°
	5-平面折叠环	178.5°

1996 年，Tabata 等[41] 使用离子束溅射技术制备 SiO_2 薄膜，研究了 900～ 1400cm^{-1} 范围内振动峰的特性，结果显示离子束溅射制备的 SiO_2 薄膜结构以类柯石英结构为主。该离子束溅射的特点是主溅射源为高能（1.5kV）低电流（40mA/ 50mA）。参照 Lisovskii 等的结果，Tabata 等得到了离子束溅射制备 SiO_2 薄膜的微结构特征，见表 1-18。

表 1-18　离子束溅射 SiO_2 薄膜的微结构振动模式特征

序号	振动峰频/cm^{-1}	半宽度/cm^{-1}	振动模式	微结构
1	1040	125	TO	类柯石英
2	1070	40	TO	Si-O-Si 链状结构片段
3	1150	60	TO	类石英
4	1200	90	LO	类柯石英
5	900	90		Si_2O_3 结构
6	810	70		

经过几十年的研究，SiO_2 薄膜的微结构可确定为 SiO_4 四面体的随机网络结构，与熔融石英的随机网络结构基本一致。对于不同方法制备的 SiO_2 薄膜，SiO_2 薄膜的微结构表现出短程有序的特征，因此 SiO_2 薄膜的随机网络微结构特征与薄膜生长的制备工艺直接相关。目前已经报道的有 SiO_2 微结构振动模式与密度的关系、振动光谱与薄膜的孔隙率关系、振动模式的时效特性、SiO_2 薄膜 TO 与 LO 振动模式的激发方法、SiO_2 薄膜振动频率的薄膜厚度效应等方面的研究结果，相关的 SiO_2 薄膜制备方法涉及热氧化、电子束蒸发、离子束溅射、磁控溅射等制备技术。

1.2.4　薄膜材料其他特性

光学薄膜在特定条件或环境下应用时，会出现特定的技术要求。在超低损耗激光薄膜和高激光损伤阈值薄膜技术领域内，如应用于高功率激光系统就会对薄膜的激光损伤阈值有明确要求,应用于激光陀螺系统的超低损耗薄膜,对薄膜在等离子放电环境下的长时间稳定性有明确要求,下面就这两方面概括性叙述。

1. 薄膜的激光损伤特性

薄膜激光损伤特性是一个十分复杂的课题,自 1968 年开始每年在美国内华达州 Boulder 市召开一次国际专题会议。由于薄膜的损伤机理和损伤阈值与薄膜沉积技术、沉积参数、后处理技术、激光功率、激光波长、脉冲宽度及重复频率等参数密切相关,而且还有很多不确定、不明确的方面,导致了不同研究小组往往会得出不同的结论。

以激光核聚变光源为代表的纳秒脉宽超大功率激光,以及研究热点的皮秒、飞秒超短脉宽激光工作光谱主要位于紫外至近红外区域。用于纳秒脉宽超大功率激光的电子束蒸发技术制备的 SiO_2 单层膜,其损伤阈值已接近基板材料,损伤由不同尺度的吸收性缺陷诱导产生,理论分析认为吸收性缺陷在激光辐照下形成等离子体,使得相邻的 SiO_2 材料成为强吸收源,进而导致薄膜被破坏[42]。而不同沉积技术的比较研究结论十分不一致,法国 Fresnel 实验室的结果:DIBS 在 1064nm、IAD 在 355nm 波长损伤阈值最高,EBD 相对较低,提出低缺陷密度致密薄膜的热导率较高,具有较高的损伤阈值[43];认为不同沉积技术其损伤都是由纳米级吸收缺陷点或微米级介质缺陷诱导的,但损伤点大小不同,表明与薄膜的热力性质、剩余应力等相关[44]。

通过研究飞秒脉冲损伤阈值随脉冲宽度变化曲线,根据电子数密度方程,分析认为损伤机理:多光子吸收、碰撞电离及导带电子弛豫是造成损伤的主要原因[45]。图 1 - 19 是多家研究机构给出的不同沉积方式得到的 SiO_2 薄膜 1030nm 波长/500fs 脉宽激光/1 - on - 1 方式下损伤阈值[46];120ps/800nm 波长激光作用下 IBS 沉积的 SiO_2 薄膜的多脉冲方式损伤阈值达到 15.4J/cm^2[47]。Jerman 等[48]通过研究得到,以 SiO_2 为原始材料,对电子束反应蒸发沉积在加热 250℃ 基片得到的 SiO_2 膜进行 250℃ 后处理 24h,薄膜折射率降低,长期稳定性显著增加,更适于短脉冲高强度激光,这得益于后处理有效降低了如氧空位和填隙氧等点缺陷密度。

2. 等离子放电环境下的稳定性

光学薄膜在激光领域的应用之一是形成谐振器的光学薄膜反射镜和部分反射镜,其中一类为气体激光器,在这类应用中光学薄膜直接与放电等离子体接触,SiO_2 薄膜功能有两方面:一是作为薄膜材料组合中的低折射率材料;二是作为最外抗等离子放电等功能的保护层。第一项功能的主要目标是与高折射率材料匹配实现光学特性。第二项功能主要是保证薄膜在使役条件能够稳定,但这种使役条件是十分复杂的,例如氦氖放电等离子体,放电体激发的各种频率红外、可见、紫外、真空紫外等光波,632.8nm 驻波激光等直接作用于 SiO_2 薄膜。由于等离子体具有

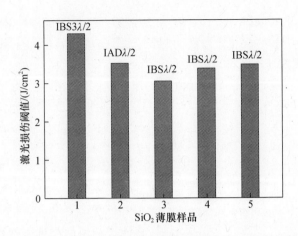

图 1-19 SiO₂薄膜 1030nm 波长/500fs 脉宽激光/1-on-1 方式下损伤阈值

一定的能量和速率分布,在与薄膜表面发生一定程度的相互作用后导致薄膜性能发生变化,因此该类光学薄膜的稳定性必须考虑。有关激光薄膜在等离子放电环境中的性能退化和增强技术,在国内外文献中鲜有报道,在本书中将用一节讨论。

第2章 二氧化硅薄膜材料制备技术

二氧化硅薄膜材料制备技术主要包括薄膜材料沉积技术和后处理技术两部分。沉积技术主要依据技术和成本等综合需求，通过合理平衡制备过程中的诸要素，有针对性选择适宜的沉积方法和工艺参数等；镀膜之后的处理技术，是降低成本，有效改善和优化薄膜的性能，提高其稳定性和降低时效的方法；当然，基片是整个制备过程中不可或缺的部分。这3个方面是薄膜材料制备的主要方面，下面将分3节进行讨论。

2.1 二氧化硅薄膜材料沉积技术

二氧化硅薄膜材料沉积技术，基于不同的工作原理和应用特点，概括起来主要分成如下几大类，见图2-1。

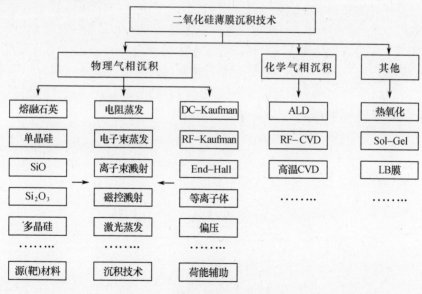

图2-1 二氧化硅薄膜材料沉积技术

图2-1仅给出了二氧化硅光学薄膜主要的沉积技术，在高精密光学元件应用

上,主流成膜方法仍然是物理气相沉积。物理气相沉积是指通过物理方法制备薄膜,各种方法的主要不同在于"Vapor"过程,即源(靶)材料转换进入气态过程,对应两大类技术,即蒸发和溅射,蒸发是通过加热的原理实现转换,而溅射是利用动量传递;这两者在物理上是迥然不同的,同样也确定了得到薄膜的物理特性之差异性,蒸发包含有电阻热蒸发、电子束蒸发、感应加热蒸发和激光蒸发等;溅射包含有离子束溅射、磁控溅射和直流溅射等。20世纪后半期以来,荷能辅助沉积技术日趋成熟和完善,由于该技术能够有效改善和调节薄膜性能,正广泛被采用;荷能辅助沉积技术使得热蒸发技术沉积薄膜的物理性能得到了"质"的提升,不仅提高了该技术的使用价值,也有效拓展了应用领域和深度。当然,不同的沉积技术有其自身的特点,虽然应用领域多有交叉,但都有一定的侧重。

对于不同沉积技术对应薄膜特性的系统性研究,一种代表性思路就是薄膜微结构特性与沉积工艺参数之间的关联性,最为典型几个工作:Movchan 等[49]在1969年发表的文献中,开创性地提出了归一化的基片温度(normalized substrate temperature)T_s/T_m,并将多种工艺参数综合性表达为 T_s/T_m,得到了非常直观的薄膜微结构与归一化的基片温度之间关系图(图2-2),分为1,2,3区,对应 T_s/T_m 分界点为 T_1、T_2 和上限 T_3,其中:$T_1=0.3$(金属)或 $T_1=0.26$(氧化物),$T_2=0.45$,$T_3=1$。1区薄膜呈柱状多孔结构,2区呈致密柱状结构,3区呈多晶结构。Thornton[50]将这关系图拓展到金属膜的溅射沉积,引入工作气压坐标,并在1区和2区之间增加了一过渡区 T。Guenther[51]进一步完善了 Movchan 等的关系图(图2-3),在图2-2的右边增加了一个新区,这个区域对应的归一化的基片温度 $T_s/T_m \geqslant 1$,解释了离子束溅射和低压反应离子镀等高能沉积技术对应的薄膜微结构特性,定义为无定形玻璃态;对应归一化的基片温度并行增加了归一的能量(总粒子能量/激活能量),同时给出了对应的沉积技术。

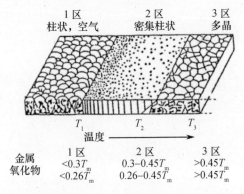

图2-2 薄膜微结构与归一化的基片温度之间关系图

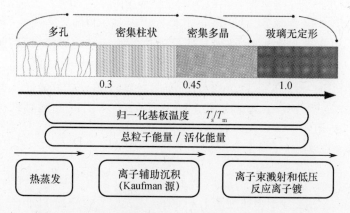

图 2 - 3 新薄膜微结构与归一化的基片温度之间关系图

高能沉积技术能够得到微结构致密、可靠的薄膜,但这类技术得到的薄膜在紫外和红外区域的吸收(或消光系数)远高于材料本身和低能技术(热蒸发),具体的例证数据可参考 3.3.3 节相关内容。沉积技术除沉积方法之外,另一关键点就是对应蒸发源材料或靶材料的选择,对 SiO_2 薄膜的源材料和靶材来说:采用蒸发技术时选用熔融石英,采用离子束溅射时选用熔融石英或单晶硅,采用磁控溅射时选用单晶硅或多晶硅;针对特定应用还可能选用 SiO、Si_2O_3 和 SiH_4 等;选择不同的源(靶)材料,虽然得到的薄膜化学计量比都十分一致,逼近 SiO_2,但薄膜光学特性、分子结构、紫外吸收和物理化学特性却存在一定的差异。下面对主要沉积技术进行讨论,为了后面的对比分析,也简单介绍其他技术,主要包括热氧化技术、溶胶凝胶技术和原子层沉积技术等。

2.1.1 真空基础

真空系统对多数物理气相沉积技术是共用平台,在这里给出光学薄膜沉积技术对真空系统的基本要求:被沉积的气相物质有足够的平均自由程。足够平均自由程,就是保证从源(靶)出来的气相物质沉积到基片表面之前,与真空室内残余气体发生碰撞的概率控制在一定范围内,这是确保薄膜质量的最基本要求之一。

依据热力学基本原理,在 25℃ 条件下,分子的平均自由程 $\bar{\lambda}$ 和真空度 p 的关系如下[52]:

$$\bar{\lambda} = 6.67 \times 10^{-3}/P \tag{2-1}$$

式中:$\bar{\lambda}$ 单位为 m;p 单位为 Pa。当真空度 $p = 5 \times 10^{-3}$ Pa 时,$\bar{\lambda} = 1.334$ m。

对于常规光学薄膜沉积设备,真空室尺寸及蒸发源到沉积面的距离在米量级,综合考虑各方面因素,光学薄膜沉积过程的本底真空度一般选在 $10^{-2} \sim 10^{-5}$ Pa。

如上所述,若仅考虑平均自由程,保证 5×10^{-3} Pa 的真空度即可,但这样的真空度下,仍残留大量的各种气体分子,依据分子运动论理论,分子密度 n 为

$$n = 2.431 \times 10^{20} \times P(\text{cm}^{-3}) \qquad (2-2)$$

对 5×10^{-3} Pa 的真空度,$n \approx 1 \times 10^{18}$ cm^{-3},这是一相当可观的量。为了对此有一直观说明,先讨论真空室残余气体单位时间碰撞单位面积的分子数:

$$J = \frac{P}{\sqrt{2\pi mkT}} = 6.221 \times 10^{9} P / \sqrt{m} \qquad (2-3)$$

对空气,$m_{空气} = 4.811 \times 10^{-26}$ kg,则 $J_{空气} = 1.415 \times 10^{20}$ (m$^2 \cdot$ s),按均匀排布,形成单分子空气层需分子个数为 7.1×10^{18} m^{-2},假设吸附率为1,那么形成单分子层的时间仅为 $t_{单分子层,空气} = 5.0 \times 10^{-2}$ s。对于水蒸气,设其分压 $p_{水蒸气} = 1 \times 10^{-5}$ Pa 时,$m_{水蒸气} = 2.992 \times 10^{-26}$ kg,则 $J_{水蒸气} = 3.591 \times 10^{19}$ (m$^2 \cdot$ s),仍然按照吸附率为1计算,那么形成单分子层的时间仅为 $t_{单分子层,水蒸气} = 1.281 \times 10^{-1}$ s。

由此可知,在常规要求的真空室内沉积薄膜,薄膜与基片之间的界面包含十分复杂的成分,是薄膜不稳定的主要原因之一,尤其采用扩散泵作为高真空泵的真空获得系统,泵油反扩散后会对真空室内形成污染。对于多数薄膜,氮气、二氧化碳等残余气体的影响可以忽略,但水蒸气和扩散泵返油等对薄膜质量和稳定性是致命的,这也就部分解释了 10^{-4} Pa 或更低的本底真空度能够有效提高薄膜的可靠性。不过,增加深冷系统(捕集水气、控制返油)、提高烘烤温度,以及镀膜前荷能粒子束在线清洗,虽然能够有效提高薄膜的可靠性,但作用机理也不尽相同,仍存在一定的科学问题和关键问题需要解决。

图 2-4 是国产箱式通用光学镀膜机的典型布局结构图,该设备一般为米级的真空室,用扩散泵+罗茨泵+机械泵真空获得系统,极限真空在 12h 内可以达到 3×10^{-4} Pa,在 15min 内可从高真空恢复到大气状态,关闭高阀后高真空的保持,在 2h 后真空度不大于 9.0×10^{-2} Pa。

图 2-4　国产箱式通用光学镀膜机典型布局结构图

上述设备中的关键问题如下：

（1）深冷系统正逐渐成为基本配置：一是能够有效提高本底真空度；二是能够显著降低真空室内水汽分压、控制扩散泵的返油。在绝大多数情况下这两点是影响镀膜质量和可靠性的关键。

（2）米级以下尺度真空室，使用分子泵的准无油系统会更方便、实用；使用低温泵作的无油系统，在特定的应用领域已成为准标配，在技术上具有明显优势。

对于离子束、磁控溅射及热蒸发等技术应用于光学薄膜时对真空系统具体要求和配置，可参考 Veeco、Leybold 和 Shincron 等公司的网站和介绍材料。

2.1.2 热蒸发沉积技术

热蒸发沉积技术由于发展历程久、成熟度高、通用性强和成本低等优点，加之荷能粒子辅助技术显著提高了薄膜的稳定性和可靠性，荷能粒子辅助热蒸发沉积技术仍是光学薄膜主要的沉积方法。热蒸发技术的基本特点就是通过加热技术使薄膜源材料蒸发、转移、沉积在被镀元件表面，形成所需性能的薄膜。电阻热蒸发和电子束蒸发是成熟并被广泛采用的通用技术，其他的如中频感应加热和激光蒸发等在特定的应用领域有自身的优势，在此不展开讨论，可参阅相关文献。

1. 电阻热蒸发技术

真空电阻热蒸发镀膜方法是一种较早出现的镀膜方法，除 Cr 和 Ti 等少数材料能够制成特定的形状直接加热蒸发之外，其他材料必须采用间接加热，即使用钼、钨、石墨等高熔点材料，制成特定的舟、丝结构作为载体（蒸发源材料），加上低电压大电流，能够达到 1500～2000K 的蒸发温度，适用于 Au、Ag、Al 和 Cu 等金属以及 ZnS 和 MgF_2 等低蒸发点材料，这种方法的优点是技术简单、稳定、可靠及成本低，不足是蒸发过程中钼、钨等会形成污染，且难以蒸发高熔点氧化物等材料。图 2-5 所示为几种常用的蒸发舟图，针对特定的应用不仅会用到其他材料，而且会用到其他形状。

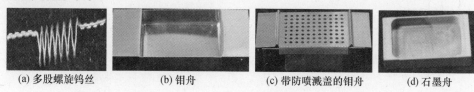

(a) 多股螺旋钨丝　　　(b) 钼舟　　　(c) 带防喷溅盖的钼舟　　　(d) 石墨舟

图 2-5　几种典型蒸发舟

这项技术需要关注以下 3 点：

（1）蒸发源材料的熔点和蒸汽压。对于这类高熔点材料在一定温度下也会出现小量的蒸发，伴随镀膜材料共同形成薄膜，在薄膜内就成为杂质而存在，与此有关的特性见表 2-1。

表 2-1   几种蒸发源材料熔点及不同蒸气压对应的平衡温度

蒸发源材料	熔点/℃	10^{-8}Torr 蒸气压	平衡温度 /℃(10^{-5}Torr)	蒸发温度 (10^{-2}Torr)
钨（W）	3410	2117	2567	3227
石墨（C）	3700	1800	2126	2680
钼（Mo）	2617	1592	1957	2527
铂（Pt）	1772	1292	1621	1907

（2）蒸发源材料与镀膜材料的反应（高温时的特性）。在高温状态下，两者之间的化学反应或形成合金，会造成薄膜性能恶化或功能失效，只能选择性使用蒸发源形状、材料或放弃电阻热蒸发方法。例如，Ge 这种半导体材料只能用石墨舟、坩埚或带有石墨内衬的舟、坩埚，而 Si 在高温下不仅与金属反应，与石墨也反应，仅能用带有水冷坩埚的电子枪蒸发；Al 在高温状态下即使与 W 也能够形成合金，就得使用多股钨丝；

（3）蒸发源材料与镀膜材料的湿润性。这类现象的出现有利于形成稳定的蒸发。

2. 电子束蒸发技术

电子束蒸发技术的关键是电子枪，电子枪经历几代的发展已十分成熟，相关的过程可参阅对应的文献。目前在光学薄膜领域通用的电子枪原理和结构见图 2-6(a)，加热的阴极（通常为钨丝）发射出电子束，被几千至上万伏直流高压加速，在设定磁场的约束下聚焦到坩埚内的蒸发材料上，能较易和较快将材料加热到 10^4K 或更高的温度，几乎可以蒸发任何材料，且加热仅局限在电子束射到的小区域，坩埚又带有良好的强制水冷，能有效防止类似热蒸发舟等引起的污染。

电子枪最为代表的厂家有日本 JEOL 和德国 Leybold 等公司，国内厂家较多，总体水平有一定差距，但这几年进步较快，能够满足常规的光学薄膜要求。这里的示意图和原理图主要取自 JEOL 公司（由 JEOL 公司提供）[53]。

工作过程中的二次电子的抑制是关键技术之一，源自于二次电子可能产生诸多负效应，目前通用的电子枪结构已能够有效抑制二次电子，主要厂家都有自己的技术特点和细节上的差异。依据阴极灯丝在整体结构中的相对位置，出现了 270°和 180°两种主要布局，即阴极与被蒸发材料的蒸发面相对位置，图 2-6(a)中左边图和中间图分别对应 270°和 180°两种布局，JEOL 公司对应的电子枪灯丝结构见图 2-6(b)。

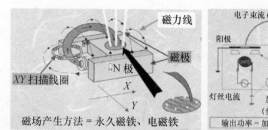
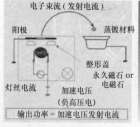

(a) 电子枪原理和结构示意图

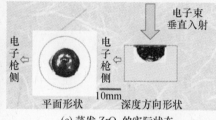

(b) 两种典型电子枪灯丝结构示意图　　(c) 蒸发 ZrO_2 的实际状态

图 2-6　电子枪的工作原理及应用

对于两种结构的对比:180°结构电子运动轨迹较短、偏转角小,电磁学设计和结构相对简单,长时间的稳定性更佳,更易得到垂直入射的电子束,形成均匀蒸发,但其灯丝直接向上,容易落上被蒸发物等而产生污染、影响灯丝寿命,长期的实际应用验证了在蒸发氧化物等材料时这种现象可以忽略,图 2-6(c)是蒸发 ZrO_2 的实际状态,在高熔点金属等蒸发时会出现这种现象。270°枪是通用型,U 形灯丝具有更长寿命。实际中,电子枪的选择依据工作对象而定。

蒸发技术的基本特点:被蒸发的材料仅有约 0.2eV 能量,薄膜沉积是典型的物理吸附过程,仅涉及范德华(van der Waals)力,与基体的结合力不强,薄膜呈柱状结构,易受环境等因素影响,重复性和稳定性较差,通过基片加热等技术的应用,性能有所改善,能够满足一定范围的应用和过程要求;荷能辅助沉积技术有效改善了这点不足,薄膜结构和稳定性等性能有了质的提高,这两种热蒸发技术仍普遍采用。

这类薄膜放置于大气环境中有较强的水汽吸附能力,H. Leplan 等[54,55] 通过对热蒸发沉积 SiO_2 薄膜的研究,比较系统地对这类现象进行了观察和分析,结论如下:

(1)水汽吸附过程是一复杂的物理化学过程,初期是物理吸附,随时间推移逐渐形成化学变化,形成复杂的硅酸盐化合物,如 $Si(OH)_4$,$H_8Si_4O_{12}$ 和 H_4SiO_4 等,基本反应过程为

$$SiO_2 + 2H_2O \rightarrow H_4SiO_4 \qquad\qquad (2-4)$$

在 $P_{O2} = 2 \times 10^{-4}\,\text{mbar}$[①] 和 $T_s = 200\,^\circ\text{C}$ 条件下刚沉积的薄膜中 H 含量 7%，放置一个月后增加到 9%。

（2）薄膜的密度（与光学常数对应）和应力与工艺参数密切相关，十分敏感。

（3）薄膜应力时效与时间对数成线性关系。

（4）薄膜应力变化量与薄膜密度成线性反比例，即致密的薄膜更稳定。

热蒸发技术的另一特点是需要将被蒸发（源）材料加热到蒸发或升华温度点以上，且在持续镀膜过程中需一直保持这个温度，后续过程中还会出现对同一舟或坩埚反复加热现象，会导致蒸发源材料的性质出现变化，单质材料（如 Au、Ag、Al、Cr、Ge 和 Si 等）直观上相对变化较小，但是：①单晶或多晶会退化为多种晶相共存，通过预熔可达到相对稳定；②高温状态下源材料会与舟、坩埚及真空室内残余的气体发生化学反应，尤其是水汽和氧气。化合物材料的变化更为复杂。除上述两点之外，化合物的分解和晶相结构的复杂变化是十分棘手的问题之一，典型代表性为 TiO_2 薄膜。TiO_2 薄膜具有高达 2.5 的折射率和优良的化学稳定性、力学强度，是可见至近红外优选镀膜材料之一；但早期使用过程中出现薄膜折射率重复性和稳定性差等方面的问题，对此人们开展了广泛而系统的研究工作，概括起来主要有[56-61]：

（1）针对不同的镀膜源材料 TiO、Ti_2O_3、Ti_3O_5 和 TiO_2 等，分析得到的薄膜特性和剩余镀膜源材料的成分和结构。

（2）针对不同的镀膜源材料 TiO、Ti_2O_3、Ti_3O_5 和 TiO_2 等，对同一个坩埚，在相同条件下，重复镀膜过程，分析了经过若干个蒸发周期后薄膜折射率的变化。

（3）针对不同的镀膜源材料 TiO、Ti_2O_3、Ti_3O_5 和 TiO_2 等，使用气相质谱仪对蒸气组成进行分析。

相关的研究证明，以 Ti_3O_5 作为原始源材料的蒸发过程为

$$Ti_3O_5(s) \rightarrow TiO_2(g) + TiO(g) \qquad\qquad (2-5)$$

满足得到具有较好重复性和稳定性薄膜的同一蒸发过程为

$$A_xB_y(s) \rightarrow AB(g) + A_{x-1}B_{y-1}(g) \qquad\qquad (2-6a)$$

而使用 Ti 的其他氧化物作为原始源材料的蒸发过程为

$$A_xB_y(s) \rightarrow AB(s) + A_{x-1}B_{y-1}(g) \qquad\qquad (2-6b)$$

与 Ti_3O_5 相比，该蒸发过程不是同一反应过程，难以得到具有较好重复性和稳定性薄膜。

---

① 1 mbar = 100 Pa。

38

提高镀膜源材料工艺适用性的另一有效方法就是研制复合材料,针对 TiO_2 开展了广泛的工作,有 $TiO_2:ZrO_2$、$TiO_2:Nb_2O_5$ 和 $TiO_2:La_2O_3$ 等体系,有较好的效果并在实际工作中获得了应用;其中 $TiO_2:La_2O_3$ 不仅有较好的稳定性[62],而且适宜于低温镀膜,获得了极其广泛的应用,尤其在可见光宽带减反射膜的应用中,成为最主要的高折射率材料之一。

3. 荷能辅助沉积技术

热蒸发沉积技术由于沉积材料携带的能量较低,到达基片表面后沉积材料的迁移率低,得到的薄膜具有典型的柱状结构,这类薄膜的稳定性和可靠性都较差。虽然增加了基板的烘烤温度,在一定程度上能够对性能加以改善,但是加热的方式往往限制了基板的应用范围,如塑料元件、部分晶体和高面型精度元件等。荷能辅助沉积技术的发展和成熟有效改善了上述的不足,其基本原理是采用特定的技术手段,得到携带一定能量(几十电子伏至几千电子伏)的粒子,轰击沉积薄膜的基片表面。主要技术包括:采用轰击棒的高压等离子放电(仅适用于镀膜前)、工件盘负偏压、低压反应离子镀、等离子源(APS 等)、离子源(End – Hall、Kauffman 等)。

荷能粒子在镀膜过程的作用和功能主要表现为 3 个阶段:第一阶段,镀膜前的清洗和激活表面。相对于镀膜前的其他擦拭和清洗而言,荷能粒子束清洗具有明显优势,这主要是粒子具有较高能量,对大多数有机污染更为有效。这个清洗过程经过秒量级甚至无间隔就可转入镀膜过程,荷能粒子激活的是真正的表面几个分子层,能够使表面层处于非常高激活状态,又不破坏光学基片特定的表面形貌和织构。第二阶段,在镀膜过程中,荷能粒子能够有效改善薄膜的微结构、提高薄膜的稳定性和可靠性。第三阶段,在镀膜后,通过荷能粒子能够进一步改善和优化薄膜表面性能。

荷能辅助沉积技术中最具代表性、应用最广泛的就是离子辅助沉积技术。离子辅助沉积技术是通过引入离子源技术,拓展了热蒸发沉积技术在光学薄膜领域的应用广度和深度。在薄膜生长过程中,离子源产生的携带一定能量的粒子轰击基片和正在生长的薄膜,沉积分子或原子不断受到能量粒子的轰击,通过动量转移,使沉积分子或原子获得较大的动能,使薄膜的附着性增强、分子结构更致密;对于反应沉积过程,由于离子源能够极其有效激活反应介质,如可以将通常的 O_2 激活为 O 和 O^+ 等,甚至还可使其具有几十电子伏或更高能量;离子辅助沉积工艺不仅适合在非加温的基底上沉积薄膜,而且制备的氧化物等薄膜具有更合理的化学计量比等优点。离子辅助沉积工艺中常用的离子源有 Kauffman 型离子源(DC、RF)、End – Hall 无栅极离子源和 APS 源等。

离子源的使用也会带来几个问题:①高能量离子或粒子会对薄膜产生损伤,破

39

坏薄膜的分子结构或化学计量比,尤其对应用于红外和紫外的材料,造成红外和紫外的吸收增大;②对基片的特性产生影响,尤其对光学树脂镜片及其他低熔点或稳定性差的材料;③高能量离子或粒子以一定的方向函数到达薄膜表面时,这种差异会导致在有效沉积区域内各处薄膜密度和反溅射率都不同,实质就是薄膜分布的均匀性又添加了两个关键因素——薄膜密度和反溅射率。虽然系统更为复杂、操控难度较大,但是带离子源的电子束热蒸发光学薄膜沉积系统是最普遍采用的。下面给出几种最典型应用的离子源:

(1) Leybold 公司的 APS 源(图 2-7,由 Leybold 公司提供)。该离子源的特点是需要较大的等离子体放电功率(8kW),产生较低的离子能量(20~200eV)和较高的离子密度(0.2mA/cm², Ar; 0.5mA/cm², Ar + O₂)。在离子源工作时,等离子体能够充满整个真空室,并且同时存在的电子能够有效中和平衡空间电荷。使用较低的离子能量沉积的 SiO_2 薄膜在低至 190nm 的紫外具有极佳的光学性能(具体数据见 3.3 节),在同样较低的离子能量下,部分厂家得到的 TiO_2 等高折射率氧化物薄膜在 400~450nm 区间的吸收较大,大于使用高能量的其他结构离子源。该离子源的关键部件阴极为 LaB_6,是影响离子源长期稳定性和可靠性的关键,需要进一步改进。

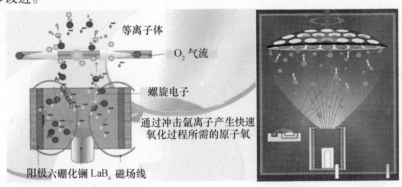

等离子体

O_2 气流

螺旋电子

通过冲击氩离子产生快速氧化过程所需的原子氧

阳极六硼化镧 LaB_6 磁场线

图 2-7 APS 离子源工作原理示意图

(2) End-Hall 类离子源。基本特点与 APS 离子源相近,主要有以下两点差异:①End-Hall 利用阳极层放电,不需要热阴极,有利于长时间工作;②End-Hall 不能够像 APS 源那样自中和,需要额外的电子源,不利于长时间工作,但是采用射频激励的中和源能够极大提高其工作时间。

(3) Kaufman 型离子源[63]为代表的有栅离子源(注:APS 和 End-Hall 属于无栅离子源)。该类型的离子源栅网是典型的离子光学系统,使用这样的离子源获得的离子束具有较高的能量(离子能量约 1keV)、窄的能量分布和极佳的方向性;在镀膜真空室内使用离子源,可以将放电室与真空室隔离,有利于独立控制。离子

40

源输出离子束特性受制于栅网结构:一是能量可调节范围受限;二是离子束覆盖口径范围受限;三是低能量的离子束流应用受限。另外,热阴极结构严重限制了离子源的工作周期,射频激励从根本上克服了这点不足,但成本高,系统复杂。这类离子源的应用,对提高可见和近红外氧化物多层光学薄膜的质量和稳定性效果显著。

2.1.3 离子束溅射沉积技术

离子束溅射沉积(IBS)用于光学薄膜领域,在一定程度上兼有热蒸发技术和磁控溅射技术的优点:工作真空度在 $10^{-2}Pa$ 以上,沉积粒子自身携带的能量为几电子伏至几十电子伏。在理论上,任何固态材料都可制成靶材而被溅射成膜,同时源、靶材和工件架可采用垂直、平行或任一相对布置方式和结构形式,工件架、烘烤及均匀性修正等可以完全借鉴热蒸发沉积设备系统的结构。IBS 沉积技术与其他技术相比,技术优势在于:①完全能够保持高精度基片表面的粗糙度,如在 RMS 约 0.05nm 的基片表面沉积几十层薄膜之后,其 RMS 仍保持在 0.05nm 左右;②IBS 制备的薄膜结构致密,无吸潮和波长漂移。但是,IBS 技术的最大不足是沉积速率慢、产量低、成本高。

IBS 沉积技术的关键部件是离子源,对离子源的基本要求是:能够产生几百至几千电子伏能量、几百至几千毫安束流,具有极好方向性和稳定性的离子束流;最适宜这类应用的是 Kauffman 型离子源[63],早期离子源采用磁场约束、热丝(一般采用钨丝)发射电子的直流放电产生等离子体技术,中和源也采用热丝结构,由于热丝发射电子需加到足够高的温度,这样就会被逐渐消耗,且同时产生污染;而由于采用被动中和技术,中和效率有限,系统的稳定性和寿命都存在问题,尤其沉积氧化物等材料时需充入反应气体,问题更加突出;典型参数:离子源束流/束压 100mA/1000V,引出栅网为两栅结构,镀膜有效区域约 $\phi100mm$,一个 45°角入射的 21 层 633nm 规整膜系的镀膜周期约 12h(已是离子源一个工作周期极限)。

随着离子源技术的发展和日渐成熟,RF 激励的离子源和中和源技术日趋成熟和稳定,现在已是 IBS 沉积技术的唯一选择。RF 激励由于是冷源技术,原理上其寿命可无限长,目前商用产品的稳定工作时间大于 50h,寿命也是远高于此;由于这类中和器是主动工作原理,能够按要求自行设定电子或离子束流大小,完全控制了早期产品出现的正电荷积累产生的放电等现象,代表性产品是美国 Veeco 公司的 16cm RF(HP) Ion Source 系列。

现在商用成熟的双离子束溅射镀膜机代表产品是 Veeco 公司的 Spector® 系列。该设备的真空获得系统由机械泵加低温泵组合(新的机组开始采用机械泵加分子泵加 Polycold 组合),该组合的技术优点:①(准)无油高真空系统;②对水汽抽速较大(使用的 CTI400 低温泵水汽抽速 16000L/s)。薄膜沉积系统采用该公司的 16cm RF Ion Source 作为溅射源,典型参数:离子源束流/束压 600mA/1200V,典型工件架是 $4 \times \phi 200$mm 行星结构,一个 $45°$角入射的 35 层 633nm 规整膜系的镀膜周期约 4h。新一代 16cm RF HP Ion Source 能够输出更大的束流,典型参数:离子源束流/束压 900mA/1200V。图 2-8 是工作示意图。

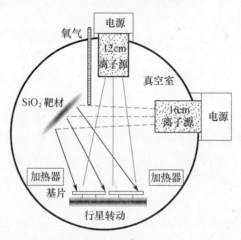

图 2-8　离子束溅射沉积技术的示意图

2.1.4　磁控溅射沉积技术

溅射沉积基本特性就是在真空环境下的负高压辉光放电,靶接电源负极,基片架接地或偏置,这种原始装置离化效率低(气体电离率一般为百分之几),工作真空度低(几十毫托),工件架持续受到电子和负离子的轰击,直流放电对应的靶材必须是导体;过高的电压会激发紫外线和 X 射线,这对薄膜性能的影响是非常严重的。通过在阴极附近设置磁场,形成 **E** × **B** 场,约束阴极附近的电子和负离子,真空度可由几十毫托降为几毫托,电压由几千伏降为几百伏,同时沉积速率也能够提高约一个量级,最为关键的是可以采用大面积的阴极,这就是最早进入工业化应用的平面磁控溅射技术。

磁控溅射沉积光学薄膜,主要应用于紫外/可见/近红外波段,沉积的薄膜以氧化物薄膜为主。为了实现高沉积速率,一般采用金属或半导体等导电材料作靶材,与充入的氧气反应生成氧化物薄膜,在形成氧化物薄膜的同时,一定要避免靶材表面的氧化(俗称的靶"中毒"现象)而导致的靶材表面产生放电打火,损害靶材、导致薄膜出现缺陷。解决这类问题的主要技术方法有两种:①20 世纪 80 年代前后,

Schiller[64]等发展了金属沉积区和反应区分离技术,即沉积和反应在两个相对隔离区域分别实现,实质上在溅射区得到的是金属或半导体及亚氧化物,通过氧化区再氧化形成化学计量比的氧化物,这就要求沉积速率和工件架的转速配合,确保在通过溅射沉积区时仅能够形成单原子层,一般为约 0.5nm/s 的沉积速率、工件架的转速约 200r/min。②采用直流脉冲磁控溅射技术,并可以进一步配合非平衡磁场,进一步抑制非正常放电;或是采用中频孪生靶磁控溅射技术,从原理上避免非正常放电现象的出现。目前,商用磁控溅射光学薄膜镀膜机以上述几项技术的组合产生了几类代表性产品[65]。

一类代表性产品,也是国际上主流光学镀膜机厂家,采用中频电源结合孪生靶磁控溅射技术为主流,结合空间分离的等离子体氧化区等技术。以 Shincron 公司 RAS 系列和 Leybold Optics 公司 Helios 系列为代表,靶材布局有平面靶和圆柱形旋转靶;Helios 系列的工件架采用平面结构,并配备该公司的 OMS5000 系列直接光控,RAS 系列采用圆筒状结构工件架。

另一类代表性产品,采用直流脉冲电源的磁控溅射技术,结合空间分离的等离子体氧化区等技术;以英国 Applied Multilayers Ltd. 公司 CFM 产品和德国 Satisloh 公司 SP100 产品为代表;CFM 产品采用了非平衡磁场的专利技术[66] Closed Field Magnetron Sputtering,采用圆筒状结构工件架。SP100 产品采用 $\phi150mm$ 的 Si 靶,4 个 $\phi100mm$ 的行星工件架均匀性优于 0.25% , 能够得到系列 SiO_2 – SiO_x – $Si_xO_yN_z$ – Si_xN_y – $Si_xO_yN_z$ – Si 薄膜材料,折射率覆盖 1.44 – (2.05) – 3.5;这是一种比较好的台式沉积系统。

当然,美国 OCLI 公司在磁控溅射技术应用于光学薄膜领域开展了系统的工作,做了一定的开拓性工作,形成了专利技术 MetaMode[67],有成形的镀膜机,并得到了高性能的光学薄膜产品,但镀膜机以自用为主,未商品化销售。这类技术的应用最大的局限在于:①起弧问题,Lehan[68]等进行了系统研究,发现完全避免是几乎不可能的,且是以消光系数的增加为代价。对于表面粗糙度 RMS 约 0.1nm 的基片,采用磁控溅射沉积技术,制备的多层膜表面粗糙度约为 0.4nm,表面粗糙度出现了较大的退化。相比较而言,IBS 技术能够使表面粗糙度保持在 0.1nm 左右。②靶和基片之间的距离约 100mm,为了保证薄膜的均匀性,仅适用于一定尺寸的平面/准平面基片。

目前,使用磁控溅射沉积技术几乎都使用金属或半导体靶材 Nb、Ti、Ta 和 Si 等,能够稳定沉积高质量氧化物薄膜 Nb_2O_5、TiO_2、Ta_2O_5 和 SiO_2 等;该类技术实质是一个循环内首先完成约一个原子层厚度的金属或半导体层沉积、接着对其完全氧化,形成完全化学计量比的氧化物,溅射 Ta 靶可以得到 $n = 2.05$、$k < 10^{-4}$ 的高质量 Ta_2O_5 薄膜,同样,溅射 Si 靶可以得到 $n = 1.46$、$k < 10^{-4}$ 的高质量 SiO_2 薄膜;实

质上一个周期内,基片需依次经过所有靶材和氧化区,若让两个靶都处于工作状态,控制两个靶的功率密度,理论上就可以得到 $n = 1.46 \sim 2.05$ 之间、$k < 10^{-4}$ 的任意折射率复合材料薄膜 $Ta_x Si_y O_{5x/2 + 2y}$,实际上也是可行的,这对光学薄膜的设计和工艺都提供了极大的方便,不仅能够降低设计难度和复杂度,而且能够使工艺相对简化、可靠。

图 2 - 9 是 Helios 工作原理示意图(由 Leybold Optics 提供)。图(a)是中频孪生靶磁控溅射工作原理示意图,图(b)是由金属靶获得氧化物薄膜的工艺流程示意图。

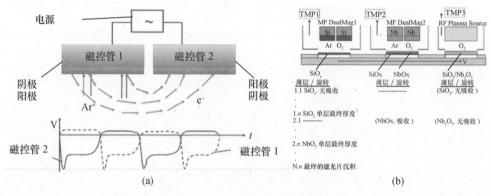

图 2 - 9　Helios 溅射沉积示意图

2.1.5　热氧化技术

这是半导体领域一个普遍使用、广泛研究并一直持续深入拓展的技术,该技术制备的 SiO_2 薄膜最接近理想状态,但仅能够在硅片上生成一定厚度范围的单层膜。

热氧化制备 SiO_2 膜的工艺相对简单,将清洁好的 Si 基片放置在高温(900 ~ 1200℃)环境中,在一定的温度、时间条件下,就能够在 Si 基片薄膜生成一定厚度的 SiO_2 膜,这就是干氧氧化法。随着技术的进一步拓展,逐渐发展了湿氧氧化、水汽氧化、快速热氧化法(Rapid Thermal Oxidation)和等离子氧化法等。

2.2　基片特性及二氧化硅薄膜沉积参数

2.2.1　基片特性

在光学薄膜制备过程中,基片作为主要的 3 个要素之一,这是由于基片加工形成的表面特征会部分传递到薄膜,而且薄膜和基片之间存在较复杂的关联性,在低

损耗薄膜或弱吸收特性的应用中尤为明显。在本书对二氧化硅薄膜的研究中,采用的基片主要分为以下 4 种,其表面特征如下:

基片 A:紫外级熔融石英(Schott Q1 及以上),表面粗糙度 RMS 约 0.2nm,亚表面损伤层约 1μm,几何尺寸 $\phi25 \times (4 \sim 6)$ mm,如图 2 – 10 所示。

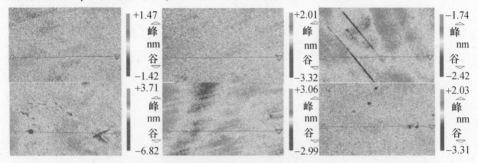

(a) 依次为:表面、深度 30nm、深度 100nm、深度 200nm、深度 375nm、深度 600nm

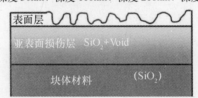

(b) 亚表面的光学模型:RMS 为 0.27,SSD=565nm

图 2 – 10　基片 A 的表面和亚表面实测图和结构图

基片 B:紫外级熔融石英,普通光学抛光,表面疵病 IV 级,几何尺寸 $\phi25 \times (4 \sim 6)$ mm,$\phi40 \times (4 \sim 6)$ mm。

基片 B_1:几何尺寸 $\phi25 \times 1$mm,其他同基片 B;

基片 C:区熔单晶硅,晶向 <110> ,厚度约 0.3mm;

基片 D:区熔单晶硅,厚度 1 ~ 3mm。

基片 B 如图 2 – 11 所示。

在薄膜制备前需对基片进行清洗处理,主要处理方法如下:

(1)超抛基片:对应 <基片 A> ,超声 + 去离子水离心甩干。

(2)其他基片:对应 <基片 B、B_1、C、D> ,常规手工擦拭。

2.2.2　二氧化硅沉积参数

光学薄膜特性与沉积参数是强相关关系,本书中采用了离子束溅射沉积技术(IBS),电子束蒸发离子辅助沉积技术(E – Beam + IAD)和磁控溅射沉积(RAS),3 种沉积技术分别记为 A、B 和 C 工艺,具体制备工艺参数分别见表 2 – 2、表 2 – 3 和

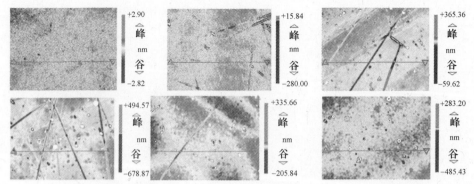

(a) 依次为：表面、深度 0.5μm、深度 8μm、深度 100μm、深度 185μm、深度 250μm

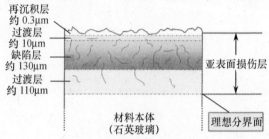

(b) 亚表面损伤层的物理模型，RMS 约 1nm

图 2-11　基片 B 的表面和亚表面实测图和结构图

表 2-4。

沉积参数 A：

表 2-2　IBS 技术工艺参数

制备参数	参数
靶材	SiO_2 (99.99%)
本底真空度/Torr	$\leqslant 6 \times 10^{-6}$
离子束压/V	1250
离子束流/mA	600
沉积速率	约 0.20nm/s
氩气流量/标准 mL/min	20
氧气流量/标准 mL/min	30
基底温度/℃	室温
物理厚度	约 850nm

沉积参数 B：

表 2 - 3   e - beam + IAD 技术工艺参数

制备参数	参数
镀膜材料	$SiO_2(99.99\%)$
本底真空度/Torr	$\leqslant 6 \times 10^{-6}$
离子束压/V	1250
离子束流/mA	300
加速电压/V	250
沉积速率	0.20nm/s
氩气流量/标准 mL/min	20
氧气流量/标准 mL/min	30
基底温度/℃	室温

沉积参数 C：

表 2 - 4   磁控溅射(RAS)技术工艺参数

制备参数	参数
靶材	$Si(99.99\%)$
本底真空度/Torr	$\leqslant 9 \times 10^{-4}$
沉积速率	0.38nm/s
氧气流量/标准 mL/min	180
基底温度/℃	室温

在本书中,对 SiO_2 薄膜的沉积方法和基片标识采用如下的组合方式,如 <基片 A> + <沉积参数 A>,表示在紫外熔融石英上采用离子束溅射沉积方法制备 SiO_2 薄膜,其他组合工艺的标识与此类同。

2.3   二氧化硅薄膜后处理技术

薄膜材料制备的物理化学气相沉积过程是强非平衡态过程,源(靶)材料经过复杂的物理化学过程转换成薄膜材料,薄膜材料的组分、密度、气孔、晶相结构、折射率、消光系数等物理特性与块体材料有较大差异。无论采用何种沉积方法,镀膜后处理是薄膜改性的重要手段:一方面,通过后处理可以调整薄膜的微观结构、化学计量比等,实现对光学特性的改性;另一方面,通过后处理可以改善薄膜应力,提高稳定性,调整面形变化量等。因此,在调控薄膜特性的方法中主要有两个层次,即通过制备工艺参数调控和后处理方法改性。在制备参数控制上,薄膜的特性与制备工艺参数有关,当工艺参数固定后薄膜的特性已经局限在一相当小的波动范围内;在后处理方法上,对制备好的光学薄膜特性进行改性,一直是十分有效的方法,在很多情况下也是非常经济的方法。因此,相关研究一直是关注点,并拓展了系列的方法和技术,目前在光学薄膜领域采用最多的仍然是大气环境下的热退火处理技术,优点是简单、可靠和经济。

其他主要方法有真空热处理、热等静压处理、激光预处理、紫外线辅助热处理、特定气氛下的热处理和快速光热退火等,这些方法多数是由特定的对象发展起来的,有特定的针对性。

2.3.1 热退火后处理

大气环境下热退火处理是一简单、可靠、经济的后处理方法,是普遍采用的技术,在热退火处理过程中薄膜会发生两类主要变化:一类是化学变化,包括薄膜与空气中的氧气、水汽等发生反应,若温度达到一定量级也会与氮气等发生反应;另一类是微结构和成分的变化,包括微缺陷的减少而更致密、晶相结构变化(典型就是无定形结构转变为多晶结构),若温度达到一定量级时薄膜中含有的气体成分(水分子或 OH 根,溅射沉积会含有工作气体 Ar、O_2 等)才能有效改进薄膜质量。

对于化学变化,氧化物薄膜,尤其工作波段在紫外、可见和近红外区,合理的退火参数能使氧化更加充分,得到更合理的化学计量比,显著降低薄膜的吸收,是期望的薄膜处理效果;对氟化物等其他材料,会产生微弱的氧化作用,若工作波段在可见和近红外区,这类弱反应不仅可以接受,还能一定程度上提高薄膜的表面强度,但对更远的红外或更短的紫外则是需要避免的。对于与水气的反应需分成两种情况处理,对热蒸发沉积技术制备的薄膜,会与水气发生反应,对应水吸收峰的几个波长点,吸收会显著增大,若薄膜的工作波段覆盖这几个波长点,则需要控制退火参数或在高纯氧等保护性气氛中退火;对于离子束溅射等高能沉积过程,则会出现逆变化,在接下来给予解释。

对于微结构和成分的变化,宏观的表现为,合理的退火参数能够使薄膜的应力绝对值变小或趋于稳定,同时提高薄膜的稳定性。对于微观结构的变化,研究最为广泛、也是普遍接受的就是氧化物薄膜,针对每一种氧化物材料当退火温度和时间达到一定的值,无定形(多晶)薄膜会转化成多晶态结构,持续增加温度和时间颗粒会变大或晶相更复杂,这个过程中薄膜的表面粗糙度等光学特性会显著恶化,甚至会导致薄膜失效。而对于离子束溅射等高能沉积技术会出现十分有意思、有益的变化,二氧化硅薄膜会含有 OH 根和 Ar、O 等,随退火温度达到一定值,这几种成分会从薄膜中逸出。

这项技术的主要关注点有两方面:

一是温度/时间曲线,这得益于现代仪表技术的发展,一块基本控温仪表能够

48

十分方便地设定热退火过程的温度曲线,热处理问题曲线如图2-12所示。典型温度曲线包括3个区域:①升温区域(0~t_1,可能包括升温,恒温,升温,…),这个区域的设定考虑因素较多,经常使用逐步升温/恒温技术,即在0~t_1时间范围内分几步,0-$t_{1,1}$升温,$t_{1,1}$~$t_{1,2}$恒温T_1,经历i次达到恒温区;②恒温区域t_1~t_2保持温度稳定在T_A;③降温区域t_2~t_3,由于通常温箱具有较好的保温效果,一般采用自然降温,对特定要求可采用与升温过程类似的分步方法。

二是退火炉内部的温度均匀性,退火炉使用过程中为了保证炉内的温度均匀性,要求内部气体以一定速度循环流动,这对光学材料行业是适宜的,对光学薄膜领域是难以接受的,因为光学薄膜的关键指标之一是表面质量,这样一个高温快速流动的环境对表面质量的影响是灾难性的。所以光学薄膜退火时退火炉是处于静态的,这样退火炉内存在一定梯度的温度分布,根据工艺要求,选择适宜的温度区域。

考虑相关工作中选择的基片材料主要为稳定性较好的熔融石英和单晶硅,退火温度曲线退化为三段式:升温用固定温升速率、恒定保温和自然降温方法,选择用的退火设备为高温试验箱,退火温度不大于300℃时,升温速率为2℃/min,温度大于300℃时,升温速率为5℃/min。退火曲线及参数见图2-13,如无特别说明后文采用此曲线。

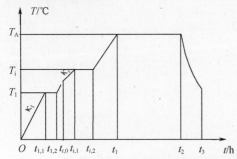

图2-12 热退火处理温度曲线

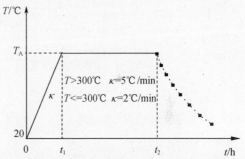

图2-13 本书中采用热退火处理温度曲线

热退火处理的一个拓展就是真空热处理,实际应属于特定气氛下的热处理技术之一,其主要关注点包括大气环境下热退火后处理相关条件外,加上本底真空度和工作真空度,最大特点就是避免薄膜与环境中的成分发生反应,适用于在一定温度条件下对氧气、水汽等敏感薄膜,达到临界点能够部分去除薄膜中的水汽等有害成分;之二就是保证与充入真空室内的特定气体进行特定的反应,但装置相对复杂、成本较高。

2.3.2 热等静压后处理

通过热等静压技术对镀层的处理,能够改善镀层的膜基结合力,提高薄膜的致

49

密度和耐腐蚀性。在铀－钛基底镀层体系中,经热等静压处理后,镀层获得了很好的界面结合力,却没有非常明显的扩散现象。这是因为镀层的界面元素以置换机制进行扩散,由于在温度和压力的作用下,薄膜界面元素的扩散过程中,压力通过减少点缺陷的形成和迁移而降低了界面元素的扩散系数,从而抑制了界面元素的扩散,不会形成化合物。由于镀层在温度和压力的作用下,孔隙率降低,致密度提高,从而获得了较强的界面结合力。同时由于薄膜致密度的提高,显微结构发生改变而获得了较好的弹性模量,增加了显微硬度。

　热等静压后处理能够显著提高热压和 CVD、PVD 等光学材料的各种性能指标,典型的应用为硫化锌材料的热等静压的处理。图 2 – 14 为热压方法制备的热压 ZnS 热等静压前后光学特性的对比:热等静压后处理显著提高了材料光谱透射率,改变了材料的微结构,热等静压前后硫化锌的晶粒尺寸变化见图 2 – 15。

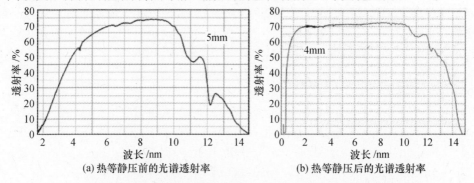

(a) 热等静压前的光谱透射率　　　　　(b) 热等静压后的光谱透射率

图 2 – 14　热压 ZnS 热等静压前后光谱透射率曲线

(a) 晶粒尺寸约 1μm　　　　　(b) 晶粒尺寸约 30μm

图 2 – 15　热压 ZnS 热等静压前(a)后(b)显微照片

　不过,难以查到热等静压技术应用于光学薄膜后处理的相关报道,在 4.2 节进行初步探讨。

第3章　二氧化硅薄膜材料光学特性

薄膜的光学常数为折射率(n)与消光系数(k),是表征薄膜材料光学特性的重要参数,是光学薄膜设计、计算和分析的最基本参数,也是所有薄膜工作的前提和基础。由于薄膜材料沉积过程的强非平衡态特点,薄膜光学常数具有强烈的时间和空间特征,同时这类参数多数是非直接测量量,其测试分析和反演计算成为光学薄膜日常工作基础之一,也是光学薄膜技术研究的基准点。

3.1　薄膜材料光学常数的测试与分析

薄膜材料光学常数测试与分析的核心思路是选择适应的测试方法,利用满足精度等要求的测试仪器,得到对应的测试数据,再考虑薄膜的预估特性,结合相关经验,选择分析和反演方法或算法,得到薄膜的光学常数。在讨论具体的方法之前,先给出基本约定:薄膜无吸收或吸收非常低(不高于 10^{-3} 量级),金属膜或吸收较大的薄膜其测试尤其是分析、反演方法具有特定的针对性,可参考相关文献。

薄膜材料光学常数的测试方法主要有光谱法(分光光谱、傅里叶光谱和椭圆偏振光谱)、波导法、表面等离子激元法和阿贝法等,光谱法之外的其他几种方法都需要特定的装置和样品要求,日常工作中很少使用,在这里就不展开了。

光谱测试方法常用的有分光光谱、傅里叶光谱和椭圆偏振光谱等,对应的测试仪器有分光光度计、傅里叶光谱仪和椭圆偏振光谱仪等。相应的分析反演方法有极值法、包络线法、全光谱的最优化算法和椭圆光谱反演法等。薄膜的弱吸收需要专门的测试方法和仪器,相关内容将在3.2节讨论。

分光光度计和傅里叶光谱仪是光学薄膜光学常数测试最常用的仪器,对测试数据 $T(\lambda)$、$R(\lambda)$ 和 $A(\lambda)$ 的分析和反演方法或算法比较成熟,其中极值法和包络线法是最经典的方法,其特点是简单、直观、可靠,缺点是精度较低及不能够考虑薄膜梯度和薄膜粗糙度等其他参数。极值法仅能得到极值点的光学常数,使用该方法,薄膜必须达到一定的厚度,若在要求的光谱区域仅存在一个极值点,那么得到的光学常数就无法包含色散特性,否则,测试的单层膜必须在要求的光谱区域出现多个极值点,对样品的薄膜厚度就有明确要求,如对 450～680nm 的可见光,在 K

系列光学玻璃基片上出现包含这个光谱区域的两个反射极小值点，MgF$_2$薄膜物理厚度约400nm，对这类高应力薄膜材料，存在几个方面问题：

（1）薄膜厚度已接近极限，难以得到稳定、可靠的薄膜。

（2）薄膜微结构与实际使用的约有100nm明显差异，光学常数也就有明显差异。

（3）薄膜往往会出现较强的光学常数梯度特性。

（4）随着厚度增加薄膜表面粗糙度明显增大，导致散射损耗的现象。

因此，在折射率梯度和散射损耗这两方面是极值方法难以处理的问题。针对上述问题，人们发展了全光谱最优化算法和椭圆光谱反演法等，利用这些算法能够得到十分全面的薄膜特性，包括带有色散特性的光学常数、梯度、粗糙度等信息。这类测试首先需要获得全光谱的光学特性数据作为反演计算的目标函数，建立一个合理、复杂的模型，包括色散、梯度、界面层、粗糙度和评价函数等。反演拟合过程是一个数学过程，虽加入一定的物理限定，但是一旦过程中的约定不严格或不合理，就会得到无物理意义的数据，因此对分析人员素质要求较高。

在光学薄膜工程应用中，会出现厚度较薄的薄膜，通常称为极薄层，对可见至红外波段，一般指薄膜厚度在10nm以下（只是一个约定），而通常讨论的光学常数测试分析都是基于干涉原理的光谱测试方法，应用于极薄层时误差极大、甚至无解。而极薄层的光学常数与常规厚度薄膜差异十分明显，极端会出现物理特性的逆变，典型例子就是热蒸发技术沉积的金属薄膜，当其厚度小于特定值时（纳米量级），不能形成连续薄膜，并不具备金属特性（极薄金属薄膜）。这类问题将在3.2节讨论。下面就极值法、包络线法、全光谱的最优化算法和椭圆光谱反演法等几个常用的方法进行讨论。

3.1.1　光学薄膜计算分析

光学薄膜就是讨论光在分层介质中的传播特性，以电磁场理论为基础，麦克斯韦方程组是计算和分析的基础，结合相关边界条件得到多层光学薄膜的计算方法，主要有递推法、菲涅耳系数矩阵法和特征矩阵法等，其中特征矩阵法是最普遍采用的方法，这里仅给出与这种方法相关的方程组[69,70]。

当讨论单层膜时，薄膜－基底系统的示意图见图3－1。使用如下的符号约定：n_s为基底折射率，k_s为基底消光系数，n_f为薄膜折射率，n_0为入射介质折射率，θ_0为入射角，θ_f为薄膜内的折射角，θ_s为基底内的折射角，k_f为薄膜消光系数，d_f为薄膜物理厚度，λ_1和λ_2为相邻同极值点波长，T_{max}为极大值点透射率，T_{min}为极小值点透射率，λ为指定波长。

假设在基底（复折射率 $N_s = n_s - ik_s$）表面有均匀的厚度为 d_f 的薄膜（复折射率

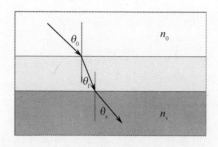

图 3 - 1 单层膜结构示意图

$N_f = n_f - \mathrm{i}k_f$），则由薄膜 – 基底系统的特征矩阵，得

$$\begin{bmatrix} B \\ C \end{bmatrix} = \begin{bmatrix} \cos\delta & \mathrm{i}\dfrac{\sin\delta}{\eta_f} \\ \mathrm{i}\eta_f\sin\delta & \cos\delta \end{bmatrix}\begin{bmatrix} 1 \\ \eta_s \end{bmatrix} \qquad (3-1)$$

在入射角度 θ_0 下，η_f 和 η_s 为薄膜和基底的等效折射率，在 S 和 P 偏振下分别记为

$$\begin{cases} \eta_f = N_f/\cos\theta_f, \eta_s = N_s/\cos\theta_s & (\text{S 偏振}) \\ \eta_f = N_f\cos\theta_f, \eta_s = N_s\cos\theta_s & (\text{P 偏振}) \end{cases} \qquad (3-2)$$

光束在薄膜和基底中的折射角根据 Snell 定律获得：

$$N_0\sin\theta_0 = N_f\sin\theta_f = N_s\sin\theta_s \qquad (3-3)$$

薄膜的相位厚度为

$$\delta = 2\pi N_f d_f\cos\theta_f/\lambda \qquad (3-4)$$

由式（3 - 1）可以得到薄膜和基板的组合导纳 $Y = C/B$，因此可以获得薄膜 – 基底系统的振幅反射系数 r、反射率 R 和透射率 T 分别为

$$r = \frac{\eta_0 B - C}{\eta_0 B + C} \qquad (3-5)$$

$$R = \left(\frac{\eta_0 B - C}{\eta_0 B + C}\right)\left(\frac{\eta_0 B - C}{\eta_0 B + C}\right)^* \qquad (3-6)$$

$$T = \frac{4\eta_0\eta_s}{(\eta_0 B + C)(\eta_0 B + C)^*} \qquad (3-7)$$

对于 S 偏振和 P 偏振的情况，只需对式（3 - 1）按照式（3 - 2）修正即可得到 S 和 P 偏振的等效导纳 $Y_S = C_S/B_S$，$Y_P = C_P/B_P$，继而得到薄膜 – 基底系统的 S 和 P 偏振振幅反射系数分别为 r_S 和 r_P。两个偏振分量的复反射系数之比表示为

$$\rho = \frac{r_P}{r_S} = \tan\psi\exp(\mathrm{i}\Delta) \qquad (3-8)$$

式$(3-8)$中的ψ和Δ称为椭偏参数,其表达式分别为

$$\psi = \arctan\left(\frac{R_\mathrm{P}}{R_\mathrm{s}}\right) \qquad (3-9)$$

$$\Delta = \delta_\mathrm{P} - \delta_\mathrm{S} \qquad (3-10)$$

式中:R_P,δ_P分别为 P 偏振光的反射率和反射相位;R_S,δ_S分别为 S 偏振光的反射率和反射相位。

式$(3-1)$~式$(3-10)$是计算薄膜 – 基底系统光学特性的基本方程。随着宽光谱测量技术的普及和数值计算技术的发展,薄膜光学常数的反演分析和计算通常会应用全光谱拟合和椭圆偏振参数拟合方法。两种方法的核心思想是:通过对应的仪器获得薄膜 – 基底系统在一定角度θ下的光谱数据R、T和椭圆偏振数据ψ、Δ的信息,使用非线性约束优化算法,逐步迭代获得最优的折射率n_f、消光系数k_f和物理厚度d_f的解。在迭代过程中,评价反演计算效果的评价函数是关键,如何构建合理有效的评价函数是非常专业的物理和数学联合工作,不属于这里能够讨论的范围。薄膜光学常数反演计算的评价函数一般选择如下:

$$\mathrm{MSE} = \left\{\frac{1}{2N-M}\sum_{j=1}^{M}\sum_{i=1}^{N}\left[\left(\frac{f_{j,i}^{\mathrm{mod}}-f_{j,i}^{\mathrm{exp}}}{\sigma_{j,i}^{\mathrm{exp}}}\right)^2\right]_j\right\}^{1/2} \qquad (3-11)$$

式中:MSE 为测量值与理论模型计算值的均方差;N为测量波长的数目;M为变量个数;变量f_i指Ψ、Δ、R、T和A等参数(通常选Ψ和Δ,或R和T一组变量,简单情况可选一个变量,当然理论上说变量越多得到的结果不论是可信度,还是准确性都有提高。实际情况不是那样简单,首先测试量显著加大,更复杂的是不同测试仪器得到的数据之间相对较准等问题);变量i为波长点;$f_{j,i}^{\mathrm{mod}}$为第j个变量的第i个波长点的理论值或计算值;$f_{j,i}^{\mathrm{exp}}$为测量值;$\sigma_{j,i}^{\mathrm{exp}}$为测量误差。

从式$(3-11)$中可以看出,MSE 是被测量误差加权,所以噪声大的数据被忽略掉,MSE 越小表示拟合得越好。在部分测试仪器的数据中会给出$\sigma_{j,i}^{\mathrm{exp}}$值,但很多仪器并没有这项功能,那么要给出$\sigma_{j,i}^{\mathrm{exp}}$值是十分花费精力的,况且通常工作中涉及到一特定光谱区域时,$\sigma_{j,i}^{\mathrm{exp}}$相对稳定,所以很多情况下,就会默认$\sigma_{j,i}^{\mathrm{exp}}=1$。

对于薄膜 – 基底系统的多层膜,其结构如图 3-2 所示。

式$(3-1)$为单层膜的特征矩阵,基底 – 多层膜系统的特征矩阵为多层膜的特征矩阵连乘,即

$$\begin{bmatrix} B \\ C \end{bmatrix} = \prod_{i=1}^{N}\begin{bmatrix} \cos\theta_j & \mathrm{i}\sin\theta_j/\eta_j \\ \mathrm{i}\eta_j\sin\theta_j & \cos\theta_j \end{bmatrix}\begin{bmatrix} 1 \\ \eta_\mathrm{s} \end{bmatrix} \qquad (3-12)$$

光学特性r、R、T、ρ、ψ和Δ的计算仍可使用式$(3-5)$~式$(3-10)$。在这里需要提醒的是从麦克斯韦方程组到上述公式使用了诸多的约束条件,主要是薄膜是均匀的、非各向异性,且横向尺寸与薄膜厚度相比为无限大。

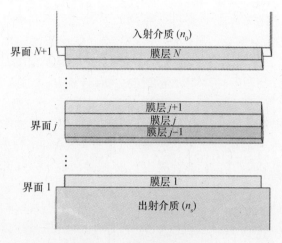

图 3-2 多层膜结构示意图

上面讨论的是理想情况,实际的薄膜要复杂得多,由于多因素相互关联处理起来也十分棘手,这方面的研究一直在进行和发展中。图 3-3 是薄膜实际状态示意图,实际薄膜和理想状态的差异对光学特性的影响主要体现在如下几个方面:

图 3-3 薄膜实际状态示意图

(1)光学基片的表面及薄膜的界面和表面,这些位置都不同程度存在各种起伏和缺陷,其大小和分布状态对光学特性的影响是十分复杂的事情。20 世纪末,莫斯科大学的 Alexander V. Tikhonravov[71] 领导的研究小组,联合世界著名的专家学者,创造性地将光学表面粗糙度 σ(rms)分解为 σ_1(大规模)、σ_s(小规模)两部分,从理论上得到 σ_1 确定界面的散射,而 σ_s 影响理想界面透、反射系数,这为建立合理的界面模型奠定了理论基础,也为光谱测试数据的精确分析提供了一个基本思路。

(2)薄膜的非均匀性。Alexander V. Tikhonravov 等从理论上将通常使用的非均匀薄膜分析方法 Schröder 近似(一级近似)进一步拓展,发展了新的近似算法[72],并推导出通常认为的薄膜非均匀性对 1/4 极值波长点的光谱性能无影响仅

55

适用于线性非均匀特殊状态。这期间,不同的学者也从不同的方面开展持续深入地研究,更多的是侧重算法,Kildemo 等[73]发展了非均匀薄膜的快速算法。2010年,J. A. Pradeep 和 P. Agarwal[74]具体讨论了考虑界面粗糙度及薄膜非均质性时薄膜的模型建立以及厚度、折射率和散射的分析、计算方法,文章是基于透、反射光谱,因此并不能够得到具体的界面粗糙度及薄膜非均质信息,所以模型及分析、计算方法仅将界面粗糙度及薄膜非均作为瑞利散射源,对薄膜的影响作为消光系数的一部分。文章所列数值分析参数,薄膜厚度 $d = 1000nm$,以 $633nm$ 为参考点: $n = 3.34871$, $k = 0.002791$,界面粗糙度的影响 $1 - \zeta = 0.311426$,体散射 $\alpha_s = 0.046714$;所选择的参数仅易于计算,远不具有代表性。

(3)薄膜内的体缺陷(孔洞和喷溅点等)和分子结构缺陷等,通常在光学常数的分析和拟合中,进行宏观上的数值平均,不特别说明;不过对特定的应用需针对性分析,如薄膜中吸附水在红外特定波长的吸收及对薄膜应力的影响、薄膜中的结瘤对强激光的影响等。

(4)基片亚表面和抛光沉积层。日常工作中通过对表面质量的约定,光学加工过程就约定俗成进行控制,一般不给出具体的要求。但与光学薄膜特性的关联性已是共识,在强激光等特定环境应用时会有针对性地约定或要求。

3.1.2　透反射光谱法

光学薄膜在系统应用中多数情况下最关注的指标就是一定光谱范围内的透射率和反射率等,由 3.1.1 节相关内容可知,理论上透、反射光谱仅是薄膜光学常数 n、k、nd(或 d)的函数,反推之,知道了薄膜的透、反射光谱,加上一定的边界条件,就应该能够得到薄膜的光学常数 n、k、nd(或 d)。实质上这逆向反推工作是比较复杂,往往带有一定的不确定性,相关的报道较多;在这部分讨论中,除非特别说明,约定基片为无吸收,薄膜的吸收对透、反射光谱的贡献可以忽略。

透、反射光谱的测量原则上使用分光光度计、傅里叶变换光谱仪或其他仪器都可以,但从目前各种光谱测试仪器的发展水平及商业化程度等方面综合比较,紫外/可见/近红外主要是分光光度计方法,红外主要是傅里叶变换光谱仪,本书中统一写成紫外/可见/近红外分光光度计和傅里叶变换红外光谱仪。

从透、反射光谱推出薄膜的光学常数 n、k、nd(或 d)有光谱极值法、光谱包络线法和全光谱最优化算法 3 种主要方法;光谱极值法仅能够得到个别波长点的数据,不能够考虑色散等因素;针对光谱极值法的不足,直观的解决方法就是薄膜足够厚,对应光谱曲线的极大和极小点能覆盖工作波段 $\lambda_1 \sim \lambda_2$ 范围,建立光谱包络线,利用差值或曲线拟合方法能够得到工作波段范围的光学常数;基于 3.1.1 节的计算公式和评价函数,建立对应分析、计算软件,利用全光谱数据,通过迭代运算,可求出薄膜全光谱光学常数。

1. 光谱极值法

图 3−4 给出了单层膜光谱反射率示意图,薄膜的光谱反射率测试曲线在要求的光谱范围($\lambda_1 \sim \lambda_2$)内出现一个以上 $\lambda/4$ 极值波长点 λ_0($\lambda_1 \leqslant \lambda_0 \leqslant \lambda_2$)(原则上 λ_0 在中心波长点 λ_C 附近),这样就能够得到一个极小值 $R_{\min}$($n_f \leqslant n_s$)或极大值 $R_{\max}$($n_f \geqslant n_s$),在极值点薄膜的相位厚度满足

$$\delta = m \times \frac{\pi}{2} + \frac{\pi}{4} \tag{3−13}$$

时,式(3−6)变为

$$R_{\min/\max} = \left[\frac{1 - n_f^2/n_s}{1 + n_f^2/n_s}\right]^2 \tag{3−14}$$

薄膜的折射率的解析解如下:

$$\begin{cases} n_f = n_s^{1/2} \left[\dfrac{1 + R_{\min/\max}^{1/2}}{1 - R_{\min/\max}^{1/2}}\right]^{1/2}, (n_f^2 \geqslant n_s) & \tag{3−15a} \\[4mm] n_f = n_s^{1/2} \left[\dfrac{1 - R_{\min/\max}^{1/2}}{1 + R_{\min/\max}^{1/2}}\right]^{1/2}, (n_f^2 \leqslant n_s) & \tag{3−15b} \end{cases}$$

图 3−4 所示为单层膜的反射曲线。

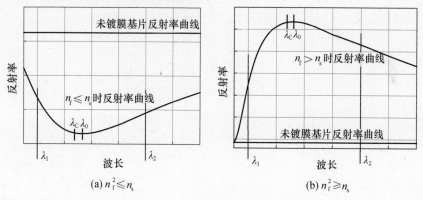

(a) $n_f^2 \leqslant n_s$　　　　　　(b) $n_f^2 \geqslant n_s$

图 3−4　单层膜的反射率曲线

这里,实质上得到的是 $n_{f,\lambda 0}$,以此来表征整个工作波段 $\lambda_1 \sim \lambda_2$ 范围的折射率,没有考虑薄膜材料的散射特性,对于宽波段应用或工作波段临近短波吸收区,会出现较大误差。

接下来讨论这种方法的精度:在可见波段,一般情况下满足 $n_f^2 \geqslant n_s$ 这个条件,所以选式(3−15a)进行分析。首先,从测试光谱反射曲线获取反射率 $R_{\min/\max}$ 时,

实质得到的是 $R_{min/max} + \Delta R$，ΔR 主要取决于测试仪器精度，与 $R_{min/max}$ 相比，ΔR 可认定为一小量，依据相关数学原理[75]，取一级近似，得

$$(R_{min/max} \pm \Delta R)^{1/2} = R_{min/max}^{1/2} \pm \Delta R / (2R_{min/max}^{1/2})$$

式(3-15a)演变为

$$\begin{cases} n_f + \Delta n_f = n_s^{1/2} ((1 + R_{min/max}^{1/2} \pm \Delta R / (2R_{min/max}^{1/2})) / (1 - R_{min/max}^{1/2} \mp \Delta R / (2R_{min/max}^{1/2})))^{1/2} \\ \Delta n_f = \pm n_s^{1/2} \dfrac{\Delta R}{2(1 - R_{min/max}^{1/2})^2 R_{min/max}^{1/2}} \end{cases}$$

$$(3-16)$$

从式(3-16)可知，对于已确定的薄膜和基片，Δn_f 和 ΔR 成线性比例关系，因此选择一定精度的测试仪器就能够得到对应精度的 Δn_f。不过在设计试验时，式(3-16)有较高的指导意义。

设定常数如下：

$$C_R = \frac{1}{2(1 - R_{min/max}^{1/2})^2 R_{min/max}^{1/2}}$$

则式(3-16)可简化为

$$\Delta n_f = \pm n_s^{1/2} C_R \Delta R \qquad (3-16a)$$

式中：C_R 为比例因子。

图 3-5 为 C_R 和 $R_{min/max}$ 的关系图。

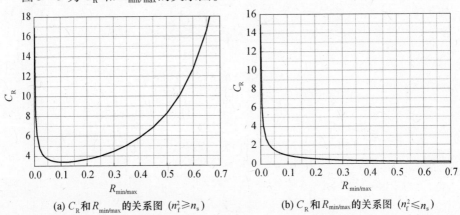

(a) C_R 和 $R_{min/max}$ 的关系图 $(n_f^2 \geqslant n_s)$ (b) C_R 和 $R_{min/max}$ 的关系图 $(n_f^2 \leqslant n_s)$

图 3-5　C_R 和 $R_{min/max}$ 的关系图

从图 3-5(a)可知，随 $R_{min/max}$ 的变化，C_R 的动态范围能够达到一个量级，$R_{min/max} = 0.111$ 和 $C_{R,min} = 3.375$，利用式(3-15)可以得到

$$n_s = n_f^2 / 2 \text{ 或 } n_f = (2n_s)^{1/2} \qquad (3-16b)$$

图 3-5(a)的曲线为一凹形，比较适宜的选择区域 $R_{min/max} = 0.0365 \sim 0.25$，对应

$C_{R,min} = 3.375 \sim 4$，利用式$(3-15)$可以得到

$$n_s = n_f^2/1.472 \sim n_f^2/3 \text{ 或 } n_f = (1.472n_s)^{1/2} \sim (3n_s)^{1/2} \qquad (3-16c)$$

对 SiO_2 薄膜，$n_f = 1.48(550nm)$，$n_s = 1.488 \sim 0.730$，合适的基片就是熔融石英或氟化物晶体，其次是 K9 玻璃；结合式$(3-16a)$和图 $3-5(a)$，对 SiO_2 薄膜，最好的情况是 $\Delta n_f = \pm 4\Delta R$，即当光谱仪的透反射率精度为 0.0005 时（目前最高水平），折射率的精度是 0.002。

在单层膜性能研究过程中，首先要选择足够精度的测试仪器，其次针对不同的薄膜选择对应的基片材料，并非日常认为的 $R_{min/max}$ 越大越好；这同样适用于光谱包络线法和全光谱最优化算法，因为这两种方法的测试与光谱极值法完全相同，数据分析和反演的基本方程也同出一处。

对红外波段或特定情况，会出现 $n_f^2 \leqslant n_s$ 这个条件，对应$(3-15b)$而言，式$(3-16)$和图 $3-5(a)$演变为

$$\Delta n_f = \mp n_s^{1/2} \frac{\Delta R}{2(1 + R_{min/max}^{1/2})^2 R_{min/max}^{1/2}} \qquad (3-17)$$

$$\Delta n_f = \mp n_s^{1/2} C_R \Delta R \qquad (3-17a)$$

其中

$$C_R = \frac{1}{2(1 + R_{min/max}^{1/2})^2 R_{min/max}^{1/2}}$$

但对红外波段或特定情况下若满足 $n_f^2 \leqslant n_s$ 这个条件，则 $R_{min/max}$ 越大越好。上述两种情况都存在，当 $R_{min/max} \to 0$ 时，出现 $C_R \to 0$，这是由于在取一级近似时假设 ΔR 相对 $R_{min/max}$ 为小量所造成；实质上 $R_{min/max} \to 0$ 时 ΔR 与 $R_{min/max}$ 相当，不能够使用一级近似。对 SiO_2 薄膜 $n_f = 1.47(1550nm)$，基片选单晶 Si，那么 $n_s = 3.5$，$R_{min} = 0.0560$，$\Delta n_f = \pm 2.59\Delta R$，反射率精度为 0.0005 时（目前最高水平），折射率的精度是 0.0013；在可见光波段，单晶 Si 虽然进入吸收谱段，利用上述的原理，可推导得到 R_{min} 值更大，薄膜折射率精度更高。

在这里对极值法进行了比较详细地讨论，给出了解析关系式和变化趋势的分析，目的是给出直观的概念，对薄膜折射率研究中相关条件的选取有一定参考意义。

2. 光谱包络线法

Manifacier 在 1976 年提出更为合理的包络线法：根据透射率光谱区域内的极大和极小值包络线计算薄膜的光学常数，经过 Swanepoe 修正后改进，既适用于单面薄膜也适用于双面薄膜的透射率光谱[76,77]。

在测试样品的透射率曲线后，对其进行数学运算求出其极大值 T_{max} 和极小值 T_{min} 的包络线，当基底折射率为 n_s 时，则利用下列方程组求出其 n_f、k_f 和 d_f。

$$n_f = \left[N + (N^2 - n_0^2 n_s^2)^{1/2} \right]^{1/2} \qquad (3-18)$$

$$d_f = \frac{M\lambda_1\lambda_2}{2\left[n(\lambda_1)\lambda_2 - n(\lambda_2)\lambda_1 \right]} \qquad (3-19)$$

$$k_f = \frac{\lambda \ln\alpha^{-1}}{4\pi d_f} \qquad (3-20)$$

式中

$$N = \frac{n_0^2 + n_s^2}{2} + 2n_0 n_s \frac{T_{max} - T_{min}}{T_{max} T_{min}} \qquad (3-21)$$

$$\alpha = \frac{C_1 \left[1 - (T_{max} \quad T_{min})^{1/2} \right]}{C_2 \left[1 + (T_{max} \quad T_{min})^{1/2} \right]} \qquad (3-22)$$

$$C_1 = (n_f + n_0)(n_s + n_f), C_2 = (n_f - n_0)(n_s - n_f)$$

$$T_{max} = 16 n_0 n_s n_f^2 \alpha / (C_1 + C_2\alpha)^2 \qquad (3-23)$$

$$T_{min} = 16 n_0 n_s n_f^2 \alpha / (C_1 - C_2\alpha)^2 \qquad (3-24)$$

式中:λ_1 和 λ_2 为相邻极值点波长。

使用该方法的关键点如下:

(1) 极值包络线的建立。理想的包络线应该是在极值点的切线,非极值点对应的包络线一般采用数据插值的方法,但无论采用何种插值技术,外延的极值点是不能使用的。

(2) 极值的数量:如果极值的数量不够,则无法建立包络线或者建立的包络线精度较低,所以需要较厚的薄膜。如果薄膜的吸收较大,极大值和极小值沿着波长方向逐渐汇聚成一条线,该方法就不适合用于光学常数的计算。

(3) 基底的要求:该方法是在无吸收基底上推导出的,所以只适于无吸收的基底上薄膜常数的计算;另外,要求基底的折射率与薄膜的折射率对比度高,有利于包络线建立。

(4) 目标数据的要求:只能使用 0°入射的透射率光谱。

3. 全光谱最优化算法

早在 1966 年,Bennett 首次对全谱段拟合光学常数法进行了研究,使用电子计算机计算了熔融石英基底上的铝膜折射率和消光系数。该方法是以薄膜－基底系统光学特性为计算模型,通过测试得到的光学特性数据(光谱数据或椭偏光谱数据),使用非线性约束优化算法,逐步迭代获得最优的折射率、消光系数和物理厚度的解,计算流程如图 3－6 所示。

在全谱段拟合的方法中,评价函数的建立是最为关键的,是判断寻找到的解是

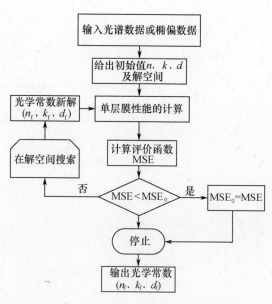

图 3-6　全谱段光学常数拟合计算的流程

否为真值的标准。评价函数的建立方法很多,如面积型评价函数、平方型评价函数、积分型评价函数、最大偏差型评价函数、平坦型评价函数、消偏型评价函数等。其中在薄膜计算优化技术中最常用的是平方型评价函数,其表达式见式(3-11),该评价函数的意义如3.1.1节所述。具体的优化算法是反演计算的核心。基于非线性约束原理,利用上述测试到的光学特性反演计算确定薄膜光学常数,基本上属于数值反演求解。在入射波长 λ、入射角 θ_0、基底折射率 N_s 已知的情况下,通过寻找合适的薄膜参量,选择适当的迭代算法,求解大量的正问题,由迭代初始分布逐步逼近真实分布,反演计算出薄膜的物理厚度 d_f、折射率 n_f 和消光系数 k_f,与实际测试值有很好的吻合。

通过光谱推导出薄膜折射率的研究工作一直在持续之中,除了上述几类之外,还发展了利用包络线中值点的薄膜折射率直接计算等方法[78]。

4. 光谱获得方法

从光学薄膜的观点出发,对光谱测试仪器的基本要求:一个范围,能够覆盖所需测试的光谱区域。两个精度,一是波长精度,包括波长准确性、重复性和分辨率;二是光谱精度,即得到的透射光谱 $T(\lambda)$、反射光谱 $R(\lambda)$ 和吸收光谱 $A(\lambda)$ 的绝对精度、重复性和信噪比。

1)紫外/可见/近红外分光光度计

表 3-1 列出了目前国际上主流紫外可见分光光度计的技术指标,图 3-7 和图 3-8 分别为双光路分光光度计功能框图和工作原理图。

表 3 - 1　紫外可见分光光度计的技术指标

型号 性能	Lambda 950	Lambda 1050	Cary 6000	岛津 UV2550
光谱范围	175 ~ 3300nm	175 ~ 3300nm	175 ~ 1800nm	190 ~ 1100nm
波长准确度 （紫外可见/近红外）	0.08nm/0.3nm	0.08nm/0.3nm	0.08nm/0.2nm	0.1nm
波长重复性 （紫外可见/近红外）	0.02nm/0.08nm	0.01nm/0.04nm	0.005nm/0.1nm	
杂散光	0.00007%	0.00007%	0.00007%	0.0003%

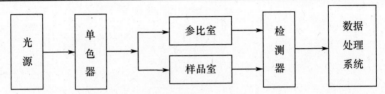

图 3 - 7　双光路分光光度计功能框图

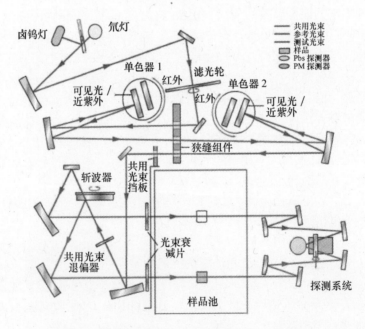

图 3 - 8　分光光度计工作原理图（PE Lambda950）

在光学薄膜实际使用中，需要的是透射、反射或吸收等的绝对精度，上述几款仪器透射的精度通常在千分之一的量级。结合表 3 - 1、图 3 - 7 和图 3 - 8，这类仪器基本特点如下：

（1）波长分辨率。单色仪利用狭缝选择所需波长的光,所得到的光是 $\Delta\lambda_0(\lambda_{01}\sim\lambda_{02})$,而并非真正单色 λ_0,狭缝的宽度选择是日常测试的关键之一,即在信噪比和光谱分辨率之间进行平衡。

（2）光线锥角效应。光学系统的设计中,通过样品室的光束为准平行光,即光束有一定的锥角,产生的锥角效应对超窄带滤光片和大角度截止或带通滤光片有明显的影响。

（3）偏振效应。如图3-7所示,光学系统采用反射式,优点是克服了宽光谱透射系统的色差效应,但多次有角度的反射会使光线具有明显的偏振,在测试时要充分考虑这一点;目前,多数高端分光光度计具有退偏功能。

2）傅里叶变换红外光谱仪

工作原理类似紫外/可见/近红外分光光度计。红外分光光度计也曾是红外光谱测量的主要选择,但自20世纪80年代开始,傅里叶变换红外光谱仪逐渐取代了红外分光光度计。傅里叶变换红外光谱仪的基本原理是应用迈克尔逊干涉仪对不同波长的光信号进行频率调制,在频域内记录干涉强度随光程差改变的完全干涉图信号,并对此干涉图进行傅里叶逆变换,得到被测样品的光谱。图3-9为傅里叶变换红外光谱仪的工作原理示意图。

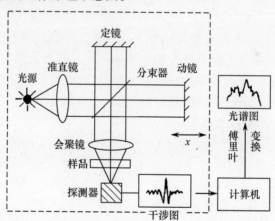

图3-9 傅里叶变换红外光谱仪工作原理示意图

当一束波长为 λ 的单色光照射到迈克尔逊干涉仪,经定镜和动镜反射到分束器的光的光程差用 δ 表示。当动镜连续移动时,干涉光的光强为

$$I(\delta)=0.5I(\nu)\cos(2\pi\nu\delta) \qquad (3-25)$$

式中:ν 为波数;δ 为光程差。

式(3-25)为理论公式,实际上,检测器检测到单色光干涉图的强度除了与光源的强度成正比,还与分束器的分光效率、检测器的相应效率以及信号放大器的效率等成正比,对同一波长的光在同一仪器上这些影响因素基本不变,因此可用一个与波数有关的常量因子 $H(\nu)$ 进行校正,则检测器实际检测到的光强为

$$I(\delta) = 0.5H(\nu)I(\nu)\cos(2\pi\nu\delta) \tag{3-26}$$

将 $0.5H(\nu)I(\nu)$ 用 $B(\nu)$ 表示,则波数为 ν 的单色光实际干涉图方程为

$$I(\delta) = B(\nu)\cos(2\pi\nu\delta) \tag{3-27}$$

对于连续光源,干涉图的强度等于各波长光源干涉图的叠加,连续光源干涉图的强度可从连续光源各波长光的干涉图基本方程进行积分得到,即

$$I(\delta) = \int_{-\infty}^{+\infty} B(\nu)\cos(2\pi\nu\delta)\,d\nu \tag{3-28}$$

因为 δ 是连续变化的,因此检测器得到的是一张完整的连续光源的干涉图,而连续光源各波长光经样品吸收后的强度,即红外光谱图,需要对式(3-28)进行傅里叶变换逆变换,得

$$B(\nu) = \int_{-\infty}^{+\infty} I(\delta)\cos(2\pi\nu\delta)\,d\delta = 2\int_{0}^{+\infty} I(\delta)\cos(2\pi\nu\delta)\,d\delta \tag{3-29}$$

而实际操作过程中,并不是连续采集数据的,而是以一定的光程差 δ,也就是距离相等、大小有限的位置,对干涉图数据点进行采集,由这些位置采集到的干涉图数据加和后得到总干涉图强度,然后进行傅里叶逆变换处理后形成一张一定范围的红外光谱图。

目前,傅里叶变换红外光谱仪均以 He-Ne 激光器控制监测数据点的采集。仪器工作时,He-Ne 激光器所产生的高纯单色光和红外光通过麦克尔逊干涉仪的分束器,产生 He-Ne 激光器的高纯单色光干涉图,当动镜移动过程中,He-Ne 激光器的干涉图是一个连续的余弦波,波长为 $0.6328\mu m$。红外光干涉图数据点的采集是通过 He-Ne 激光器高纯干涉图的零点信号触发的。麦克尔逊干涉仪动镜的进退,都会使红外光产生干涉,因此可以单向采集或双向采集。傅里叶变换红外光谱仪具有以下优点:

(1)信噪比高。光学系统元件少,没有分光元件和狭缝等,探测的是整束混合光的干涉图,因此到达探测器的辐射强度大幅增强,信噪比提高。

(2)测量速度快。动镜移动一次即可实现全谱段的扫描,时间在几秒,甚至1s,这是任何分光原理的光谱仪都不可企及的。

(3)分辨率高。根据测试原理,分辨率近似等于最大光程差的倒数,也就是动镜有效移动距离两倍的倒数,因此可以获得极高的分辨率。

(4)波数准确度及重复性好。由于 He-Ne 激光器通过干涉可以实现精确的控制,因此得到的红外光频率也是非常准确的,也可以实现重复性的保证。

但任何事物都是两面的,傅里叶变换红外光谱仪也一样,由于其为单光路测

量,依然对光源稳定性有一定依赖,另外,由于其干涉原理,对被测样品的要求更高。若被测样品影响了光路将导致光度测量偏离较大,例如当被测样品两面平行度差时,红外透射光谱的测试偏离也较大,尤其是在纯光学应用领域,这是比较致命的缺点。

表 3 – 2 所列为国际上典型的红外光谱仪的技术指标。

表 3 – 2　国际上典型的红外光谱仪的技术指标

厂家	Perkin Elmer	Thermo Fisher	Bruker
型号	Frontier Optica	IS50	Vertex70
光谱范围/cm^{-1}	7800 ~ 350	7800 ~ 350	7500 ~ 370
分辨率/cm^{-1}	0.5	0.09	0.5
信噪比	50000:1	55000:1	40000:1
波长准确度/cm^{-1}	0.1 @ 1600cm^{-1}(6.25μm)	0.1	0.2
波长重现性	0.02 @ 1600cm^{-1}(6.25μm)	0.01	0.1
纵坐标精度	0.01% T(在0% T处) 0.25% T(在47% T处,NIST)		

3.1.3　椭圆偏振光谱反演法

相比于3.1.2节的透、反射光谱,椭圆偏振光谱多了一组相位信息,而相位信息恰好对表面、界面和梯度等敏感,这样就能够得到更加全面的薄膜参数;不过椭圆偏振光谱是不能如 $T(\lambda)$、$R(\lambda)$ 及 $A(\lambda)$ 那样进行直观的解析分析和计算,使得求解过程是纯数值分析,一旦模型或评价函数建立过程中出现偏差或不匹配,就容易得到无物理意义的一组数值。

椭圆偏振参数的测量工作原理:线偏振光入射到待测试的材料表面,反射(或透射)后将变为椭圆偏振光;椭偏测试得到的是 $\Psi(\lambda,\theta)$ 和 $\Delta(\lambda,\theta)$ 数据组。反射椭偏测量的基本原理如图 3 – 10 所示。

式(3 – 9)和式(3 – 10)中,$\tan(\Psi)$ 表示 P 方向和 S 方向电场反射分量的振幅比,Δ 表示电场反射分量的相位差。因为椭偏测试技术测量的是同一束光中两个偏振分量的相对比值,可以获得更高的精度和重复性,而且也不需要参考样品。由于 $\Psi(\lambda,\theta)$ 和 $\Delta(\lambda,\theta)$ 是由光学薄膜的厚度、折射率、折射率梯度、界面效应和表面粗糙度等诸多因素共同决定的的,通过测量的 $\Psi(\lambda,\theta)$ 和 $\Delta(\lambda,\theta)$,并不能解析得到光学薄膜厚度和光学常数等薄膜参数。只能依据合理的物理分析,建立合适的数学模型,结合数值拟合才能求出相关参数,具体的流程如图 3 – 11 所示。

光学薄膜讨论的是光学波段的电磁波在分层介质中的传播特性,这个过程中

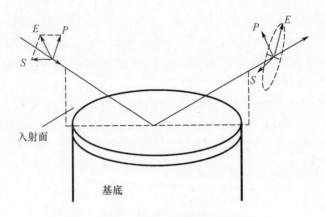

图 3 - 10　反射椭偏测量原理示意图

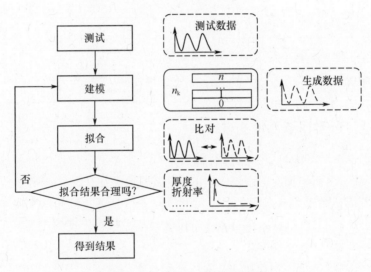

图 3 - 11　椭偏光谱分析流程图

理想或准理想分层介质的功效主要体现在两个方面:每个界面对入射光波的振幅调制效应和每层对入射光波的相位调制效应,相干叠加合成起来即实现了膜系(分层介质)对光谱的"裁剪"(tailored)。而薄膜沉积过程实质就是对体材料的"重新塑造",可以简约表述为

$$f_{\text{Thin - film}} = f_{\text{Material}} \times Z(x_1, x_2, \cdots) \tag{3-30}$$

薄膜特性 $f_{\text{Thin - film}}$ 是对应的体材料特性 $f_{\text{Materials}}$ 经过沉积过程多参量 $Z(x_1, x_2, \cdots)$ 调制的结果,这种调制不仅是多参数过程,而且多数情况下是非线性过程,甚至会出现"异变化"过程,使得在薄膜材料的拟合、分析时,就不能够简单地以体材料参数作为标准值,而是要全面考虑材料特性、沉积技术和参数、拟合波段及测试方法

等,结合理论分析、模拟,得到对应的表达函数、经验公式等;在材料透明区(如可见和近红外),对 SiO_2 等薄膜可以选择 Cauchy 模型或对应体材料作为初始数据,在有分子振动等特征吸收区(如中长波红外),对 SiO_2 薄膜可以选择声子模型。SiO_2 等薄膜在透明区(无吸收/弱吸收)拟合模型主要有两点:首先是确定薄膜材料的色散方程;其次是建立薄膜-基底系统的物理模型。

在建立模型之前的最基本工作就是选择薄膜材料的色散方程:依据相关理论和经验,对于光学材料在其透明区的折射率色散方程,选择 Cauchy 模型:

$$n(\lambda) = A + B/\lambda^2 + C/\lambda^4 \tag{3-31}$$

式中:λ 为波长(μm);A,B,C 为拟合常数。

给出薄膜材料的色散方程后,开始建立薄膜的模型,依据从简到复杂逐步展开,下面给出 5 种薄膜-基底物理模型。

1. 单一均值薄膜模型(Model A)

单一均质模型为 3 层结构,如图 3-12 所示:分别为入射介质(除特别指定,都考虑为空气)、均质薄膜和基片材料,薄膜的光学常数色散方程式(3-31),每种介质的折射率沿着薄膜厚度方向的分布呈现阶跃函数的特征。

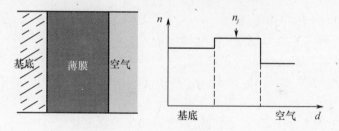

图 3-12　Model A 结构示意图

2. 单一均质薄膜+界面/表面效应(Model B)

单一均质薄膜+界面/表面效应模型为 5 层结构,如图 3-13 所示。入射介质和基片材料两层同 Model A,考虑实际情况下基片表面并非理想的平面,而是存在一定的起伏,即通常所说的表面粗糙度 rms。对于光学表面,粗糙度的量级在亚纳米至纳米,同时薄膜沉积过程中对此会复制和放大,将单层膜拓展为 3 层:薄膜和入射介质之间的过渡层,通常称表面层(Srough),薄膜和基片之间的过渡层,通常称界面层(EMA)。

表面层:由于薄膜表面存在一定程度的粗糙度,在精确分析薄膜的效应时需针对性考虑,基于对应的厚度在 1nm 量级,对紫外及更长波段的光学薄膜呈现弱效应,在 SiO_2 薄膜拟合过程中定义其为薄膜材料和入射介质(空气)的均匀混合物,各占 50%,折射率计算公式为

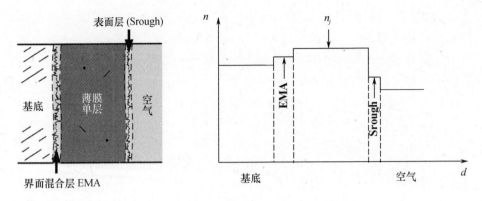

图 3 – 13　Model B 结构示意图

$$n_{\text{Srough}} = \frac{n_{\text{film}} + n_{\text{Air}}}{2} \qquad (3-32)$$

界面层:薄膜与基片之间的过渡层,折射率计算公式为

$$n_{\text{EMA}} = \frac{n_{\text{film}} + n_{\text{Sub}}}{2} \qquad (3-33)$$

界面层的理论分析可参考 Alexander V. T[79]的相关工作。

3. 薄膜梯度 + 界面/表面效应(Model C)

薄膜梯度 + 界面/表面效应(Model C)模型为 5 层结构,除薄膜外其他 4 层与 Model B 模型相同,如图 3 – 14 所示。考虑薄膜本身并非理想化的均质,通过镀膜过程的几何结构优化和控制测试光斑的尺寸,可以先不考虑横向的非均匀性;对纵向的非均匀性,考虑 PVD 技术的特点,选择折射率梯度模型(Graded)。

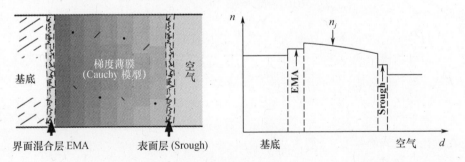

图 3 – 14　Model C 结构示意图

Graded 模型可细化为两类,即折射率非对称分布与折射率对称分布。实际应用过程中,依据沉积技术的特点和薄膜具体情况而定。对于折射率非对称分布的情况,折射率定义为归一化深度 x 的函数[80]:

$$\begin{cases} \hat{n}_{\text{simplegrade}}(x) = \hat{n}_{\text{mat}} \cdot \left[C/100 \cdot \left(x^A - \dfrac{1}{A+1} \right) \right] \\ \displaystyle\int_0^1 C/100 \cdot \left(x^A - \dfrac{1}{A+1} \right) \mathrm{d}x = 0 \end{cases} \quad (3-34\text{a})$$

式中:$0 < x < 1$;C 为折射率梯度变化百分比;A 为折射率变化的指数,这里的折射率可以是实数也可以是复数,即消光系数不为零的情况下,其分布与折射率呈相同的梯度分布。

对于折射率对称分布的情况:

$$\begin{cases} \hat{n}_{\text{simplegrade}}(x) = \hat{n}_{\text{mat}} \cdot C/100 \cdot \begin{cases} \dfrac{1}{2}(2x)^A - \dfrac{1}{2}(x \leqslant 0.5) \\ \dfrac{1}{2} - \dfrac{1}{2} \cdot (2 - 2x)^A (x > 0.5) \end{cases} \\ \displaystyle\int_0^{\frac{1}{2}} \left[\dfrac{1}{2}(2x)^A - \dfrac{1}{2} \right] \mathrm{d}x = \dfrac{1}{4}\left(\dfrac{1}{A+1} - 1 \right), \\ \displaystyle\int_{\frac{1}{2}}^1 \left[\dfrac{1}{2}(2 - 2x)^A + \dfrac{1}{2} \right] \mathrm{d}x = \dfrac{1}{4}\left(-\dfrac{1}{A+1} + 1 \right) \end{cases}$$

$$(3-34\text{b})$$

对于这两种情况,均满足式(3 – 34c),即

$$\int_0^1 \hat{n}_{\text{simplegrade}}(x) \mathrm{d}x = 0 \qquad (3-34\text{c})$$

4. 薄膜梯度 + 界面/表面效应 + 基片表面沉积层/亚表面层(Model D)

薄膜梯度 + 界面/表面效应 + 基片表面沉积层/亚表面层(Model D):在 Model C 基础上增加了基片表面沉积层和亚表面损伤层(Subsurface),如图 3 – 15 所示。

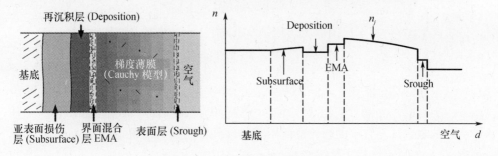

图 3 – 15　Model D 结构示意图

基片表面加工过程中,不仅存在 2.2.1 节所述的亚表面损伤层,依据相关理论和实验,还存在再沉积层。亚表面损伤层是由于加工过程中的力学作用而产生,在常规光学加工方法下,亚表面层的厚度在几百微米,采用超级抛光的工艺能够使其

69

降至亚微米。这种损伤只是在亚表面产生了非常少量的损伤,材料成分等基本特性完全保持,所以从光学特性来分析,是一类非常弱的效应。而再沉积层不仅厚度在纳米量级,而且其主要成分为被抛光下来的材料和抛光粉等的聚集体,所以其性能与基片、尤其是可见光区的各种玻璃材料基片十分接近,也是一类非常弱的效应。这两种现象对光学特性的影响都非常弱,这样对其光学特征量提取十分困难,进一步的反演、拟合得到光学常数难度就更大,比较庆幸布儒斯特角技术对这两类效应是相对敏感,但实际中往往局限于特定的样本。在这里需要使用宽光谱加布儒斯特角的椭偏数据,而对应的光源为白光,考虑相干特性,同时兼顾尽可能抑制其他干扰,一般选择亚表面损伤层在亚微米量级的超抛基片,基片材料选择 Schott Q1 级熔融石英。

5. 薄膜双折射效应 + 界面/表面效应(Model E)

薄膜双折射效应 + 界面/表面效应(Model E):对 model A 中的薄膜均质性进行双折射修正。光学薄膜的沉积过程决定了薄膜会具有一定的应力,尤其对 IBS 等高能沉积技术,薄膜一般都会具有较高的应力,量级在几百兆帕甚至更高。那么从理论上就可以确认薄膜存在应力双折射,常规使用的光学材料应力大小约为 nm/cm,薄膜厚度在亚微米量级,如图 3 - 16 所示。

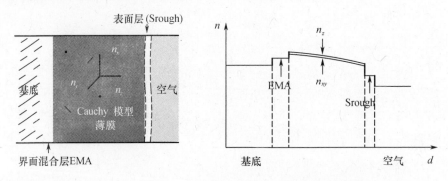

图 3 - 16　Model E 结构示意图

从上述的 5 个基底 – 薄膜的模型来看,薄膜光学常数的实际拟合过程如下:

(1)在椭偏光谱数据的拟合过程中,评价函数的设置是非常关键工作之一,比较成熟的测试仪器自带的软件或商用分析软件都内设针对性的评价函数,日常开展测试、分析过程实质上就是选择,通常都采用式(3 - 11)。

(2)实际拟合过程中,一开始就设置非常复杂的模型,往往难以得到满意的结果,通常是从一个简单的模型开始,得到的数据作为下一步更复杂模型的初始值,循序渐进。这个过程中需要足够的数据信息支持,得到合理的模型参数。复杂模型的危险之一就是过多的相关参数相互干涉,即使可以得到很小的 MSE 拟合值,但结果并不肯定。

（3）对弱吸收介质膜的光学常数的准确计算，仅椭圆偏振光谱数据通常是不够的，需要借助透射光谱数据进行综合运算，这种复合光谱数据反演方法可以提高所得光学常数的可信度，这种方法目前应用比较广泛，这种情况下的消光系数的计算精度又很大程度上依赖于透射率测量的精度。而目前，紫外至近红外波段透射光谱测试精度较高，傅里叶红外光谱仪得到的红外波段数据，通常精度较低。

（4）多角度变波长椭偏仪可以覆盖更宽光谱范围、可以选择对薄膜特性的敏感角度，能够得到多组高灵敏度数据组，这样拟合出的光学常数等参数更准确、可靠。目前，多角度变波长椭偏仪因精度高和非接触无损测量的优点，已成为测量、分析和拟合薄膜光学常数的最佳技术之一，也是本书选择的主要方法。入射角接近布儒斯特角时，椭偏数据对材料特性的变化最敏感，所以对通常光学材料和光学薄膜测试时优选入射角值在55°~75°之间。

表3-3所列为国际上主要厂家的椭圆偏振仪技术指标。

表3-3 国际上主要厂家的椭圆偏振仪技术指标

厂家	J. A. Woollam	J. A. Woollam	Semilab	Sentech
型号	V-VASE	M-2000	SE-2000	SE 400advanced
光谱范围/nm	193~2000	193~1690	193~2400	632.8nm
准确性	45°±0.02°(ψ) 0°±0.16°(Δ)	45°±0.075°(ψ) 0°±0.05°(Δ)		0.002°(ψ)，0.002°(Δ) （30次测量标准差）
重复性	0.015°(ψ) 0.08°(Δ)	0.015°(ψ) 0.015°(Δ)	0.02°(ψ) 0.02°(Δ)	±0.1°(ψ)，±0.1°(Δ) （24h90°测量的偏差）
膜厚精度		0.002nm （Si基底2nm 自然氧化层）	0.03nm （玻璃基底170nm的 a-Si）	0.01nm（100nm SiO₂ on Si）
折射率精度				5×10⁻⁴（100nm SiO₂ on Si）

椭圆偏振仪在薄膜材料领域已成为一个普遍使用的仪器，但对于椭圆偏振仪的技术指标，由于各个厂家均有自身的评价方式，因此横向比较的意义不大；另外，由于椭偏测试属于间接测试，对于膜厚精度、折射率精度等也是按各自的方法评定的。目前，椭圆偏振仍然没有统一的评价标准，2004年德国编写过一项标准，但仍然存在问题，并没有得到各个主要椭偏仪厂家的认可。

3.1.4 本书光谱和椭圆偏振参数的获得

依据上面的讨论，结合实际可选仪器和测试要求，这里给出典型的的测试方法和对应的仪器、参数。这也是后文中的主要选择。

1. 椭圆偏振仪

使用美国 J. A. Woollam 公司的 VASE(或 M – 2000)型近紫外到近红外椭圆偏振仪,下述两条测试条件记为 < 测试参数 A > :

(1)宽波段/宽角度的椭偏参数测试:光谱范围 400 ~ 900nm,波长间隔 10nm,测试角度范围 55° ~ 75°,角度间隔为 10°;

(2)布鲁斯特角椭偏参数测试:测试波长 633nm,角度范围 55.5° ~ 57°,角度间隔为 0.02°。

2. 可见光到近红外分光光度计

使用美国 Perkin Elmer 公司的 Lambda900 型分光光度计,开启消偏振模式。测试波长为 190 ~ 2600nm,波长间隔 1nm,狭缝为 1nm,近紫外到可见光波段的扫描速度为 300nm/min,近红外波段的扫描速度为 500nm/min。记为 < 测试参数 B > 。

3. 傅里叶变换红外光谱仪

使用美国 Perkin Elmer 公司的 Spectrum GX 型红外傅里叶变换光谱仪。测试波数为 5000 ~400cm^{-1},波数间隔 1cm^{-1},扫描次数为 8 次。记为 < 测试参数 C > 。

3.2 弱吸收和极薄层的测试和分析

3.2.1 弱吸收的测试和分析

块体材料使用吸收系数 α 表示,而光学薄膜则使用消光系数 k 表示,两者之间的关系为

$$\alpha = 4\pi k/\lambda \qquad\qquad (3 – 35)$$

所以在光学薄膜领域讨论弱吸收及相关问题时,经常会变为讨论消光系数,两者之间是对等关系,本书后面可能出现交替使用。

在前面所论述的薄膜材料光学常数各种光谱测试与分析方法中,能够得到消光系数 k 范围最低可以达到 10^{-4} 量级,这对一般应用足够了,但高精度光学薄膜对应的应用领域,则需要得到更低的消光系数,最为典型的就是激光谐振腔构成的各种高精度测量系统,如激光陀螺和引力波测量等。对多层膜的损耗总要求为 10^{-6} 量级,反推就可得到薄膜的消光系数在 10^{-7} 量级或更低。能准确测量 10^{-7} 量级或更低的消光系数 k 的对应方法有光热测量法、激光量热法和光腔衰荡法等。如前所述,消光系数 k 是非直接测量量,光热测量法通过测量薄膜吸收导致的光学或几何特性变化来反演出消光系数 k;激光量热法测量薄膜吸热后的温度变化曲

线,反演计算出消光系数 k;这两类方法的共同点是对弱吸收的测量对象,需要使用较高光束质量和一定功率密度的激光光源,这样对应的测量波长就是355nm、532nm、1064nm、3.7μm 和 10.6μm 等激光波长。

光腔衰荡法是基于完全不同的测试原理:当一束激光注入一谐振腔中时,若谐振腔品质足够高,则注入光停止后,在谐振腔输出端能够观察到输出光强的衰变过程,衰变过程与谐振腔品质直接对应。通过测量和拟合衰变曲线,能够计算出谐振腔的总损耗,进一步可以得到多层膜的总损耗,再结合散射和透射/反射测量,计算出高反膜/减反膜的薄膜总吸收。

1. 光热测量法

光热测量法基本原理:当一束具有一定能量的激光照射样品时,样品会吸收一定比例的激光而产生热,受热的局部区域出现对应的光学或几何特性变化,用光学方法测量受热区域的变化,推算出材料的吸收特性。依据具体的技术方案又分为表面热透镜技术、光热偏转技术、光声光谱技术、光热辐射技术和光热失调技术等。光热测量法具有灵敏度高、时间和空间分辨率高,可测量实际样品、可分离薄膜吸收和基底吸收等优点;但这类方法是相对测量,定标困难,目前无国际标准。在这里主要讨论表面热透镜技术。

表面热透镜技术:在泵浦光的作用下产生的温升导致样品表面热膨胀形成"表面热包",称为"光热形变",使用大光斑的探测光照射整个样品表面热包区域,表面热包使探测光的反射波前产生畸变,如果将反射光线围绕样品表面做镜像反转,则反射光可以看成是带有相位畸变的透射光,该相位畸变由样品表面热包引入,这样表面热包在虚拟光路中作用如同一个"透镜",如图3-17 所示。

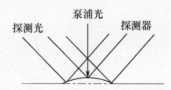

图 3-17 表面热透镜技术原理示意

一束探测激光束(样品表面探测光斑大于激励光斑)近乎垂直地照射到热包表面上,热包位于探测光斑的中心且小于探测光斑。受热包的影响,反射探测激光束将产生衍射现象,其中心强度变化最大,这种现象称为"表面热透镜效应"。实验结果表明,在一定条件下,反射探测激光束中心光强随热包高度的变化呈线性变化,而热包的高度与薄膜的吸收率成正比,因此表面热透镜技术可用于测量薄膜吸收,其信号定义为

$$S = \frac{I_2(\Delta\varphi) - I_2(\Delta\varphi = 0)}{I_2(\Delta\varphi = 0)}, S \propto AP \tag{3-36}$$

式中: A 为吸收损耗; I_2 为接收面上反射探测光的强度分布; $\Delta\varphi$ 为样品表面形变带来的附加相位; $\Delta\varphi(x, y, z) = 2\pi/\lambda \times 2h(x, y, z)$, $h(x, y, z)$ 为样品表面的光学形变; λ 为探测光波长。

由于在接收面上反射光中心的强度变化最大,所以在表面热透镜技术中通常采用在探测器前加小孔测量探测光中心强度变化的构型测量表面热透镜信号。

当基底吸收远小于薄膜的吸收,膜厚满足光薄(膜厚远小于吸收长度)、热薄(膜厚远小于热扩散长度)条件,基底满足热厚条件,光热形变很小,抽运激光调制频率很低,如在几十赫以下时,在任一时刻 t 下,样品表面的光热形变可近似的表示为

$$u(r,t) = \frac{AP_0 \alpha_{T_s}}{32fR^2 \rho_s c_s} e^{\frac{r^2}{4R^2}} \left[1 - \cos(\omega t) \right] \tag{3-37a}$$

热包中心的最大形变高度为

$$u_0 = \frac{AP_0 \alpha_{T_s}}{16fR^2 \rho_s c_s} \tag{3-37b}$$

式中: A 为薄膜的吸收率; P_0 为抽运激光功率; α_{T_s} 为基底的线性膨胀系数(常简称为线胀系数); f 为抽运激光调制频率; R 为样品表面抽运激光光斑半径; ρ_s 为基底的密度; c_s 为基底的定压比热容; r 为表面热包上某一位置到热包中心的距离; ω 为抽运激光调制角频率。

图 3-18 是表面热透镜技术测量吸收损耗原理示意图和激光陀螺用高反射多层膜实际测量图。

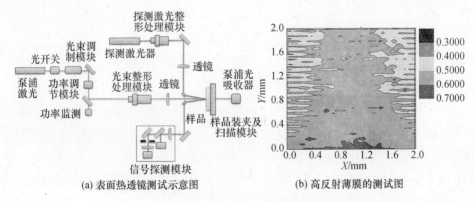

(a) 表面热透镜测试示意图   (b) 高反射薄膜的测试图

图 3-18   表面热透镜测试仪示意图和高反膜实测图

影响测量灵敏度的几个因素:

74

（1）样品表面抽运光斑的大小：样品表面抽运激光聚焦程度越高，吸收测量的灵敏度越高，同时也使吸收测量的径向空间分辨率得以提高。

（2）抽运激光调制频率的选择：调制频率越低，光热信号越大；低调制频率也是"热薄近似条件（膜厚远小于热扩散长度）"的要求，这样才能避免薄膜本身除吸收率以外的性质对测量结果的影响。

（3）探测激光腰斑到样品距离的选择。

（4）探测激光腰斑大小的选择：测量灵敏度会随着探测激光腰斑的缩小而提高。

该技术国内外都有相关单位在开展工作，并有成熟的仪器，表3-4列出了法国Fresnel研究所和国内合肥知常光电科技有限公司的主要指标对比。

表3-4 表面热透镜技术指标

序号	计算参数	Fresnel 研究所	合肥知常光电科技公司
1	测量波长	532nm（355nm、1064nm 和 10.6um 等）	
2	吸收测量灵敏度	约 0.01×10^{-6}	约 0.01×10^{-6}
3	吸收测量准确度	10% ~20%（通过定标）	10% ~20%（通过定标）
4	空间分辨率	约 $1\mu m$	约 $1\mu m$

2. 激光量热法

激光量热法能直接测量吸收绝对值（不需要定标），而且装置简单、可靠、重复性好，光学元件吸收的国际标准（ISO 11551）就是基于此方法。不过吸收测量灵敏度与装置设计和制备中的诸多因素，如温度传感器的灵敏度、样品室的隔热性能、信号处理电路的噪声水平等密切相关。

国际上以德国汉诺威激光中心等为代表，国内主要有中国科学院光电技术研究所等，表3-5列出了国内外主要指标的对比，图3-19(a)是激光量热技术测量吸收损耗原理示意图，图3-19(b)为成都光电所1064nm高反膜（IBS技术沉积）弱吸收测量及拟合图，表3-5为激光量热法技术指标。

表3-5 激光量热法技术指标

序号	计算参数	汉诺威激光中心	中国科学院光电技术研究所
1	温度测量灵敏度	约 $10\mu K$	约 $80\mu K$
2	吸收测量灵敏度	0.1×10^{-6}	1×10^{-6}
3	吸收测量范围	$1 \times 10^{-6} \sim 100\%$	$1 \times 10^{-6} \sim 100\%$
4	吸收测量准确度	约 10%	约 10%

3. 光腔衰荡法

光腔衰荡法通过测量谐振腔光强衰减曲线，得到薄膜的总损耗，结合散射数据

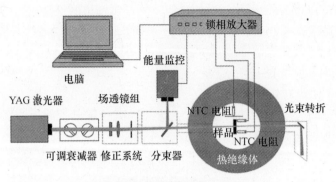

(a) 激光量热法测试仪原理

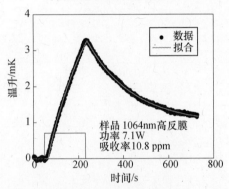

(b) 1064nm高反镜测试结果

图 3-19　激光量热技术弱吸收测量仪原理图和 1064nm 高反镜测试结果

可以得到薄膜的吸收损耗,精度为 10^{-6},消光系数 $k \approx 1 \times 10^{-7}$。这是绝对测量方法,仅适用于低损耗的高反和减反薄膜。该方法更多是在特定场合与其他方法配合使用。图 3-20 是光腔衰荡法测试仪器工作原理图。如图 3-20 所示,先测量基准谐振腔的总损耗 L_0,再测量有被测元件时的谐振腔总损耗 L_1,两者之差就是被测元件的损耗 L_{SUM}。

首先,通过拟合光强随时间的衰减曲线,求出特征时间 τ_c(光强衰减为初始值 $1/e$ 的时间),特征时间参数与光强的关系为

$$I(t) = I_0 \exp(-t/\tau_c) \tag{3-38a}$$

其次,求出谐振腔的总损耗:

$$L = \sum_{i=1}^{m} n_i d_i / c\tau_c \tag{3-38b}$$

其中分子表示为谐振腔内的总光程,因此,有

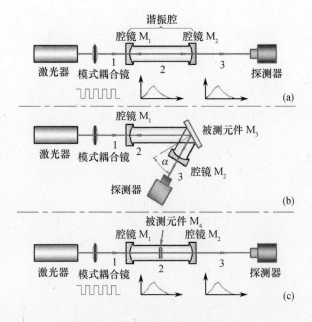

图 3-20 光腔衰荡法测试原理

$$L_{SUM} = L_1 - L_0 \qquad (3-38c)$$

对于高反膜,吸收率 A 为

$$A = L_{SUM} - (S+T) \qquad (3-38d)$$

对于减反膜,吸收率 A 为

$$A = L_{SUM} - (S+R) \qquad (3-38e)$$

式中:S,T,R 分别为多层膜的散射率、透射率和反射率。

3.2.2　极薄层光学常数测试与分析

在可见至红外波段的光学薄膜设计中,尤其是比较复杂或要求较高的情况下,极薄层(一般指薄膜厚度约 10nm)是难以避免的。但是,依据薄膜物理相关知识,PVD 技术沉积的薄膜生长初期多数呈现岛状结构特征,随着薄膜厚度的增加渐渐生长成为连续薄膜。10nm 左右厚度正处于这个变化过程之中,加之极薄层的表面物理化学效应显著,使得这个厚度薄膜的性能与常规厚度薄膜相比会存在较大的差异,荷能辅助或溅射沉积的几十至上千电子伏能量仅能够在一定程度上抑制此类效应。通常的分光或椭偏光谱测试以及光学常数计算分析方法,应用于薄层时得到的结果可信度极差。

联合式(3-1)和式(3-6),可以得到单层膜的反射率公式为

$$R = \frac{(1 - n_s)^2 \cos^2\delta + \left(\dfrac{n_s}{n_f} - n_f\right)^2 \sin^2\delta}{(1 + n_s)^2 \cos^2\delta + \left(\dfrac{n_s}{n_f} + n_f\right)^2 \sin^2\delta} \qquad (3-39a)$$

考虑到 $nd \approx 10\text{nm}$ 时，δ 为一小量，根据极限原理 $\sin\delta \approx \delta$，忽略 δ 的高阶小量，极薄层薄膜的反射率简化为

$$R = \frac{(1 - n_s)^2 + \left[\left(\dfrac{n_s}{n_f} - n_f\right)^2 - (1 - n_s)^2\right]\delta^2}{(1 + n_s)^2 + \left[\left(\dfrac{n_s}{n_f} + n_f\right)^2 - (1 + n_s)^2\right]\delta^2} \approx R_s - \frac{4n_s(n_s^2 - n_f^2)(n_f^2 - 1)}{(1 + n_s)^4 n_f^2}\delta^2$$

$$(3-39b)$$

那么，基片表面沉积一极薄的薄膜后，表面反射率的变化量 ΔR 为

$$\Delta R = R - R_s = -\frac{4n_s(n_s^2 - n_f^2)(n_f^2 - 1)}{(1 + n_s)^4 n_f^2}\delta^2$$

选择 IBS 沉积的 SiO_2 薄膜，以 550nm 为参考波长，$n_f = 1.48$、$nd = 10\text{nm}$、$\delta = 0.1257$，图 3-21 给出了表面反射率的变化量 ΔR 与所选择的基片折射率之间关系，图 3-22 给出了表面反射率的变化量 ΔR 对薄膜折射率的敏感性。

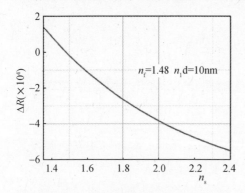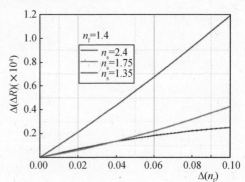

图 3-21 ΔR 与基片折射率 n_s 关系   图 3-22 ΔR 对薄膜折射率变化量的敏感性

从图 3-21 可知，变化量 ΔR 随基片折射率与薄膜折射率的差值增大而增大，但最大差值也仅为 0.05%，这也是目前商用高端可见区分光光度计的分辨极限，用分光光度计测量透反射光谱的方法分析 10nm 左右厚度极薄层特性是几乎不太可能。另外，分析过程中真正关注的是变化量对薄膜折射率变化量的敏感性，$\Delta(\Delta R)$ 与 Δn_f 之间的关系，图 3-22 针对图 3-11 选出 3 个代表性 n_s。从图 3-22 中得到的结果是，基片折射率最高时反而对薄膜折射率最不敏感，所以通常情

况分析单层膜特性时,人们喜欢选择与薄膜折射率差异大的基片,但这并不一定是最佳选择。

上面分析仅是给出极薄层薄膜光学特性分光光度计测量、分析的精度和适用性分析,以及初步的模拟计算结果。下面讨论是否能够得到可信的极薄层的折射率等光学特性数据及对应的方法。

理论上,表面等离子激元法可以高精度测量极薄层的折射率和厚度,但测试过程需在特定结构光学元件表面预镀一层金属膜,测得金属膜的光学常数后,再镀介质薄层。这会出现两方面问题:一是薄层的特性与基底特性密切相关;二是实际中薄层的工艺条件会影响已知金属层的特性(高温、高沉积能量)。这样得到的薄层光学常数仅具有参考意义,实际条件下应用仍需进一步修正,下面给出简单、实用的计算方法。

最简单的方法就是通过实际膜系进行修正。如可见光超宽带减反射膜的设计往往包含极薄层,先沉积对应几种材料常规厚度的薄膜,求出其光学常数。以此为基础,镀制完整膜系,测量透/反射光谱曲线,与理论设计对比,逆向迭代,拟合出极薄层的折射率,重新优化设计,再次镀制完整膜系,若满足要求即可,否则再重复迭代。具有一定经验的工程师经过若干次迭代是能够达到目标的。图 1 - 15 和图 1 - 16 就是 350 ~ 900nm 超宽带减反射多层膜的实例,使用的薄膜材料为 H_4、SiO_2 和 MgF_2,首先得到常规厚度 H_4、SiO_2 和 MgF_2 的折射率,以此为基础,设计出 ZS1 上 350 ~ 900nm 超宽带减反射,其中包含一约 10nm 的 H_4 层,所有 H_4 层折射率取图 1 - 15 中的蓝色曲线对应的值,得到对应的透射率光谱曲线,见图 1 - 16 中的蓝色曲线,短波方向较差。考虑极薄层效应,直接通过透、反射光谱进行反向拟合,一次拟合得到约 10nmH_4 层的折射率,见图 1 - 15 中的红色曲线,折射率明显偏高,修正后的透射率光谱曲线,见图 1 - 16 中的红色曲线,得到了极大的改善。另一种更为合理的方法,以上面的超宽带减反射薄膜为例,多层膜制备完成后直接测量椭偏光谱或结合分光光谱,直接分析、拟合得到每一层膜的折射率和厚度参数,进行优化设计。

3.3　二氧化硅薄膜折射率特性

在这里,分 4 个层面来讨论二氧化硅薄膜折射率相关问题:第一层面,讨论最为稳定的 IBS 技术沉积薄膜的折射率特性;第二层面,讨论固定样品,不同测试方法和数据处理时的差异性;第三层面,研究不同沉积技术对应的折射率的差异性;第四层面,全光谱的薄膜折射率与熔融石英折射率的比较。在讨论薄膜的各种特性和演变规律中,以离子束溅射沉积技术(IBS)制备 SiO_2 薄膜为主线和参考,其他方法作为对比和补充。

3.3.1 IBS SiO$_2$薄膜的折射率特性

为了排除其他因素的干扰,在讨论薄膜的基本特性时,主要选择质量最稳定的 IBS 沉积技术,在<基片 B>和<基片 C>上,选择<沉积参数 A>制备了 SiO$_2$薄膜,通过<测试参数 A>获得薄膜的反射椭偏参数,最后使用<Model C>进行拟合得到薄膜的折射率特性。薄膜的基片特征和沉积参数见 2.2 节,测试参数见 3.1.4 节,拟合模型见 3.1.3 节。在拟合、分析过程中,基于 IBS 技术优点,即能够完全复制基底表面的粗糙度,在这里将表面粗糙度和界面粗糙度相互锁定取相同值,<基片 C>上 SiO$_2$薄膜的测试和拟合曲线见图 3-23,得到的薄膜参数见表 3-6 和图 3-24,拟合结果的评价函数 MSE = 2.935。

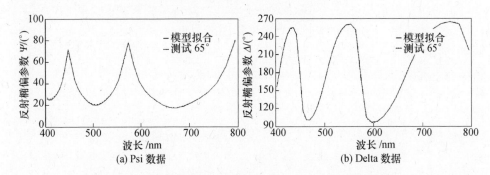

(a) Psi 数据   (b) Delta 数据

图 3-23   Si<110>基底/SiO$_2$薄膜测试值和拟合结果的比较

表 3-6   拟合的 Si 基底表面的 SiO$_2$薄膜参数

	模型	参数
5 入射介质	Air	
4 空气-薄膜混合层	srough	1.431 ±0.232nm
3 薄膜折射率梯度	SimpleGraded	857.9 ± 0.11nm, Expon: 15.48 ± 8.1, Δn: -0.9086% ±0.617%
2 薄膜折射率	cauchy	A:(1.4691 ± 1.02) × 10^{-3}, B:2.6976 × 10^{-3} ± 5.91 × 10^{-4},C:1.242 × 10^{-4} ±8.03 × 10^{-5}
1 基底-薄膜混合层	ema	(1.431 ±0.635)nm
0 基底	硅	0.3mm

<基片 B>上薄膜参数见表 3-7 和图 3-25,拟合的评价函数 MSE = 0.5574。

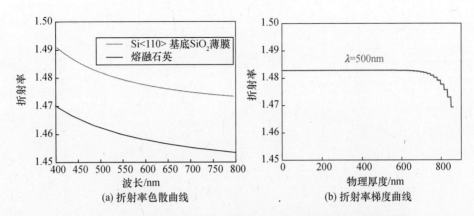

(a) 折射率色散曲线　　　　　　　(b) 折射率梯度曲线

图 3-24　Si < 110 > 基底/SiO₂ 薄膜的折射率色散与折射率梯度曲线

表 3-7　拟合的熔融石英基底表面的 SiO₂ 薄膜参数

	模型	参数
5 入射介质	Air	
4 空气－薄膜混合层	srough	(1.298 ± 0.0774) nm
3 薄膜折射率梯度	SimpleGraded	(892.04 ± 0.464) nm, Expon: 99 ± 21.3, Δn: (1.28 ± 0.149) %
2 薄膜折射率	cauchy	A: $(1.4649 \pm 1.51) \times 10^{-3}$, B: $4.4733 \times 10^{-3} \pm 8.82 \times 10^{-4}$, C: $(1.11 \pm 1.23) \times 10^{-4}$
1 基底－薄膜混合层	ema	(1.484 ± 0.789) nm
0 基底	熔融石英	6mm

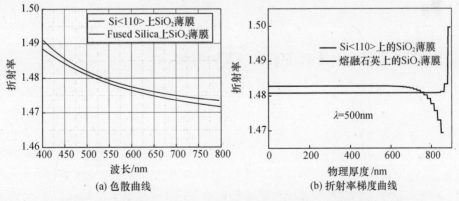

(a) 色散曲线　　　　　　　　　(b) 折射率梯度曲线

图 3-25　Fused Silica 基底上 SiO₂ 薄膜折射率色散与折射率梯度曲线

图 3-26 是两种基底上的 SiO₂ 薄膜与 Schott Q1 归一化折射率比较,具体分析如下:

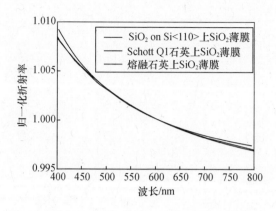

图 3 - 26　两种基底上的 SiO₂ 薄膜与熔融石英折射率的归一化曲线

（1）Si < 110 >/Fused Silica 基底上 SiO₂ 薄膜折射率大小十分接近,比熔融石英的折射率高约 0.02(400 ~ 800nm 区间),薄膜和熔融石英折射率曲线的色散特性一致,Si < 110 > 基底上薄膜折射率偏高。

（2）折射率梯度特性差异较大,Si < 110 >/Fused Silica 基底上薄膜的梯度指数分别为 15.5 ± 8.1 和 99 ± 21.3,表面高梯度区域的厚度分别为 147.6nm 和 28.4nm,且梯度方向相反,Si < 110 > 上薄膜折射率梯度值 − 0.90859% (Δn = 0.01346);不过折射率的梯度效应是一个弱效应,结果与拟合过程选择的限定和约束条件密切相关,这里得到的结果是梯度主要在薄膜的表层,这与薄膜沉积过程的强烈非平衡态以及 IBS 技术高能量/动量粒子在连续的叠加过程中突然停止等特征比较一致;实质上也能够拟合得到其他结果,如梯度出现在薄膜/基底界面或薄膜中逐渐变化,对应的评价函数大小也基本相同,完全确定性的认定需开展进一步的工作。

3.3.2　IBS SiO₂ 薄膜折射率计算的对比

波长选定 400 ~ 800nm 区域,测试方法有分光光度和椭圆偏振光谱方法,对应分光光度的数据用光谱极值、包络线和全光谱拟合,椭圆偏振光谱数据分析有均质薄膜、考虑表面和界面效应、考虑梯度效应、考虑表面/界面和梯度效应及考虑表面/界面/梯度和基片亚表面层效应。为了得到准确可靠的亚表面数据,考虑两个因素:一是亚表面层对光谱的影响非常弱,通常的椭圆偏振光谱难以得到可靠的结果,这里结合对亚表面层敏感的布儒斯特角椭圆偏振光谱数据来整体拟合;二是椭圆偏振光谱采用白光光源,满足相干条件,选择亚表面层在微米或亚微米的超抛基片。

图 3 - 27 和表 3 - 8 为针对同一二氧化硅薄膜样品,采用不同测试方法(透反

射光谱法和椭偏光谱法）和拟合方法得到的折射率特性对比,不同的方法得到的薄膜折射率具有显著的差别。

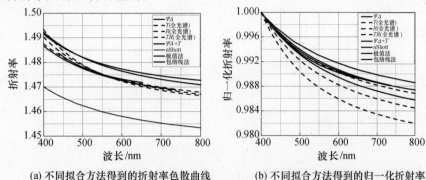

(a) 不同拟合方法得到的折射率色散曲线　　(b) 不同拟合方法得到的归一化折射率

图 3 - 27　不同测试和拟合方法二氧化硅薄膜的折射率对比

表 3 - 8　不同测试和拟合方法二氧化硅薄膜的折射率

薄膜参数	椭偏法 ($\Psi + \Delta$)	全光谱法			复合法 ($\Psi + \Delta + T$)	极值法 401 ~ 737nm	包络线法 439 ~ 653nm
		T	R	T, R			
A_n	1.4672	1.46	1.4614	1.4602	1.4639	1.46146	1.46654
B_n	0.00344	0.00374	0.00418	0.00430	0.00453	0.00403	0.00138
C_n	0.00007	0.00026	0	0.00008	0	0	3.70E − 04
d/nm	885.88	884.33	884.95	884.63	885.65	875	882
n_{633nm}	1.476	1.471	1.471	1.471	1.475	1.471	1.472

从图 3 - 27(a)和表 3 - 8 可以看出,同一组分光光度计的光谱数据采用不同的拟合方法,633nm 的折射率数据仅相差 0.001,但在短波端 400nm 处差异增大,折射率差值约 0.006;对于厚度的分析,极值法与其他方法差异较大(约 10nm),全光谱法与椭偏法之间具有极好的一致性(最大偏差仅 1.5nm/0.17%)。从可见光区域的色散特性考虑(以紫外熔融石英为参考),图 3 - 27(b)给出的归一化色散曲线中,椭偏法、反射光谱法和极值法得到的色散特性与 n - Schott(Schott 的 Q1 石英数据)最大相对偏差仅 0.0018,但透射光谱法的最大相对偏差为 0.0066。

图 3 - 28 针对 < 基片 B > 样品的椭偏光谱数据,分别或综合考虑各种效应——面、界面和梯度时,得到的折射率特性对比。图 3 - 28(a)中的曲线 1、3 和 4 分别对应 Model A、Model B 和 Model C 得到的(平均)折射率色散特性,曲线 2 对应仅考虑表面的情况。图 3 - 28(b)分别是曲线 2、3 和 4 与曲线 1 的差值,从图中可以得到最大偏差为 + 0.00030/ − 0.00005,考虑测试精度结果是完全一致的。对于椭偏光谱数据,采用复杂的模型可以得到更多的薄膜数据,但(平均)折射率一致。

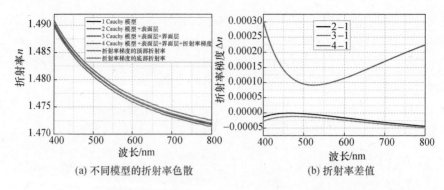

(a) 不同模型的折射率色散   (b) 折射率差值

图 3-28　不同模型二氧化硅薄膜的折射率对比

　　实质上,依据光学加工过程的技术特点,镀膜基片的表面不仅存在表面粗糙度,而且还存在表面沉积层和亚表面损伤层。针对这个特性,在此应用相对复杂的模型 Model D,见图 3-15,对此进行分析。考虑白光椭偏仪的光源特性及工作原理,参考亚表面层特性分析的相关文献,选择亚表面层厚度在微米量级的超抛紫外级熔融石英基片,测试数据包括可见光的椭偏数据和布儒斯特角的椭偏数据,数据分析的结果给出了基片表面光学薄膜的真实"结构"。如图 3-29 所示,给出了透射率光谱和布儒斯特角附近椭偏光谱的拟合结果,以及对基底-薄膜系统分析的结果。

　　如图 3-29 所示,基于 Model D 模型的这个分析揭示沉积在某种基片(如熔融石英)表面的光学薄膜,本质上这种基片仅是载体,薄膜实质是沉积在亚表面层和沉积层的表面。结合薄膜沉积过程的技术特点,亚表面层和沉积层的各种缺陷会在薄膜内及表面传递和放大;进一步分析,亚表面层和沉积层的特性不仅是偏离了基片材料,而且在特定的状态下会出现质的变化,这类变化往往又与薄膜的表现密切相关,如薄膜脱落、表面质量和时效等,这一点对红外材料表面镀膜后薄膜特性的影响更为明显;在日常镀膜工作中采取的针对性的方法是:①在基片抛光完成后,尽可能短时间间隔完成镀膜,保证抛光表面的"新鲜";②对于存储时间较长的抛光基片(难以明确定义,与基片材料特性、抛光工艺、存储环境和镀膜工艺等密切相关),镀膜前采用针对性的抛光粉和抛光布进行抛光处理。虽然采取的方法与亚表面有关的问题显性度不高,如果完全对亚表面进行处理则较为复杂,因此,只能在操作方面进行针对性处理。

　　下面对沉积层进行分析。依据光学加工相关的文献报道,传统的光学加工工艺过程会在表面产生沉积层,来源于抛光过程中去除的基底材料、抛光过程中使用的抛光粉和沥青抛光盘等共同作用,逆向再沉积于基片表面,其厚度较小(约 2.7nm),其成分是由复杂的混合物和络合物组成。由于基片的种类和加工方法的

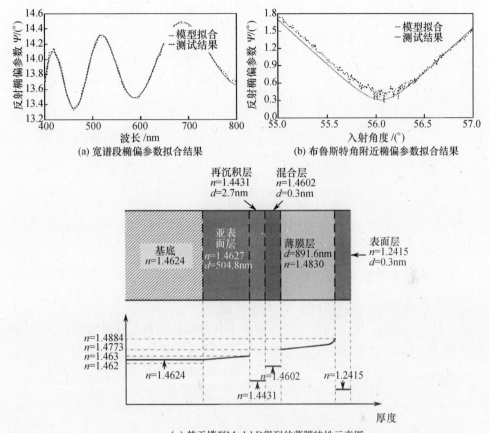

(a) 宽谱段椭偏参数拟合结果　　　(b) 布鲁斯特角附近椭偏参数拟合结果

(c) 基于模型Model D得到的薄膜特性示意图

图 3-29　包括沉积层和亚表面层的折射率分布特性

复杂性,主要成分相同、性能接近的几微米至几百微米亚表面损伤层及纳米级厚度沉积层的各种特性的测试、分析具有异乎寻常的难度,况且这种非致密结构的沉积层,在环境中的表面效应也绝对不是可以忽略的小量。

3.3.3　IBS SiO$_2$薄膜折射率的离散性

在此讨论同一组样品的离散性,这里所指的是同一批次材料、光学加工、镀膜和测试。<基片 B>和<基片 C>各一组 8 片,折射率和归一化物理厚度见图 3-30。从图 3-30 可知两种基底样品组对应的物理厚度和折射率一致性差异较大,Fused Silica 和 Si<110>基底上薄膜的物理厚度分布最大相对偏差分别为0.427% 和 1.445% ,差异为 1:3.38;折射率分布最大偏差分别为 0.0008 和0.0104,差异比例为 1:13,这样的差异大小与所选基片几何结构有较大关联性。

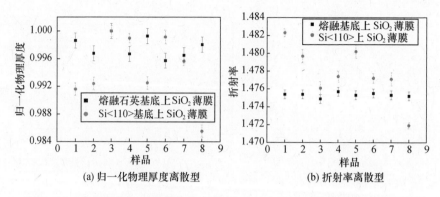

(a) 归一化物理厚度离散型　　　　　　(b) 折射率离散型

图 3 - 30　熔融石英和硅基底的 SiO_2 薄膜折射率与物理厚度计算的一致性比较

后面各种数据对比、分析基本都采用同一组样本,但各类差异也会存在,且不同研究内容采用的是不同组的样本,各种差异就更为明显。

3.3.4　不同制备技术的 SiO_2 薄膜折射率差异

在高性能光学薄膜的应用中,针对不同的技术要求和生产当量,热蒸发、离子束溅射和磁控溅射三大类物理气相沉积技术都逐步成为常规技术手段,在这里对这 3 类方法制备的 SiO_2 薄膜折射率进行对比。所有 3 类薄膜的沉积选择在一月份之内完成,基片的参数见 2.2.1 节中的 <基片 B> 和 <基片 C>。

表 3 - 9　3 种制备工艺下的沉积参数

序号	沉积参数						辅助源参数		
	方法	设备	膜料/靶材料	速率	温度	充氧	类型	电压	电流
				nm/s	℃	mL/min		V	mA
1	电子束蒸发（E－Beam）	Leybold APS	SiO	0.08	250	100	APS		
2			SiO_2	0.25	250	20			
3			SiO_2	0.30	250	20		100	50
4		HF1300	SiO_2	0.29	250	65		260	130
5			SiO_2	0.40	250	65		600	300
6	离子束溅射（IBS）	Veeco Spector	Si	0.28	20	68			
7			SiO_2	0.23	20	30			
8			SiO_2	0.24	20	30		250	150
9	磁控溅射（MS）	Shincron RAS	Si	0.38	20	180			

根据表 3 - 9 的制备工艺技术,使用 3.1.4 中的 <测试参数 A>,利用 3.1.3 节的 Model A 模型进行拟合,得到 9 种工艺下薄膜的色散见图 3 - 31。

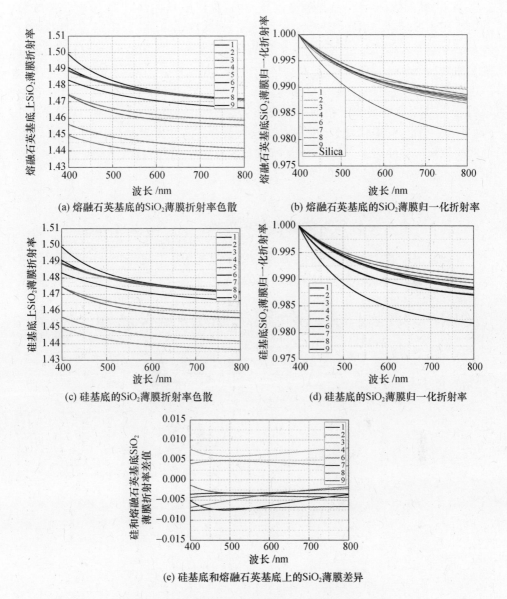

(a) 熔融石英基底的SiO₂薄膜折射率色散

(b) 熔融石英基底的SiO₂薄膜归一化折射率

(c) 硅基底的SiO₂薄膜折射率色散

(d) 硅基底的SiO₂薄膜归一化折射率

(e) 硅基底和熔融石英基底上的SiO₂薄膜差异

图 3-31　不同沉积技术和参数对应薄膜折射率比较

在这组数据中,基片加热 250℃ 充氧蒸发 SiO 得到的 SiO₂ 薄膜折射率偏高,下面将结合红外光谱对此给出进一步的分析,薄膜实际含有 SiO 或 Si₂O₃ 等成分,并没有形成完全化学计量比的 SiO₂,对比分析中这个薄膜仅作为参考。

图 3-31(a)给出了不同制备技术下的各种 SiO₂ 薄膜折射率色散曲线,图 3-

31(b)归一化曲线(5 号样品数据有问题,并未给出),从曲线可知:不论是离子束溅射还是磁控溅射,得到的折射率(1.4775 ~ 1.4801@600nm)非常一致,且对靶材和辅助源都不敏感;归一化后比较,色散曲线也非常一致,与紫外熔融石英有较好的一致性;折射率比熔融石英约高 0.02;相比较,结合图 3 – 31(c)和图 3 – 31(d),蒸发得到的薄膜折射率接近或低于熔融石英,对工艺参数敏感,对应的曲线呈现离散特点;硅基片上 SiO₂ 薄膜折射率与紫外熔融石英有 ±0.075 的差异,如图 3 – 31(e)所示。由此可知,高能量沉积是稳定过程,受过程中的其他弱因素影响较小,薄膜表现出极好的稳定性;与高能量沉积技术在超窄带滤光片、高截止度/高定位精度截止滤光片和百层以上多波段复合薄膜应用中表现出的稳定性好的特性一致。

3.3.5 全光谱的 SiO₂ 薄膜折射率比较

在此给出了 IBS 技术沉积的二氧化硅薄膜全光谱折射率与熔融石英的对比曲线,见图 3 – 32。薄膜的折射率在紫外/可见/近红外基本一致,但在红外尤其特征吸收峰(8000 ~ 9000nm)出现明显差异,这与薄膜材料的分子结构相关,即薄膜和块体材料中的 SiO₄ 四面体形成的随机网络结构存在差异,导致在吸收峰位置的折射率不同。

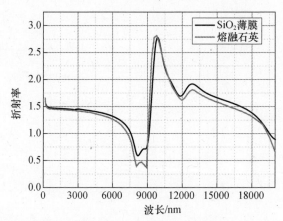

图 3 –32　二氧化硅薄膜全光谱折射率与熔融石英的对比

如前所述,薄膜中普遍存在一定大小的应力,而 IBS 这类高能量沉积技术得到的薄膜,即使是单层膜的应力都在百兆帕量级或更高,加之薄膜本身具有一定的微结构,那么双折射效应就会自然存在。由于薄膜的厚度在微米或更小量级,通常光学材料的双折射效应测试方法就不适用。基于 <沉积参数 A> 在 <基片 B> 表面制备的 SiO₂ 薄膜样品,这里选择 3.1.3 节中 Model E 模型计算薄膜的折射率,得到薄膜的双折射曲线如图 3 – 33 所示,在 600nm 波长点,薄膜方向折射率与横向折射率的差值 $\Delta n = 0.0022$。

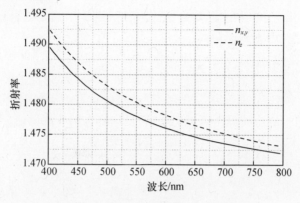

图 3 – 33　IBS SiO$_2$ 薄膜的双折射曲线

3.4　二氧化硅薄膜吸收特性

3.4.1　薄膜材料吸收的分类研究方法

材料的吸收特性分 3 类进行针对性分析:

第一类,透明区域的弱吸收特性。这类吸收由所含杂质和缺陷造成,对于光学材料在其透明区域的吸收系数是非常小的一个量,如熔融石英 Suprasil312 的吸收系数为 $k = (8.2 \pm 3.3) \times 10^{-12}(541.5 \text{nm})$。而薄膜材料则就完全不同,如第 1 章所述 PVD 技术得到的 SiO$_2$ 薄膜的消光系数不仅远小于熔融石英,而且其波动范围能够达到 4 个量级,为 $10^{-4} \sim 10^{-8}$ 或更宽,这主要与薄膜沉积技术和工艺参数的选择等密切关联。不论是体材料还是薄膜材料,制备过程中引入的杂质或其他缺陷在红外或紫外区可能产生强的特征吸收峰,具体见表 1 – 12;近红外的吸收由 OH 根产生,对应 1.39μm 和 2.73μm 两个波长,特征明显,易于分析。紫外区域的吸收原因相对复杂,一是工艺过程中引入的 Cl$_2$ 等产生的特征吸收,易分辨和处理,二是分子缺陷或分子重构产生的吸收,表 1 – 10 给出了熔融石英材料中几个典型结构,但对于 SiO$_2$ 薄膜,尤其 IBS 等高能工艺过程沉积的 SiO$_2$ 薄膜,SiO$_2$ 本身就是多种结构共存,加上高能过程引入的缺陷或分子重构,再考虑薄膜体量较小等,严格的分析是有很大难度的,甚至是不可能的。

这样,对透明区域的弱吸收特性针对性分成 3 个子区域。第一子区域为可见区,相关研究侧重几个方面:一是消光系数与沉积、后处理技术等关联性;二是相关的机理研究及新技术研制;三是高精度测试、分析技术研究,这也是重点和主要工作,将在3.4.2节中讨论。第二子区域为近紫外区,侧重于吸收与工艺过程的关联性,以及初步的机理分析和改进方案探讨,将在3.4.3节讨论。第三子区域为近红外区,针对性研究OH根吸收特性,将在3.4.3节中讨论。

第二类,短波截止波长与材料本身固有的特性相关,对于薄膜材料而言,同时也与制备过程中引入的各类缺陷密切关联,将在3.4.4节讨论。

第三类,长波红外区域的分子振动/转动吸收谱,这与材料的分子结构以及沉积过程对分子结构的影响等因素密切关联,具体将在第6章讨论。

SiO$_2$薄膜全谱段吸收示意图如图3-34所示。

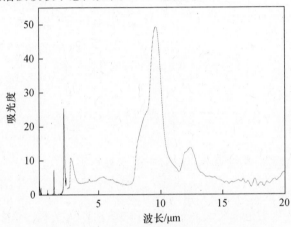

图3-34　IBS SiO$_2$薄膜全谱段吸收示意图

3.4.2　薄膜材料可见光弱吸收特性

采用PTS-2000型光热弱吸收仪对熔融石英基底和离子束溅射SiO$_2$薄膜的弱吸收特性进行测量,泵浦光激光波长为532nm,探测光的激光波长为632.8nm。在吸收损耗测量时,泵浦光近似于0°入射到薄膜样品上,在样品上选择2mm×2mm区域内的吸收损耗进行扫描测量,扫描间隔为0.04mm,共2500个扫描点。石英基底和IBS SiO$_2$薄膜的吸收损耗振幅分布如图3-35所示。

从图3-35可知,表面吸收存在一定的离散性,对此用吸收损耗的平均值Av和吸收损耗的均方根粗糙度rms来表达吸收特性。

$$Av = \frac{1}{mn} \sum_{i=1}^{m} \sum_{j=1}^{n} |A(x_i, y_j)| \tag{3-40a}$$

$$rms = \sqrt{\frac{1}{mn} \sum_{i=1}^{m} \sum_{j=1}^{n} |A(x_i, y_j) - Av|^2} \tag{3-40b}$$

90

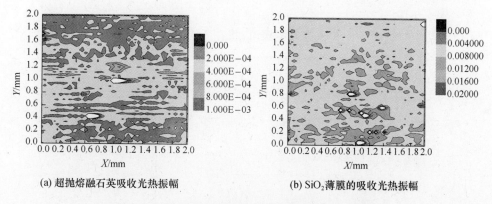

(a) 超抛熔融石英吸收光热振幅　　　　(b) SiO₂薄膜的吸收光热振幅

图 3-35　超抛熔融石英基片和 SiO₂ 薄膜吸收光热振幅

式中:m,n 为横向和纵向的测试点总数量;i,j 为横向和纵向的测试点;$A(x_i,y_j)$ 为测试点的数据。

从表 3-10 可知,紫外级熔融石英超抛表面的吸收约为 0.226×10^{-6},参考前面,假设产生吸收的表面沉积层和亚表面损伤层的厚度为 550nm,且吸收性能基本一致,可求出基片表面的吸收系数约 1.7×10^{-8},比材料本体吸收系数 8×10^{-12} 高约 3 个半量级;仅从吸收特性考虑,即使是最严格的超光滑加工表面,其表面吸收也是高于材料本身。在薄膜的厚度约 850nm 条件下,5.70×10^{-6} 的吸收对应的吸收系数约 3×10^{-7},对于 PVD 技术沉积的光学薄膜这已经是比较理想的数据,但仍然比超抛基片表面吸收值高约一个量级。

表 3-10　基片和薄膜弱吸收测试数据对比

	熔融石英基片	SiO₂ 薄膜	备注
平均吸收 Av/10⁻⁶	0.226	5.70	
均方根吸收 rms/10⁻⁶	0.103	3.95	吸收值仅相对标定,没有严格定标
均方根吸收/平均吸收	0.456	0.693	

下面讨论不同沉积技术下 SiO₂ 薄膜的弱吸收特性,SiO₂ 薄膜的沉积参数见表 3-9,基底为远紫外熔融石英,吸收测试的泵浦激光波长为 532nm。在第一组参数下,由于薄膜沉积过程中受设备限制没能够充入足够的氧,对其样品单独进行了 400℃、16h 的热处理。9 组薄膜样品的弱吸收光热信号振幅特性分别见图 3-36,根据上述的统计分布方法,计算表面振幅的统计结果见表 3-11。考虑到薄膜厚度的差异,分别计算出不同沉积技术下 SiO₂ 薄膜的消光系数,见表 3-11。不同 SiO₂ 薄膜吸收特性的对比如图 3-37 所示。

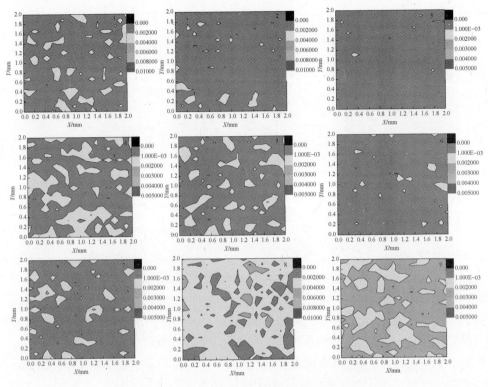

图 3 – 36   不同沉积技术制备的 SiO$_2$ 薄膜光热信号图

表 3 – 11   不同沉积技术和参数 SiO$_2$ 薄膜弱吸收（532nm）测试数据

序号	基片	1	2	3	4	5	6	7	8	9
平均吸收 Av/10^{-6}	0.23	16.60	11.95	4.75	9.15	7.68	5.83	7.43	26.27	21.54
均方根吸收 rms/10^{-6}	0.10	5.00	6.26	2.70	3.79	4.09	2.93	3.81	10.36	3.83
均方根吸收/平均吸收	0.46	0.30	0.52	0.57	0.41	0.53	0.50	0.51	0.39	0.18
消光系数/10^{-7}	0.2	11.6	6.6	3.2	5.3	5.5	3.5	4.0	14.4	12.6

从图 3 – 36、表 3 – 11 和图 3 – 37 可以分析得到如下结果：（序号 8 的样品采用的是 DIBS 技术，由于辅助源长期处于停用状态，偶尔使用会产生污染，在这里列出数据作为参考，不对比分析。）不同沉积技术和参数制备的 SiO$_2$ 薄膜消光系数相差不足半个量级，表现出这种薄膜具有优异的稳定性；MS 技术沉积的薄膜消光系数最大（1.26×10^{-6}），这与沉积技术的先沉积一原子层厚度 Si 膜，再分区氧化的制备流程相关，当然这并非意味是这项技术的极限，序号 9 样品是在 RAS 生产设备上按照生产工艺沉积的薄膜，况且 1.26×10^{-6} 大小的消光系数对常规高精度薄膜足已。热蒸发技术沉积薄膜消光系数较大，荷能辅助能够显著改善薄膜的消

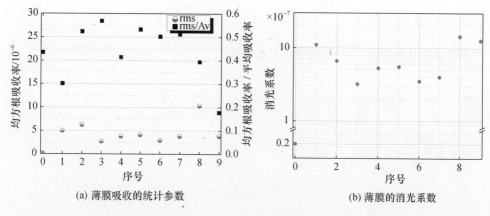

(a) 薄膜吸收的统计参数　　　　　　　(b) 薄膜的消光系数

图 3 – 37　不同沉积技术和参数 SiO_2 薄膜吸收特性(0 为基片)

光系数,其中较低能量的 APS 技术沉积的薄膜和 IBS 最佳。需要说明的一点就是这个量级的数值受到的干扰因素较多,在个数样品的前提下,比较适宜的是作为趋势参考和判断。

吸收的分布特性 rms 具有更加明显的技术特点:热蒸发技术较差,荷能辅助和溅射沉积处于同一档次,最佳的为 APS + SiO_2 和 IBS + Si;用吸收的归一化分布特性 rms/Av 来评判,SiO 热蒸发和 RAS 技术具有明显优势;这点与 SiO 热蒸发沉积 SiO_2 膜用于金属反射膜保护层优于 SiO_2 热蒸发沉积 SiO_2 膜相一致。

3.4.3　紫外区吸收和短波截止特性

图 3 – 38 是采用离子束溅射沉积技术,选择 < 沉积参数 A > ,在 < 基片 A > 表面制备的 SiO_2 薄膜在 170 ~ 230nm 紫外透射率和反射率曲线,基于这组数据计算出对应的吸收系数和消光系数,薄膜厚度为 850nm。SiO_2 薄膜在 230nm 波长的吸收为 1.63% ,随着波长的逐渐变短,吸收系数逐渐增加,至 190nm 迅速增大,说明已经进入带边吸收区。结合 3.4.2 节的弱吸收数据及相关的分析和对比相关的参考文献,这类方法制备的薄膜具有完整的化学计量比,且其吸收与表 1 – 12 熔融石英的结构缺陷产生的吸收也不对应,这类高能量沉积技术在紫外产生吸收的进一步解释有待继续。利用表 3 – 9 的制备工艺制备的九组石英基底的 SiO_2 薄膜紫外光谱曲线见图 3 – 39(a),图 3 – 39(b) 为等效厚度在 600nm 时 9 种 SiO_2 薄膜在 180 ~ 210nm 区间透反射率之和的平均值。

对不同沉积技术和参数下 SiO_2 薄膜的紫外特性分析:与图 3 – 36 对比,薄膜紫外的吸收特性与可见区 532nm 的吸收特性并不存在一致性,主要表现在序号 7 和 8 两个样品,532nm 的消光系数相差约 3.5 倍,但在紫外却基本一致,且 8 号反而

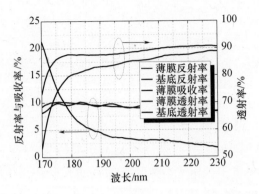

图 3-38　基片和 IBS SiO_2 薄膜紫外透/反射率和薄膜的吸收

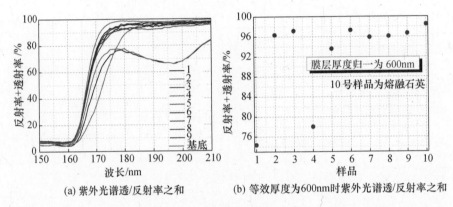

(a) 紫外光谱透/反射率之和　　　(b) 等效厚度为600nm时紫外光谱透/反射率之和

图 3-39　SiO_2 薄膜紫外透/反射率之和曲线

稍优,532nm 的测量在先,紫外测量随后几日内完成,其间并没有处理过样品;其次,4 号样品在紫外出现了极大的反常吸收,表明薄膜紫外特性对工艺环境和参数更为敏感;最后,APS 辅助沉积的 SiO_2 薄膜和离子束溅射 Si 靶再氧化制备的 SiO_2 薄膜的紫外光学特性最佳,这与 532nm 的吸收测试结果一致。

在紫外波段,SiO_2 薄膜已经进入强吸收区,通过其短波光谱可以得到其短波截止限。固体光学材料的吸收主要由电子跃迁(electronic transitions)、晶格、分子振动、自由载流子、杂质和缺陷等导致,透明区域的弱吸收由自由载流子、杂质和缺陷等所导致,而电子跃迁发生在本征吸收区,其波长短于透明区,与透明区的分界由截止波长 λ_{cutoff} 表征,即

$$\lambda_{cutoff} = \frac{1240}{E_g}(nm) \tag{3-41}$$

式中:E_g 为带隙,上述公式意味着薄膜的短波截止限就是其带隙。

带隙主要由材料特性、分子结构和杂质成分及含量决定,对于这里所讨论的

94

SiO$_2$薄膜,退化为50%$(T+R)_{max}$紫外截止波长的变化规律。结合图3-40,可以得到不同沉积技术和工艺条件下50%$(T+R)_{max}$紫外截止波长的变化规律:热蒸发样品,不论是SiO $+$ O$_2$ $+$ 高温后处理,还是SiO$_2$ $+$ O$_2$,均产生了分别为2.5nm和4nm的红移;所有的荷能辅助或溅射沉积的薄膜,除4号反常样品出现约1nm的红移外,其他的虽然都有红移,但都在0.5nm之内。综合考虑,对紫外至可见应用而言,APS SiO$_2$和IBS Si制备的SiO$_2$沉积的薄膜在光学性能上表现出一定的优势。强调一点:这里射频离子辅助沉积的4号和5号SiO$_2$薄膜样品有反常现象,可能和工艺过程中的条件和参数有关。

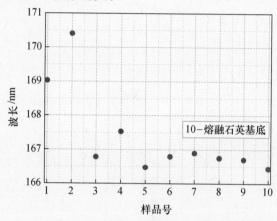

图3-40 50%$(T+R)$max紫外截止波长的变化规律

3.4.4 OH根吸收和激光损伤特性

在紫外熔融石英和SiO$_2$薄膜中,典型的共性杂质吸收就是与羟基相关的吸收。紫外熔融石英中出现羟基是源于制备技术的特点,SiO$_2$薄膜中出现源于镀膜材料、真空室内残余的水汽及放置于空气中的吸附、吸收和进一步化学反应;与H$_2$O相关的吸收主要表现为OH根吸收特性,在近红外的吸收为1.39μm和2.73μm两个特征波长,红外出现在3400cm^{-1}和1620cm^{-1}两个位置;吸附的水会与SiO$_2$发生进一步反应,生成物比较复杂,但在红外谱上表现为Si-H键的2260cm^{-1}附近振动吸收峰和Si-OH键的3600cm^{-1}和935cm^{-1}附近振动吸收峰。

在表3-9中不同沉积技术下制备的SiO$_2$薄膜,研究了其OH根吸收特性。图3-41(a)是Si基片上沉积SiO$_2$薄膜后近红外透射光谱曲线,1.39μm波长并没有出现显现的特征吸收峰,表明SiO$_2$薄膜中OH根的含量很低,在这个特征波长的吸收特性用分光光度计是难以分析的,所以在这里及后面讨论OH根的特性时不考虑这个特征波长。2.73μm特征波长具有同一特性。

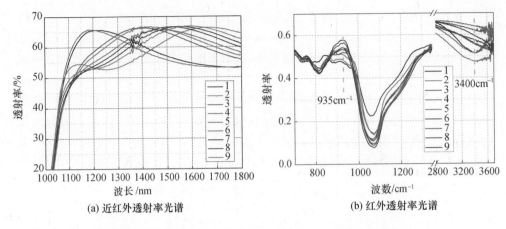

图 3-41　9 组 Si 基底 SiO₂ 薄膜的近红外和红外透射光谱曲线

图 3-41(b) 是 Si 基片上沉积 SiO₂ 薄膜后红外透射光谱曲线,考虑 935cm⁻¹ 振动吸收峰对应 Si-OH 键外,这里分析对应 H₂O 水分子的 OH 根振动吸收的 3400cm⁻¹ 特征吸收峰,样本 1、2 和 4 含有的水分较多,样本 5(IBS Si + O₂→SiO₂) 最少。薄膜中与 H₂O 相关联的吸收分别体现在镀膜的两个阶段:其一是薄膜沉积过程中,来源于基片表面的吸附、镀膜源材料内含及真空室内残余,这个过程中的 H₂O 由于伴随沉积的高温和/(或)高能过程,易处于激发态。对应的解决方案增加真空室镀膜前的烘烤稳定、提高背底真空度及使用低温泵或 polycold 等对水气高效的抽气能力。其二是镀膜后放置期间的表面和内表面对水汽的吸附过程,这个过程的初期是简单的物理吸附,随时间的进展过程中出现不可逆的化学变化,进一步在 4.3 节讨论。

在大功率激光领域,光学薄膜是最为关键的元件之一,也是最易出现损伤的环节之一。关键判定指标之一就是激光损伤阈值。激光损伤阈值是指使光学元件发生临界损伤时入射激光束的能量密度或光强值,记作 H_{th},对应的国际标准为 ISO11254。不过,光学薄膜的损伤过程与薄膜材料、沉积技术、激光参数和作用模式等密切关联且十分复杂,这里包含光学力学过程、场击穿过程等,破坏机制有本征吸收、杂质吸收、雪崩击穿、多光子吸收等,实际中激光与薄膜相互作用过程可能包括了多个过程或多种机制的耦合。但最基本的是热过程,光通过本征、杂质和非线性吸收而产生热,热导致薄膜出现熔融或热力耦合,最终表现就是薄膜损伤。具体和深入的分析与理论研究可参阅相关文献及每年的国际专题会议[81-89]。

这里对 SiO₂ 薄膜的激光损伤阈值进行了测试。测试激光波长为 1064nm,脉冲宽度为 10ns,重复频率为 10Hz,光斑直径约 0.5mm。在测试过程中,采用 S-on-1 的测试标准,即每个测量点辐照 10 个脉冲(S = 10),测量点间距 2mm;同一能量辐照 8 个测量点,由损伤点数目与总测量数目计算出损伤概率;选择 5~7 个能量梯度。在这里给出不同技术沉积制备 SiO_2 薄膜的损伤阈值,结果见图 3-42。在这里,最好的 3 个结果包含离子束溅射、热蒸发及热蒸发 + 离子辅助等 3 种主要沉积技术,但是需要注意:一是激光损伤特性具有较大的离散性,主要是由于样品量少无法进行统计分析,研究的结果仅具有参考性;二是对 3 种技术的任何一种改变参数后,薄膜的损伤特性会出现显著变化;三是与紫外特性的优劣并不一致,其深入的物理机制有待进一步研究。

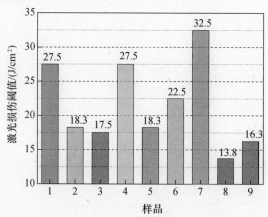

图 3-42 SiO_2 薄膜激光损伤阈值

第4章　二氧化硅薄膜的后处理效应和时效

PVD 技术沉积的薄膜过程是强烈的非平衡态,薄膜存在较高密度的微结构和分子结构的缺陷,处于远离平衡态的亚平衡状态,合理的后处理技术能够有效改善薄膜的各种特性。4.1 节讨论热处理技术对薄膜性能的影响,这也是普遍使用的技术方案,对用于可见光和近红外的氧化物光学薄膜是非常有效的手段。在这从两个层面开展相关工作,首先确定退火时间与薄膜性能变化的关联性,其次研究退火温度与薄膜性能变化的关联性。同时,初步探讨在真空或保护气氛中退火时薄膜性能的变化趋势。4.2 节讨论薄膜的自然时效效应,通过长期的测试与分析,得到薄膜的长期自然环境下的特性变化规律。4.3 节简要讨论热等静压对薄膜性能的影响,结果表明该方法也是材料后处理的一类极为有效的方法之一。

4.1　热退火处理效应

4.1.1　折射率和厚度的演变规律

1. 薄膜特性热处理的时间效应

退火过程中,薄膜性能变化与升温过程、退火温度、退火时间和降温过程都密切相关,考虑所讨论的对象为二氧化硅薄膜,使用的基片主要是熔融石英或区熔单晶硅,薄膜和基片材料都具有较好的热学和力学稳定性,且薄膜退火也不适宜采用过高的温度等,在此集中研究退火时间和温度两个因素的影响。依据相关报道和长期的工作经验将这两个因素分两步来考虑:第一,依据经验固定温度考虑时间效应;第二,固定时间考虑温度效应。

退火温度曲线采用图 2 − 12 的参数,固定 300℃ 温度点来研究退火时间效应,时间序列选 0h、16h、24h、36h 和 64h。样品的基片为超光滑紫外石英玻璃,制备方法选择为离子束溅射沉积,沉积参数为表 2 − 2 的 <沉积参数 A>,测试光谱为椭圆偏振光谱,测试参数见 3.1.4 节的 <测试参数 A>,光学常数拟合模型为Model A。

SiO_2 薄膜的折射率色散曲线和 500nm 波长折射率变化趋势分别见图 4 − 1(a)和图 4 − 1(b),在 300℃ 温度条件下热处理,薄膜的折射率随退火时间出现单调下降趋势,在 36h 热处理后趋于稳定,在 36h 内折射率的变化量为 $\Delta n = -0.0074$, $\Delta n/n = -0.5\%$。这个趋于稳定的时间与处理温度相关,在实际的薄膜后处理工作中,一般优选 16h 或 24h;仅从这里得到的效果来看并不合理,但考虑到在多层膜的特性中,决定性能的是几种薄膜的折射率比,退火主要目的就是降低吸收系数和改善薄膜稳定性,那么退火时间的选择是否合理就需结合吸收系数和稳定性才能全面评估,在这就不展开了。

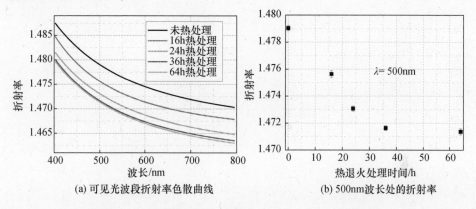

(a) 可见光波段折射率色散曲线　　　(b) 500nm波长处的折射率

图 4-1　在 300℃ 温度下薄膜的折射率与退火时间的关系

2. 薄膜特性热处理的温度效应

在 2.1.5 节简单介绍了二氧化硅薄膜的热氧化技术,文献也给出 Si < 100 > 基片在 900℃ 的干氧气氛退火 14h 生成大约 100nm 氧化层(TO - SiO₂);考虑硅是薄膜研究中的主要基片之一,以及光学薄膜实际应用中的种种约束,也不允许使用过高的退火温度;结合试探极限边界条件,选择 750℃ 为最高退火温度点。温度曲线见图 2-12,100℃ 为温度间隔,综合考虑选择 24h 作为保温时间。表 4-1 序列温度点用于退火对薄膜特性影响分析。

表 4-1　热处理序列温度点

序列	1	2	3	4	5	6	7	8
热处理温度 T_A/℃	20	150	250	350	450	550	650	750

取同一组样品,研究 Si < 110 > 基底上 SiO₂ 薄膜折射率随退火温度的变化趋势,得到的椭偏测试数据见图 4-2(a) 和 4-2(b)。在 530 ~ 630nm 波长区间,左上升沿 $\Psi = 55°$ 对应波长变化曲线如图 4-3 所示,图 4-2 和图 4-3 反映了椭偏参数 Ψ 和 Δ 在不同热处理温度下的整体变化特性。

图 4-2 和图 4-3 显示 750℃ 退火对应的曲线和 $\Psi = 55°$ 点波长出现跳跃性变化,初步分析可能为硅表面产生了一定厚度的氧化层。下面对拟合模型进行修改,

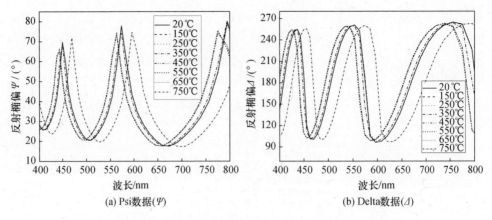

(a) Psi数据(Ψ)　　　　　　　　(b) Delta数据(Δ)

图 4 – 2　Si < 110 > 基底 SiO_2 薄膜退火后椭偏参数的测试值

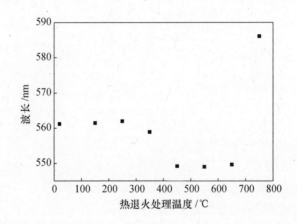

图 4 – 3　左上升沿 Ψ = 55°点对应波长与热处理温度的关系

在 SiO_2 薄膜与基底表面之间加入一个热氧化层,拟合数据见表 4 – 2,修改模型前后的拟合效果见图 4 – 4(a) 和图 4 – 4(b),从表 4 – 2 可知,在大气环境下 Si < 110 > 经过 750℃24h 退火处理表面生成了 52.2nm 氧化层(TO – SiO_2)。

表 4 – 2　750℃退火 Si < 110 > 基底 SiO_2 薄膜的模型及拟合数据

	模型	参数
6 入射介质	Air	
5 空气 – 薄膜混合层	srough	1.418nm
4 薄膜梯度 Δn	SimpleGraded	859.1nm ± 15nm, Expon:2.42 ± 0.06, Δn: – 0.74% ± 0.13%
3 薄膜折射率 n	cauchy	A:1.4536 ± 1.02 × 10^{-3}; B:3.68 × 10^{-3} ± 5.03 × 10^{-4}; C:2.5917 × 10^{-7} ± 2.11 × 10^{-8}

	模型	参数
2 热氧化 SiO₂ 梯度 Δn	SimpleGraded	52.2nm ± 1.65nm, Expon:0.202 ± 0.013, Δn: − 8.71% ± 0.73%
1 热氧化 SiO₂ 薄膜 n	cauchy	An:1.4762 ± 0.0859, Bn:2.1054 × 10⁻³ ± 3.0122 × 10⁻⁴, C_n:3.5119 × 10⁻⁶ ± 5.1612 × 10⁻⁷
0 基底	Si < 110 >	0.3mm

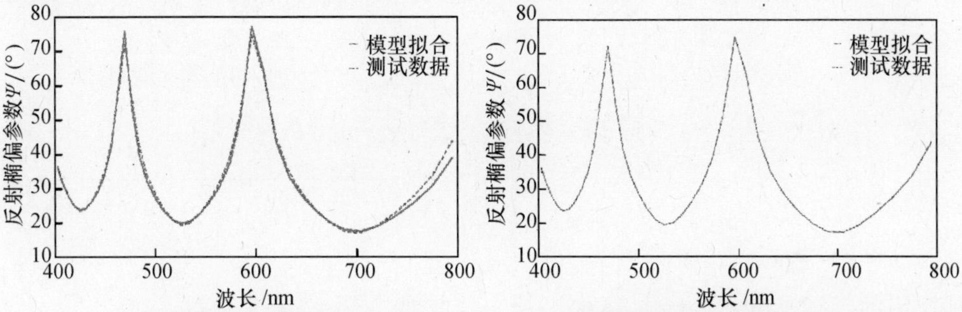

(a) 给定的模型下拟合的MSE=39.88　　(b) 修改模型后拟合的MSE=2.33

图 4 - 4　Si < 110 > 基底 SiO₂ 薄膜 750℃ 退火后的 Ψ 拟合结果

依据建立的模型,对 Si < 110 > 基底上 SiO₂ 薄膜经过不同温度退火后的椭偏光谱测试数据进行分析、拟合,得到薄膜的折射率变化趋势如图 4 - 5 所示,薄膜物理厚度变化趋势和光学厚度变化趋势如图 4 - 6 所示。

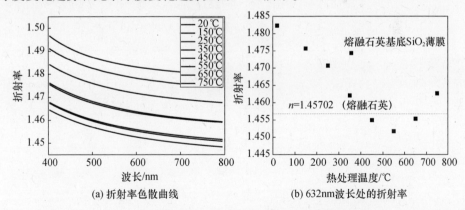

(a) 折射率色散曲线　　(b) 632nm波长处的折射率

图 4 - 5　Si < 110 > 基底/SiO₂ 薄膜退火后的折射率变化趋势

依据以上的方法,熔融石英基底上 SiO₂ 薄膜经过不同温度退火后的特性及变化趋势见图 4 - 7、图 4 - 8 所示。

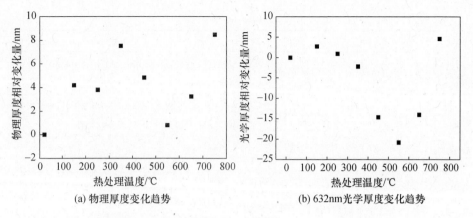

(a) 物理厚度变化趋势　　　　　　　　(b) 632nm光学厚度变化趋势

图 4 - 6　Si<110>基底/SiO₂ 薄膜退火后的厚度变化趋势

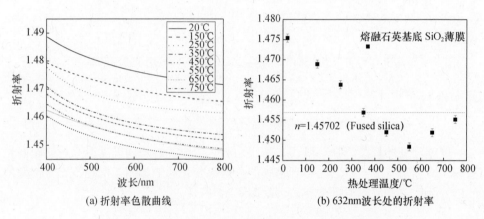

(a) 折射率色散曲线　　　　　　　　(b) 632nm波长处的折射率

图 4 - 7　熔融石英基底 SiO₂ 薄膜退火后折射率变化趋势

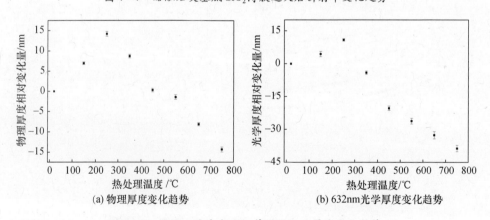

(a) 物理厚度变化趋势　　　　　　　　(b) 632nm光学厚度变化趋势

图 4 - 8　熔融石英基底 SiO₂ 薄膜退火后厚度变化趋势

102

通过对 Si 基底和石英基底上的 SiO_2 薄膜光学特性随退火温度变化关系分析,得到以下结论:

(1)在整个热处理温度范围内,薄膜的折射率色散曲线(400~800nm)表现出极好的一致性,如图 4-9 所示。

(2)将图 4-5(b)和 4-7(b)的数据归一化之后得到图 4-9,变化趋势具有很好的一致性,但在 550℃(极值点)温度点有 0.00234 的差异。

(3)从 633nm 波长的折射率来看,将图 4-5(b)和图 4-7(b)的折射率变化规律进行归一化,得到如图 4-10 所示的结果。虽然薄膜退火前的折射率远高于熔融石英折射率(1.482/1.457@632nm),但在 550℃ 附近一个较宽的温度区域内,其值小于熔融石英折射率,对于 Si<110>基底和熔融石英基底上薄膜,该区域分别为 550℃±120℃ 和 550℃±200℃,550℃ 热处理后,632nm 波长点折射率分别为 1.4517、1.4484/1.457,较熔融石英分别偏小 0.0053(0.364%)、0.0086(0.59%)。

(4)薄膜的折射率、物理厚度和光学厚度等特性在退火过程中都表现出非收敛特性,证明离子束溅射沉积的 SiO_2 薄膜材料与熔融石英虽然化学分子式一致,但属于"同质异构"。

(5)Si<110>和熔融石英上薄膜特性虽较相近,但存在明显差异,尤其经历高温退火,不同基片材料沉积的薄膜只是近似。

离子束溅射技术制备 SiO_2 薄膜过程中,薄膜材料在生长过程中通过离子束轰击靶材给分子或原子提供较高的动量,使分子或原子沉积在基底表面,薄膜分子或原子处于较高的能量状态,这个能量状态对离子束溅射制备工艺参数依赖性较小;热处理有助于降低薄膜的系统能量、优化分子结构。

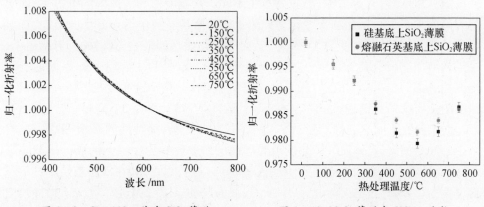

图 4-9　Si<110>基底 SiO_2 薄膜　　　　图 4-10　SiO_2 薄膜在 632nm 波长

　　　　归一化折射率色散曲线　　　　　　　　　归一化折射率曲线

103

3. 薄膜双折射的温度效应

选择如 3.1.3 节中描述的模型,用椭偏数据去拟合研究热处理对 SiO₂ 薄膜各向异性的影响,计算模型为 Model E。在不同退火温度条件下,计算得到的 z 方向与 xy 平面的折射率差值如图 4 – 11 所示。从图中可以看出,随着退火温度的增加,折射率的差值逐渐变小,当退火温度为 550℃时,z 方向与 xy 平面的折射率差值达到最小,当退火温度继续增加时,折射率差值又随着增加。在 400～800nm 的折射率差值最小时达到 0.0005,实验结果表明,通过热处理可以大大改善 SiO₂ 薄膜的各向异性。

550℃退火前后的 z 方向和 xy 平面的折射率曲线如图 4 – 12 所示,从图中可以看出,退火前 z 方向的折射率曲线不同于 xy 平面的折射率曲线,差值大约为 0.002,当采用 550℃热处理后,z 方向的折射率曲线和 xy 平面的折射率曲线基本重合。

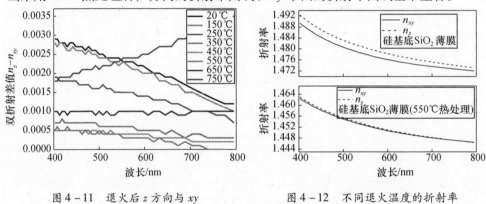

图 4 – 11　退火后 z 方向与 xy
平面的折射率差值

图 4 – 12　不同退火温度的折射率
变化和各向异性变化

通过测量的 Psi 和 Delta 数据计算了不同退火温度的 SiO₂ 薄膜的折射率,不同退火温度在 633nm 的折射率变化率如图 4 – 13 所示。随着退火温度的增加,折射率开始变小,当退火温度为 550℃时,折射率变化量达到最大,获得的折射率最小,当继续增加退火温度,折射率变化量又变小。633nm 处的 z 方向和 xy 平面的折射率变化量也如图 4 – 13 所示,从图中可以看出,不同退火温度热处理条件下,SiO₂ 薄膜的折射率的变化趋势基本与各向异性的变化趋势相同。

为了研究不同热处理温度对 Si 基底和 SiO₂ 薄膜界面特性的影响,采用 3.1.3 节中的计算模型,具体研究了热处理对界面层的厚度和界面层中的成分比例的影响,拟合计算结果如图 4 – 14 所示。从图 4 – 14 中可以看出,在常温条件下界面层的厚度为 2.2nm,当退火温度为 150℃时,界面层的厚度增加到 2.547nm,当继续增加退火温度,界面层厚度将逐渐变小,当退火温度为 550℃时,界面层厚度最小,仅为 0.463nm,当再继续增加退火温度,界面层厚度将变大。界面层中 SiO₂ 成分的比例随着退火温度的变化基本与界面层厚度的变化趋势一致,当退火温度为550℃时,界面层中所含 SiO_2 的比例最小为 63.7%。变化原因可以认为是随着退火温度的增加,界面层中的 Si 与氧气发生反应,生成 SiO_2 薄膜导致界面层厚度的变小。

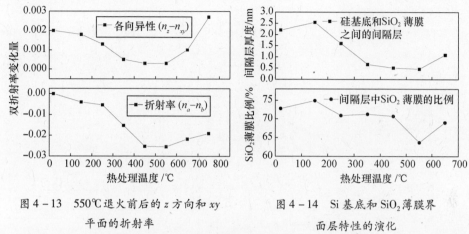

图 4 - 13　550℃退火前后的 z 方向和 xy
平面的折射率

图 4 - 14　Si 基底和 SiO_2 薄膜界
面层特性的演化

4.1.2 可见弱吸收特性的演变规律

退火是改善可见光波段氧化物薄膜性能,尤其吸收特性,最有效的手段,这里主要研究和分析弱吸收特性与退火温度之间的关联性。基于表面热透镜的弱吸收测试方法,532nm 激光为泵浦光源,不同热处理下的 SiO_2 薄膜样品表面的吸收特性测试结果见图 4 - 15。

结合图 4 - 15 和图 3 - 31,利用公式 3 - 40(a) 和 3 - 40(b) 分析得到的结果见图 4 - 16。

图 4 - 16 表明,IBS SiO_2 薄膜的弱吸收的 Av 和分布特性 rms 随退火温度的变化呈现极强的演变规律:从室温开始,随温度逐渐增加,Av 和 rms 开始阶段都呈现单调下降趋势,Av 在 550℃ 热处理达到极小值,而之前的下降呈现两个直线段的特征,在 250℃ 热处理后出现拐点;rms 表现出与 Av 不一致的特点,对 rms 数据用三阶多项式拟合,得到了平滑变化曲线,在 415℃ 热处理时达到极小值;同时结合rms/Av 的曲线,如图 4 - 16(b) 所示,考虑光学应用特点,400℃ 左右应是比较理想的退火温度点。当然,光学薄膜一般由两种以上材料和多层膜构成,IBS SiO_2 薄膜应用于多层膜时,热退火后处理参数的选择必须统筹考虑。进一步对这组样品采用光热共路干涉仪[90]测量 1064nm 波长的吸收,测试仪器参数见表 4 - 3,测试结果见图 4 - 17。

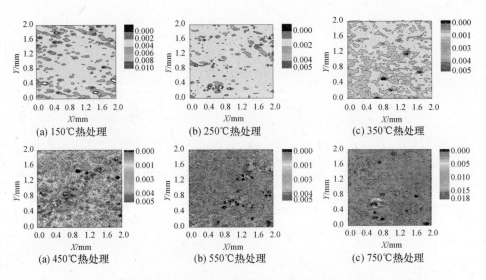

(a) 150℃热处理　　　　(b) 250℃热处理　　　　(c) 350℃热处理

(a) 450℃热处理　　　　(b) 550℃热处理　　　　(c) 750℃热处理

图 4－15　石英基底和不同热处理温度的 SiO$_2$ 薄膜的吸收损耗振幅分布图

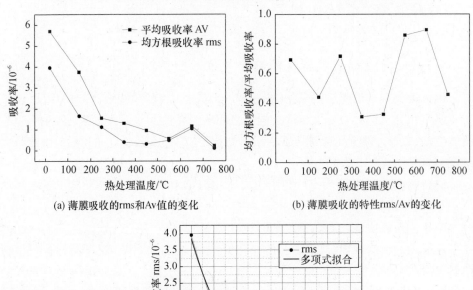

(a) 薄膜吸收的rms和Av值的变化　　　　(b) 薄膜吸收的特性rms/Av的变化

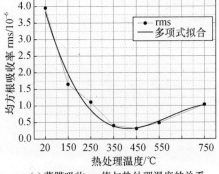

(c) 薄膜吸收rms值与热处理温度的关系

图 4－16　石英基底和二氧化硅薄膜的吸收损耗测量结果

表 4 – 3   1064nm 吸收测试仪器参数

抽运光波长/nm	1064
探测光波长/nm	632.8
探测光功率/mW	5
抽运光功率/W	1.76
调制频率/Hz	18
灵敏度/10^{-7}	10
纵向分辨率/mm	1
横向分辨率/%	50

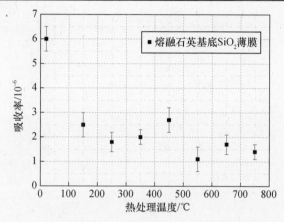

图 4 – 17   不同温度退火后石英基底 SiO_2 薄膜的吸收

532nm(表面热透镜法)和1064nm(光热共路干涉法)的吸收测试结果的主要异同点在于:①两个波长吸收的相同点:未退火时吸收最大约 6×10^{-6},550℃退火后吸收最小约 10^{-6};②532nm 波长吸收表现出极强的演变规律,而 1064nm 波长吸收表现出明显的分段特性。这种差异可能源于:测试是在不同地理位置、不同时间进行,环境差异无法控制,且实验室条件也不相同;532nm 波长的吸收是 2500 点的平均,而1064nm 仅测量一个点,当然会有其他的原因或机理,这需要进一步的数据支持。

4.1.3   紫外区吸收和短波截止特性

在 4.1.2 节数据得到 SiO_2 薄膜吸收特性随退火温度变化的演变规律。不过通过前面的分析可知,薄膜的紫外区吸收和短波截止特性与可见光的特性虽有一定的关联性,但并不同步。下面首先对薄膜的紫外透反射光谱进行测试,然后分析确定其紫外吸收特性。

107

紫外石英薄膜上 SiO₂ 薄膜退火前后的光谱特性如图 4 - 18 所示。图 4 - 19 给出了薄膜在 180 ~ 200nm 和 201 ~ 230nm 波段平均透射率和反射率之和。相对于紫外级熔融石英，薄膜存在明显的吸收，180 ~ 200nm 波段吸收约 4%（对应 $k = 8.15 \times 10^{-4}$ @ 200nm），150 ~ 650℃ 温度范围退火时，对吸收的改善作用相当，降低约 1%，750℃ 温度点退火时，降低约 1.6%；201 ~ 230nm 波段吸收约 1.8%，吸收随退火温度的增加而降低（150℃ 温度点有偏离、反常），20℃ 时吸收 2.6%，750℃ 时吸收 1.0%（对应 $k = 8.15 \times 10^{-4}$ @ 215nm），后处理对薄膜吸收有明显的改善。图 4 - 19 中 150℃ 表现出明显的拐点特性，前文中薄膜其他特性分析中显现或不显现地都表现出类似特性。退火过程中出现的部分现象需开展进一步工作。

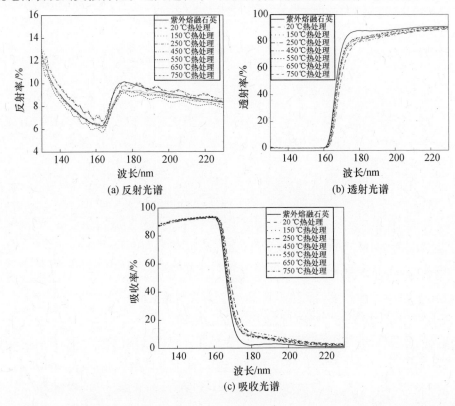

(a) 反射光谱

(b) 透射光谱

(c) 吸收光谱

图 4 - 18　紫外石英薄膜上 SiO₂ 薄膜退火前后的光谱特性

最大透射率为 50% 的截止波长随后处理条件的变化曲线如图 4 - 20 所示。从图可知，相对于紫外级熔融石英，镀膜后截止波长红移约 2nm，150℃ 以下温度退火无明显效果，250 ~ 750℃ 退火截止波长（167.32 ± 0.20）nm，红移约 1nm，明显改善了薄膜的带隙等结构性能。

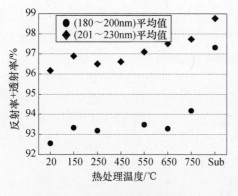

图 4-19 不同退火温度的 SiO_2
薄膜紫外平均透射率

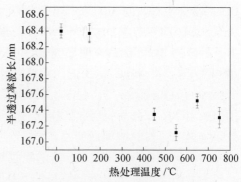

图 4-20 不同退火温度条件下
的 $T_{max}/2$ 截止波长

4.1.4 OH 根吸收和激光损伤特性

如前所述,在大气环境下选择一定的温度和时间参数对镀膜基片进行退火,能够显著改善薄膜紫外/可见/近红外波段各项指标,这里将讨论过程中 OH 根吸收特性的变化规律。

1. IBS 技术沉积薄膜 OH 根吸收变化

首先讨论 IBS 技术沉积的硅基底 SiO_2 薄膜。红外光谱的测试范围为 3000 ~ $3600cm^{-1}$,结果如图 4-21 所示,图 4-21(a)为不同温度热处理后的红外 OH 根吸收区的透射率光谱,图 4-21(b)为 OH 根吸收区透射光谱归一化积分面积随退火温度的变化规律。

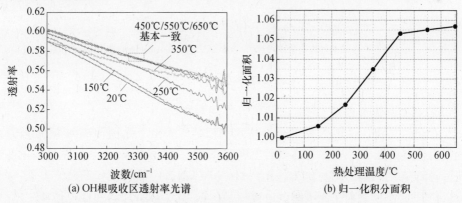

(a) OH 根吸收区透射率光谱 　　　　(b) 归一化积分面积

图 4-21 SiO_2 薄膜退火后红外透射特性

图 4 – 22(a)给出了 Si 基片、IBS SiO₂ 薄膜、650℃ 退火 IBS SiO₂ 薄膜和不考虑 OH 根等杂质吸收的 SiO₂ 薄膜理论光谱曲线。在 3000 ~ 3600cm⁻¹ 区间内,650℃ 退火 IBS SiO₂ 和不考虑 OH 根等杂质吸收的 SiO₂ 理论光谱曲线基本重合,而未进行退火处理的 IBS SiO₂ 存在明显吸收;如果镀膜前不进行一定温度的真空烘烤,那么 IBS SiO₂ 薄膜中含有一定比例的羟基或水分子,但合理的退火参数能够基本去除薄膜中的羟基或水分子。如图 4 – 21(b)所示,随着热处理温度的增加,该波数范围内透射率的积分面积增加,说明退火能够有效减少或去除的羟基或水分子,去除效果随退火温度的增加而明显增强,当热处理温度达到 450℃ 以上时,在 3000 ~ 3600cm⁻¹ 区间内 OH 根或水分子的吸收基本可以忽略。

为了与离子束溅射方法制备的 SiO₂ 薄膜对比,使用表 3 – 9 第二组 E – Beam 沉积技术在单晶硅基底上制备了 SiO₂ 薄膜,并将薄膜进行了 550℃ 热处理,得到的退火前后的红外透射光谱曲线见图 4 – 22(b)。通过对比两种技术制备的 SiO₂ 薄膜的红外数据,表明合理退火参数同样也能够有效去除 E – Beam 沉积薄膜在过程中吸附的羟基或水分子,同时降低了薄膜在红外光谱区的折射率和光学厚度,薄膜的光谱发生了蓝移现象。

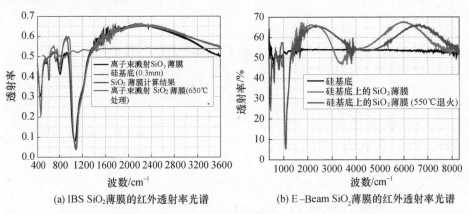

(a) IBS SiO₂ 薄膜的红外透射率光谱   (b) E–Beam SiO₂ 薄膜的红外透射率光谱

图 4 – 22   E – Beam 沉积 SiO₂ 薄膜/Si 基底红外透射特性

2. 真空高温冲击对 OH 根吸收特性的影响特性

在相关文献中报道过,用热蒸发技术沉积的薄膜由于柱状微结构特征,当充入大气后就会吸收水气,再次抽真空后出现部分水气逸出的现象,这里将从另一角度对此进行研究。镀膜技术选择 EB、EB + IAD(APS)和 IBS,具体沉积参数见表 3 – 9 中 2、3 和 7。在红外透射率光谱测试过程中采用加温的方法,加温曲线见图 4 – 23,真空度为 1×10^{-2} Pa。真空温度冲击前后红外波段透反射光谱测量结果如图 4 – 24 和图 4 – 25 所示,基于这两组数据,得到了对应的红外吸收光谱,如图 4 – 26 所示。

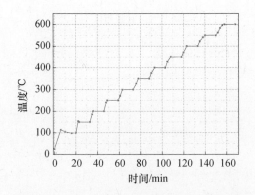

图 4 - 23　红外光谱测试过程中的加温曲线

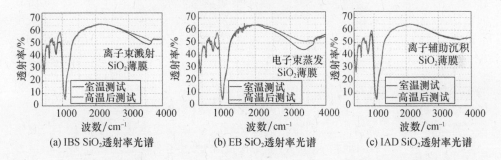

(a) IBS SiO$_2$透射率光谱　　(b) EB SiO$_2$透射率光谱　　(c) IAD SiO$_2$透射率光谱

图 4 - 24　IBS SiO$_2$、EB SiO$_2$ 和 IAD SiO$_2$高温冲击前后的红外透射光谱曲线

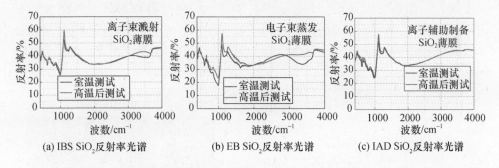

(a) IBS SiO$_2$反射率光谱　　(b) EB SiO$_2$反射率光谱　　(c) IAD SiO$_2$反射率光谱

图 4 - 25　IBS SiO$_2$、EB SiO$_2$ 和 IAD SiO$_2$高温冲击前后的红外反射光谱曲线

对比上述 3 种技术制备的 SiO$_2$薄膜红外光谱特性曲线,合理的真空烘烤温度能够有效降低沉积过程中真空室内的水汽,从而显著减少薄膜中的羟基或水分子;IAD 技术能够有效提高薄膜的致密度,有效抑制了置于空气中水汽侵入薄膜内形成吸附,采用电子束蒸发沉积技术制备的 EB - SiO$_2$薄膜在 3400cm^{-1}附近的吸收峰最为明显。在真空高温冲击后,3000 ~ 3600cm^{-1}区间内羟基或水分子的吸收会

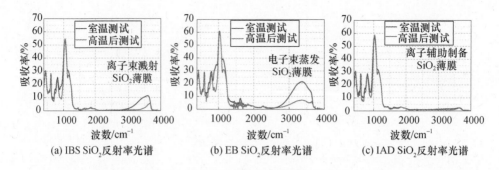

(a) IBS SiO₂反射率光谱　　(b) EB SiO₂反射率光谱　　(c) IAD SiO₂反射率光谱

图 4-26　IBS SiO₂、EB SiO₂ 和 IAD SiO₂ 薄膜高温测试前后的红外波段吸收光谱曲线

明显降低;采用离子束辅助沉积技术制备的 IAD - SiO₂ 薄膜在该区域的吸收不明显,真空高温冲击后,能进一步降低。离子束溅射沉积技术制备的 IBS - SiO₂ 薄膜特性可参阅前面的分析。

3. SiO₂ 薄膜的激光损伤特性

这里仅给出 IBS 方法制备的 SiO₂ 薄膜在不同退火条件下的激光损伤阈值。在激光损伤测试中,选择 Nd:YAG 激光器三倍频输出的 355nm 激光,脉冲宽度为 8ns,光斑直径在光强的 $1/e^2$ 处为 530μm,光强的 90% 处为 101μm。

选择概率性损伤阈值法,测量时选择 20 个点,每点连续脉冲作用 10 次,观察作用点是否损伤,当损伤点为 10 个点时,为 50% 概率的损伤阈值,当 20 点中未发现损伤时为 0 概率损伤阈值。其中损伤的判断依据为:损伤光斑大于 5μm 即认为薄膜损伤。损伤阈值测量结果如图 4-27 所示,薄膜表面损伤形貌测量图如图 4-28所示。由于激光损伤阈值存在一定的概率特性,与热处理的温度并无显著的关系,主要是由于单一样本具有较大的偶然性。但是,对 IBS 技术沉积的 SiO₂薄膜,350~450℃ 的退火温度区可能是一个值得考虑的参数。

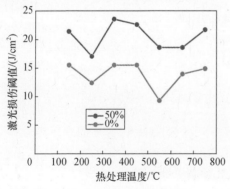

图 4-27　不同退火条件下的激光损伤阈值

图 4-28　薄膜表面损伤形貌图

4.2　热等静压处理效应

薄膜的后处理采用热等静压处理方式,使用的设备为瑞典 AVVRE 公司QIH－15L 热等静压炉。热等静压处理过程的主要工艺参数有气氛、温度、压力和处理时间,这里主要研究 SiO_2 薄膜在热等静压处理前后的光学和应力特性变化,因此选择固定的热等静压处理参数:真空室内高纯度的氩气氛围,加载压力为 50MPa,升温速率为 5℃/min、处理温度为 300℃、保温 24h,热等静压处理完成卸载压力后自然降温到室温。

在实验过程中,首先对硅基底进行热等静压处理,其可见光的反射率光谱和红外波段的光谱透射率分别见图 4－29 和图 4－30。从图中可以看出,在可见光波段 Si 的光谱性能变化不明显,而在长波红外波段透射率平均下降约 0.6% ,尽管如此,可以认为在热等静压处理前后,硅基底在可见光到长波红外波段内的折射率和消光系数相对稳定。

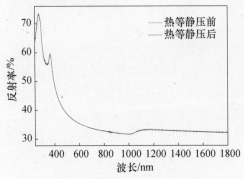

图 4－29　硅基底可见光光谱反射率

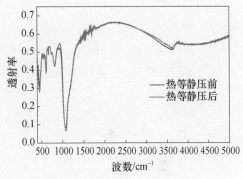

图 4－30　硅基底红外光谱透射率

基底与薄膜的光学常数分别采用全光谱反演计算方法。首先从上述的硅基底光谱特性中反演计算出基底的光学常数,如图 4－31 所示,经过热等静压处理后,硅基底在紫外波段的折射率与消光系数具有微小下降趋势,热等压处理前后的光学常数相差不大。将基底的光学常数用于 SiO_2 薄膜光学常数的计算,折射率色散模型选择为柯西模型,得到图 4－32 的 SiO_2 薄膜光学常数色散曲线。在热等静压处理后, SiO_2 薄膜的折射率整体下降,柯西模型下的折射率常数项从 1.4685 降低到 1.4591,薄膜物理厚度增加 0.6% (836.43nm→841.7nm)。折射率下降和物理厚度增加的现象,我们认为两者的变化存在某些关联性。

对热等静压前后的 SiO_2 薄膜表面形变进行测试,如图 4－33 所示。基底表面的面形变化趋势为:正向曲率近似球面→负向曲率近似球面→正向曲率近似球面,

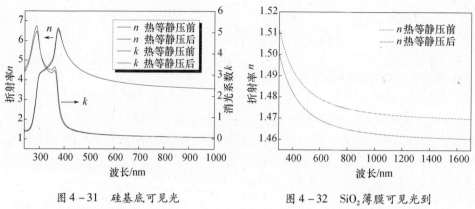

图 4 – 31　硅基底可见光
区光学常数变化

图 4 – 32　SiO_2 薄膜可见光到
近红外区光学常数变化

近似球面的曲率半径从 43m → −184m → 101m, 表面 PV 值经历从 2.454λ → 1.032λ →
1.159λ 的演变(λ = 632.8nm), 这种面形的变化来源于应力的变化, 但是应力的变化并不显著, 主要是由于在热等静压处理过程中, 对薄膜样品进行了全向均匀加压的方式, 应力的释放不能在自由边界下进行。在离子束溅射 SiO_2 薄膜中, 根据薄膜应力理论, 应力的存在使薄膜不仅发生横向形变, 而且使薄膜在纵向方向发生了应变。薄膜为压应力时薄膜处于正向应变, 即薄膜物理厚度相对零应力时增加。当薄膜压应力降低时, 薄膜横向形变变小但物理厚度增加, 在薄膜总质量和横向尺寸不变的情况下, 薄膜体积增加导致其密度下降, 继而导致薄膜折射率下降。上述是对折射率与物理厚度变化的定性分析, 其变化的基本物理机制就是压应力变小导致的, 并且折射率变化与物理厚度的变化两者之间存在一定的关联性。

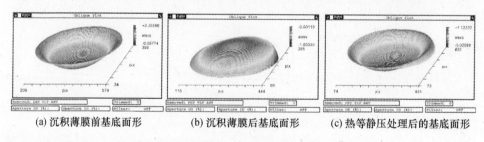

(a) 沉积薄膜前基底面形　　(b) 沉积薄膜后基底面形　　(c) 热等静压处理后的基底面形

图 4 – 33　热等静压对基底表面形变的影响

4.3　薄膜的时效特性

在 4.1 节和 4.2 节讨论的热处理效应及热等静压处理效应, 实质是通过增加温度或同时增加温度和压力的一种强化时效过程。在光学薄膜领域, 这种过程一般持续几小时至几十小时,是一类快速、有效的薄膜材料改性和优化过程,对 PVD 技术沉积的非稳态材料是十分有效的。但是在实际的自然环境中,自然时效的问题是不容忽视的。与 4.1 节和 4.2 节的本质区别在于,这里讨论的是 SiO_2 薄膜随时间(以天、月至年为时间周期)演变规律,侧重于性能的退化特性。

与薄膜时效特性密切相关 3 个因素是环境参数、时间和材料特性。在环境参数中主要有湿度、温度和气氛等。考虑到光学薄膜的主要应用环境以及可操作性等综合因素,环境参数固定为:净化实验室环境,相对湿度 30% ~70%、温度 16 ~ 25℃ 和净化空气。时效研究退化为固定环境条件下,讨论不同沉积技术得到的 SiO_2 薄膜特性随时间的退化规律。

4.3.1　IBS SiO_2 薄膜的时效特性

考虑到时效过程是一个长时间的弱效应,所有的样品存放和测试都在能够保持温湿度稳定的净化间进行。如前所示,这里选择最稳定的 IBS SiO_2 薄膜作为研究对象,基底材料选择为单晶硅和紫外熔融石英,热处理温度见表 4 –1,热处理后的薄膜折射率及折射率梯度见图 4 –34。

考虑本组时效采用的样品与其他光学特性和热处理研究所用样品不是同一组,在图 4 –34 先给出了薄膜折射率和折射率梯度退火过程中的变化规律,与 4.1.1 节中表现出的变化趋势一致,但细节上还是有一定的差别。由于本组样品与其他组样品涉及的所有环节都是在不同时间进行,加上之间的差别也接近样品的重复精度(包括工艺的重复性、测试精度等),所以在不同组样品之间这个量级的差别的分析和讨论是非常困难的事情。

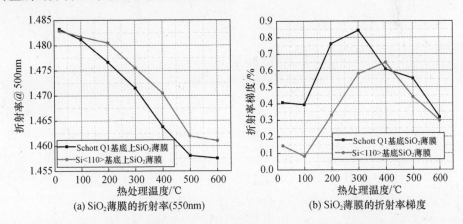

(a) SiO_2 薄膜的折射率(550nm)　　(b) SiO_2 薄膜的折射率梯度

图 4 –34　薄膜折射率和折射率梯度退火过程中的变化规律

连续 2048 天对薄膜的时效特性进行测试,熔融石英基片 SiO_2 薄膜的归一化薄膜折射率和光学厚度时效特性变化规律见图4-35。单晶硅基片 SiO₂ 薄膜的归一化薄膜折射率和光学厚度时效特性变化规律见图4-36。考虑测试数据的离散特性,结合时效特性是一个缓慢连续变化的约定,分别对图4-35和图4-36的数据用二阶或三阶方程进行拟合,得到图4-37和图4-38的拟合曲线。

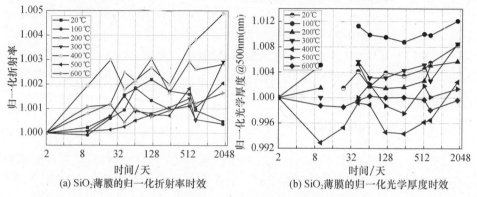

(a) SiO₂薄膜的归一化折射率时效　　　　(b) SiO₂薄膜的归一化光学厚度时效

图4-35　归一化 SiO₂ 薄膜折射率和光学厚度时效特性(熔融石英基片)

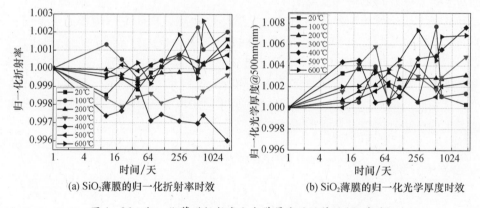

(a) SiO₂薄膜的归一化折射率时效　　　　(b) SiO₂薄膜的归一化光学厚度时效

图4-36　归一化薄膜折射率和光学厚度时效特性(Si 基片)

首先,讨论镀膜后自然时效样本(对应图中20℃曲线)的变化规律,图4-39所示为 SiO₂ 薄膜特征峰红外透射率光谱的时效特性。时效测试周期约五年半。单晶硅基片上的 SiO₂ 薄膜,在16天时间点附近,折射率下降至极小值(-0.05%),光学厚度增至极大值(0.32%),811cm⁻¹波长点的透射率增至极大值(0.3%),虽然是非常弱的弱效应,但从曲线的对比判断和验证,时效过程中还是可能存在拐点,综合两种基片的时效数据,可以明确 IBS SiO₂ 是存在时效的,当然这是一个弱效应。

其次,比较反常的是400℃退火后样本,如图4-37和图4-38所示,在两种基

116

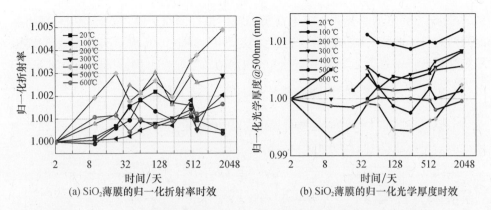

(a) SiO₂薄膜的归一化折射率时效   (b) SiO₂薄膜的归一化光学厚度时效

图4-37 归一化薄膜折射率和光学厚度时效特性拟合结果(熔融石英基片)

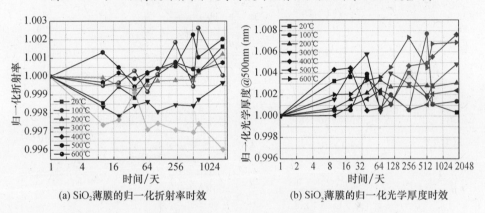

(a) SiO₂薄膜的归一化折射率时效   (b) SiO₂薄膜的归一化光学厚度时效

图4-38 归一化薄膜折射率和光学厚度时效特性拟合结果(单晶硅基片)

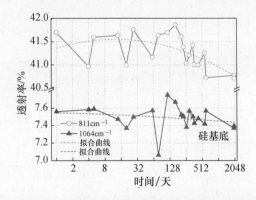

图4-39 SiO₂薄膜特征峰红外透射率光谱的时效特性

片上的样本都表现出最强的时效特征,熔融石英上薄膜的折射率在整个周期中出现了0.5%变化,而Si上却有-0.35%的变化。最后,600℃退火后样本,如图4-

37 和图 4-38 所示,在熔融石英上薄膜表现出最好的稳定性,而 Si 上却呈现出随时间对数坐标的线性增加趋势。综合比较,200℃、300℃和500℃退火样本的时效稳定性较优。

4.3.2 不同沉积技术和参数的 SiO₂ 薄膜时效

分别对不同 SiO₂ 薄膜样品进行连续 60 天的时效测试,归一化的折射率和光学厚度的演化规律见图 4-40 和图 4-41。

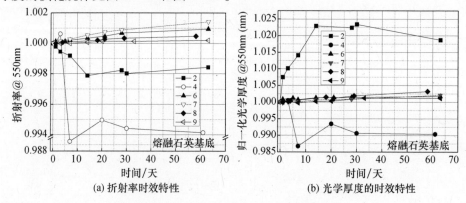

(a) 折射率时效特性 (b) 光学厚度的时效特性

图 4-40 熔融石英基底的 SiO₂ 薄膜时效特性

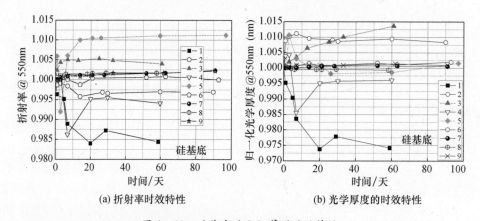

(a) 折射率时效特性 (b) 光学厚度的时效特性

图 4-41 硅基底的 SiO₂ 薄膜时效特性

图 4-40 和图 4-41 表明这组样本的时效特性明显可分为两类:热蒸发和热蒸发+荷能辅助沉积技术为第一类;溅射(离子束溅射和磁控溅射)沉积技术为第二类。相比较而言,第一类薄膜的时效特性远劣于第二类,具体分成几种状态:

(1) 样本 1 是采取 SiO 充 O₂ 电阻式热蒸发制备而成,在开始的 20 天周期中,折射率下降约 15%,光学厚度下降约 25%,物理厚度也出现约 10% 的下降,但在

118

5.2.3 节中分析,这个样本表现出接近于零的初始应力及极佳的压力稳定性,这里列出该薄膜的 1 天和 20 天红外透射光谱(同时列出了 IBS SiO$_2$ 作为比较,通过红外光谱进行分子结构分析是第 6 章的内容),见图 4 – 42,A 位置附近的吸收是由 Si 本身产生,与薄膜无关联,表现一致稳定,B 和 C 位置附近对应 SiO$_2$ 分子振动吸收,D 位置附近对应 Si$_2$O$_3$ 分子振动吸收,图中曲线表明 IBS SiO$_2$ 稳定无变化,但样本 1 的曲线显示出薄膜含有一定量的 Si$_2$O$_3$ 相,随存放时间的持续,一部分 Si$_2$O$_3$ 转化为 SiO$_2$。图 4 – 43 给出了 60 天的 5 组 SiO$_2$ 薄膜样品折射率时效特性演变规律,折射率从开始比熔融石英高 0.015,到 60 天后略低于熔融石英。

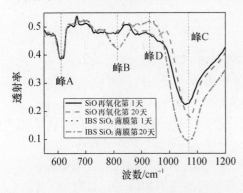

图 4 – 42　样本 1 红外透射谱时效特性　　　图 4 – 43　时效过程中折射率的变化

(2) 样本 2 是采取 SiO$_2$ 充 O$_2$ 电子束热蒸发制备而成,在开始的约 14 天周期内出现了强烈的单调变化,折射率减小,光学厚度增加,随后缓慢回调,两种基片上的薄膜表现一致。图 4 – 44 中峰 D 和峰 E 对应的位置为 OH 根吸收峰,峰 C 对应的位置为 SiO$_2$ 分子振动吸收峰,这 3 个特征峰的变化规律和折射率及光学厚度保持了较好的一致性。

(3) 样本 3 是采取 SiO$_2$ 充 O$_2$ 电子束热蒸发,制备过程使用 APS 辅助,薄膜的折射率高于熔融石英,并在开始几天时间就达到最大,且基本稳定;光学厚度一直持续增加,开始几天较快,与图 4 – 45 峰 D 和峰 E 对应的吸收峰对应,开始几天变化较快,后面变缓,峰 C 的位置几乎不变表明 SiO$_2$ 分子振动吸收峰较稳定,说明 APS 技术在此处有助于得到较为理想的 SiO$_2$ 薄膜;但是,由于真空镀膜设备的直径为 1550mm,沉积速率为 0.3nm/s,而离子束流仅为 50mA,所以薄膜不够致密,在大气环境中有明显的水吸收现象出现。

(4) 样本 4 和样本 5 是采用较高能量的离子束辅助沉积,初期呈现明显的振荡特性,与本组其他沉积技术和参数的差异不显著。

(5) 高能溅射制备的 6 ~ 9 号样本具有较好的一致性,熔融石英基片上折射率和光学厚度都是非常弱的单调增加,个体之间有一定的差异。

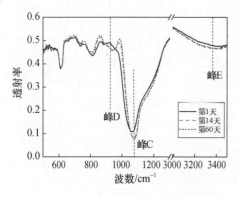

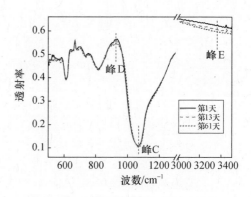

图4-44 样本2红外透射谱时效特性　　　　图4-45 样本3红外透射谱时效特性

接下来,简要讨论上述样本的红外吸收时效变化特性,在800cm^{-1}至1300cm^{-1}之间的红外谱表明薄膜的分子结构和组分一直在持续变化之中,对应相关文献报导的OH根转化为Si-OH等,具体在第6章讨论,在这里仅讨论SiO$_2$薄膜与水吸收有关的特性。在图4-46(a)中,给出了9个样本约60天的红外光谱透射率与1天之间差值的数据。在波数3600cm^{-1}、3400cm^{-1}和935cm^{-1}附近的吸收峰与水的吸收相关。与热蒸发和辅助沉积相比,离子束和磁控溅射沉积的时效可以忽略不计,而热蒸发和辅助沉积的时效就表现出与沉积技术和参数的密切关联,且1000~1100cm^{-1}之间的变化表现出薄膜的分子结构特性也有较强的时效特性。图4-46(b)为样本2经历不同天数时红外光谱透射率的相对变化趋势(没有真空条件红外光谱在线测试条件,所以以第1天的光谱测试数据为基线,其他为相对第1天的红外光谱差值)。在图4-47(a)中,给出了样本2在3300~3600cm^{-1}波数范围内光谱透射率差值的数据拟合,在图4-47(b)中,给出了在该区间内不同天数下与第一天的光谱透射率差值的平均值,表明OH根的总含量在第2天达

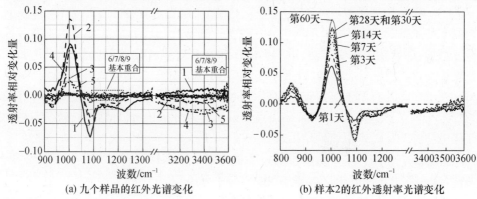

图4-46 红外透射谱时效特性

120

到最高,之后逐渐减少并逐渐趋向于第1天的水准。

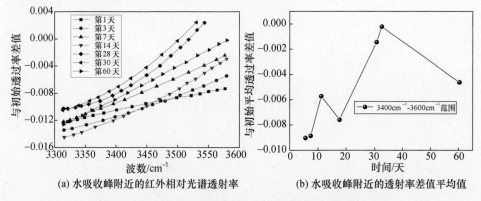

(a) 水吸收峰附近的红外相对光谱透射率   (b) 水吸收峰附近的透射率差值平均值

图4-47 样本2在水吸收峰附近的红外透射谱时效特性

第5章 二氧化硅薄膜材料
力学和热力学特性

前几章讨论了二氧化硅薄膜材料的光学特性及其与工艺之间的相关性，以及热处理效应和自然环境下性能演变规律。不论是从薄膜材料的基本特性，还是从薄膜可靠性和工程适应性考虑，薄膜的应力、硬度、弹性模量、膨胀系数和泊松比等力学特性，以及力学特性与工艺过程/参数的关联性、后处理和自然环境下的演变规律是薄膜应用的关键内容。在薄膜应用研究中，尤其弹性模量和膨胀系数等热力学参数，一般引用块体材料数据，并不是真实的薄膜材料特性，在实际应用中会引入较大的误差。本章重点研究和分析了二氧化硅薄膜的热力学参数以及热处理效应和时效特性。

5.1 力学特性测试技术

5.1.1 力学特性

薄膜应力是指薄膜内部单位截面积上所承受的力。薄膜应力的存在不仅会对薄膜的光学、机械和电学等各种性能产生不同程度的影响，而且也是薄膜失效的主要原因之一。绝大多数薄膜，尤其是 PVD 技术制备的薄膜都处在应变状态，应力是客观存在的。为了提高光学薄膜的可靠性和稳定性，越来越多地采用高能沉积技术，制备的薄膜一般都存在百兆帕至吉帕的压应力。在制备工艺技术研究中，合理的安排工艺途径和优化工艺参数，可以在较大范围内调整薄膜应力水平，但是前提是能够方便、准确测量薄膜的应力。追溯起来，薄膜应力现象的观察和分析源自 100 多年前的电镀金属薄膜相关工作[91,92]，当时 Stoney[93] 给出了基于基片形变计算应力的方法，虽有多种改进版本，至今仍是薄膜应力的计算分析基础。

一直以来，关于薄膜应力产生机理的研究和分析工作在不断展开，薄膜沉积过程的强非平衡态过程包含了一系列物理/化学现象：在薄膜制备过程中，具有较高的动能的气相蒸发材料，沉积在相对温度较低的基片表面，再冷却至室温；热收缩是产生应力的原因之一，以此建立了热收缩效应模型（Wiman 和 Murbach）。在薄膜制备过程中也会发生从固相（或液相）-气相-（液相）-固相Ⅰ（固相Ⅱ）的转换过程,在相变时体积的变化产生应力,以此建立了相转移效应模型。在薄膜制备过程中,真空中残留的水蒸气和氧气等作为杂质会引起薄膜结构变化,导致点阵畸变[94]、内扩散或氧化等反应现象,以此建立了杂质效应模型。而溅射制备过程中,沉积粒子约10eV的能量,对基片表面和已沉积的薄膜形成冲击效应,以此建立了钉扎效应模型[95]。依据其他现象和效应还建立了界面失配模型、晶格缺陷消除模型和表面张力和晶粒间界驰豫模型等诸多模型。薄膜应力与成核、生长[96,97]及微结构[98,99]等密切关联,而这几项又与基片材料、表面加工技术、沉积技术和具体工艺参数相关,涉及的物理和化学过程十分复杂。因此,应力的产生是多种机制综合的效果,产生的机理至今也不是十分清晰。

通常对应力产生的机理有一个初步的理解对具体工作有一定的参考和指导意义,实际中更关心的是应力的测量和演变规律。应力的测量方法主要分为两大类:晶格常数和几何形状变化量的测量计算法。晶格常数变化量的测量用X射线衍射法[100],由于光学薄膜使用的基片材料和沉积的薄膜主要是非晶结构,这里对此就不展开讨论。几何形状变化量的应力测量方法是目前主要的光学薄膜应力测试分析手段,也是近半个世纪以来一直是研究的热点。薄膜应力的测量分为动态和静态两种状态,动态测量主要用于研究薄膜沉积过程中应力的变化规律,聚焦于应力随薄膜在生长过程的演变规律;静态测量薄膜制备完成后不同时间、条件或环境中的应力特性和演变规律是本章的主要工作。

在应力测量研究中,基片形状可选择长条形或圆形,测试方法主要有悬臂法（悬臂梁法）和基片曲率法两大类。在应力测量分析中都假设薄膜的厚度都远远小于基片的厚度,即

$$d_{\mathrm{f}} \ll d_{\mathrm{s}} \qquad (5-1)$$

式中:d_{s},d_{f}分别为基板和薄膜厚度。实际中薄膜厚度一般在微米量级或更小,而基片厚度在毫米量级,视具体情况可有所变化,但需保证式(5-1)成立,否则需要对下述各计算公式进行修正。

目前在光学薄膜应用中,悬臂法侧重于沉积过程中的应力变化研究,工作原理如图5-1所示,将一片薄而长的基片一端固定,一端自由形成悬臂,沉积薄膜的应力引起自由端产生位移δ,通过测量出位移δ,结合基片材料的热力学参数和几何参数就可算出薄膜应力σ。Berry等对悬臂梁法的Stoney公式进行修正,修正后的公式为[101]

$$\sigma = \frac{E_{\mathrm{s}} d_{\mathrm{s}}^2 \delta}{3(1 - \nu_{\mathrm{s}}) d_{\mathrm{f}} L_{\mathrm{s}}^2} \qquad (5-2)$$

式中:L_{s},E_{s},ν_{s}分别为基板的长度、弹性模量和泊松比,应力的测量就转换成自由

端位移 δ 的测量,对应的测量方法主要有直视法、电容法和光杠杆法等。

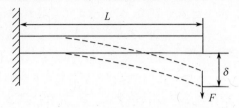

图 5-1 悬臂法测量应力示意图

基片/薄膜系统存在应力时的变化特性见图 5-2[102],当沉积的薄膜存在应力时,由于受到这个应力的作用,基片的曲率就会发生变化;应力为张应力时,基片的表面就有向里凹的趋势;与此相反,应力为压应力时,基片的表面有向外凸的趋势。这个方法本身要求基片为圆形或长条形,不同应用领域选择不尽相同,圆形受压力作用后变形为准球冠形状,而长条形变形为准圆柱形状。考虑实际的光学薄膜工作习惯和保持这个工作的一致性和对比性,这里选择圆形基片做为应力测量的基片。虽然选择平片基片,理想情况下镀膜前基片的曲率半径趋向无穷大,实际上为了能够得到适宜于测量、有较合理的变形量,基片具有一定的横向尺寸和较薄的纵向厚度,这样镀膜前的基片会存在一个较大的曲率半径 R_1;当然为了特定的研究内容,也会选择有意设计的固定曲率半径 R_1。基片曲率的测量的主要方法有轮廓法、激光干涉法、牛顿环法和激光束偏转法等。这种通过测量基片曲率变化来计算分析应力特性的方法,习惯上称为基片曲率法,这里主要考虑轮廓法和激光干涉法两种测量方法,将在 5.1.2 节讨论。

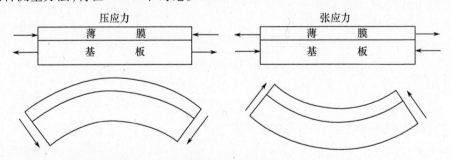

图 5-2 基片/薄膜系统存在应力时的变化特性

基片-薄膜系统的应力弯曲模型如图 5-3 所示,基片曲率法用的计算公式同样是基于 Stoney 公式而推导的,薄膜应力与基片曲率半径之间的关系为

$$\sigma = \frac{1}{6} \frac{E_s}{1-\nu_s} \frac{d_s^2}{d_f} \left(\frac{1}{R_2} - \frac{1}{R_1} \right) \qquad (5-3)$$

124

式中:σ 为薄膜应力;R_1,R_2 分别为镀膜前和镀膜后基片的曲率半径。

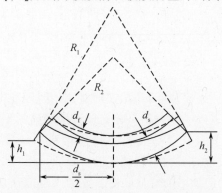

图 5-3 薄膜与基片的应力弯曲模型

圆形的基片-薄膜系统,在应力作用下会变成准球冠,考虑曲率半径是测量后拟合所得的非直接测量量,对式(5-3)进一步简化。基片镀膜前的形变量为 h_1,镀膜后基片的形变量为 h_2。通常,相对于圆形基片的直径和厚度,h_1 和 h_2 都是一个小量。根据几何知识,h_1 和 h_2 可以近似表示为

$$h_1 = \frac{D_s^2}{8R_1}, h_2 = \frac{D_s^2}{8R_2} \tag{5-4}$$

式中:D_s 为基片直径。

则基片在镀膜前后的形变量改变 Δh 为

$$\Delta h = h_2 - h_1 = \frac{D_s^2}{8}\left(\frac{1}{R_2} - \frac{1}{R_1}\right) \tag{5-5}$$

根据式(5-3)、式(5-4)、式(5-5)得到薄膜应力与基片形变的改变量 Δh 的关系为

$$\sigma = \frac{4}{3} \frac{E_s}{1-\nu_s} \frac{d_s^2}{D_s^2} \frac{\Delta h}{d_f} \tag{5-6}$$

因此,通过测量基片的形变量可以得到薄膜应力。

薄膜是通过物理、化学等制备方式获得的纳米材料结构,其厚度一般处于微纳米量级;这种微纳米尺度的材料其机械、力学等性能与体材料一般都相差甚远、甚至于会出现质的变化,而且随着加工工艺以及后处理方式的不同,组织微观结构会有很大的差异。对于不同的薄膜沉积方法,薄膜微观结构与制备工艺参数密切相关;所有这些特性都直接或间接与薄膜材料的硬度相关联。显微硬度是薄膜材料硬度的最常用表征方法之一,通过对薄膜材料显微硬度的测试可实现对薄膜内部显微组织结构、成分,不同晶相或不同晶粒等性能表征。从作用形式上,硬度是指

材料抵抗局部压力作用下产生压痕或变形的量度,它是衡量材料本身软硬程度或抵抗弹性变形、塑性变形及破裂的一项综合性能指标,是材料局部区域内弹性、塑性、韧性等一系列力学性能在特定条件下的整体体现[103-105]。

材料的硬度测试结果与材料本身性质以及测量条件、测试方法等密切相关[106,107]。根据材料硬度测试原理的不同[108],将硬度分为压入硬度(如布氏硬度、洛氏硬度、维氏硬度等)、划痕硬度(如莫氏硬度)、回跳硬度(如肖氏硬度)等,这些称为"宏观硬度",表征了在一定载荷下相对较大区域内的平均硬度大小。而对于薄膜硬度以及大载荷作用下容易破裂的脆性材料的硬度,上述方法将不再适用[109],人们采用显微硬度试验对材料硬度进行表征。相对于"宏观硬度",显微硬度是指在显微尺度范围内测得的材料硬度。显微硬度值在评定局部显微组织、组分硬度,某个组成相、某个晶粒硬度以及硬度梯度分布等方面具有不可替代的优势,为材料微观组织性能的研究分析提供了重要依据。

显微硬度测试原理:以标准规定的加载载荷和加载速率对材料施加应力,一定时间后卸载载荷,在试件表面将产生一个微米量级的压痕尺寸,通过显微镜对其进行观察测量;然后利用相关显微硬度公式进行代入求解。试验中,材料表面所加载载荷一般较小(<1.9614N)。根据所用金刚石压头形状的不同,显微硬度分为维氏显微硬度和努普显微硬度两种。

5.1.2 应力测试技术

当前,测量薄膜应力通常是指测量薄膜在与基板垂直的截面上的应力,无法测量基底 – 薄膜系统内任意界面上的应力,并且测量的应力均为平均应力,忽略应力随厚度的分布情况。薄膜应力的测量方法很多,这里介绍基于形变法的两种应力测量方法:轮廓法和激光干涉法。

1. 应力测量轮廓法

轮廓法是通过测量基底镀膜前后形变量而获得薄膜应力的测量方法。轮廓仪属于接触式表面检测设备,其基本构架是在精密或超精密的随动装置上加装超精密测头。常用的 Talysurf 式轮廓仪,如图 5 -4 所示。图 5 -4(a)和图 5 -4(b)分别是 Talysurf 轮廓仪的外形照片和轮廓测试示意图。该型测试仪器具有 X 轴和 Z 轴上两个维度上的精密随动装置,牵引超精密测头移动,两个轴的随动精度为 0. 1μm,也就是说此仪器只能获得二维上的信息。该仪器配备的 Phase Grating Interferometric(PGI)式超精密测头的工作原理如下:采用光栅进行移相分光,形成双光路干涉,检测触针通过机械装置传递来的位移,然后进行反向验算。因触针是上下摆动的,具有 X 向和 Z 向上两个方向上的位移,在使用前需要用标准球面进行两个方向上的标定。Talysurf 轮廓仪对平面和球面形状分析时,采用触针扫描过球面顶点上的圆弧,如图 5 - 4(b)所示,然后使用最小二乘法计算该圆弧的曲率半径。对于球面,也可以输入理论半径,做检测曲线与理论曲线的对比分析。对于非球面的形状分析,只能采用检测曲线与理论曲线的对比分析。

 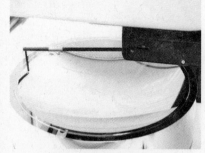

(a) Talysurf轮廓仪外形　　　　　(b) 轮廓仪扫描样品示意图

图 5 - 4　Talysurf 轮廓仪

采用该方法获得镀膜前后基片的曲率半径后,根据式(5 - 3)计算便可得到薄膜的应力值,通常为提高测量结果的准确性,通常选择不同方向进行多次测量并求平均值。该方法主要误差来源为:实际操作上很难实现触针精确扫描过球面顶点的位置,都会有所偏离,测得球面半径偏小;另外,系统本身对于球面形状的测试存在一定误差,曲率较大则影响较大。

2. 应力测量激光干涉法

当前商用的数字激光干涉仪大多使用菲索(Fizeau)式干涉仪,参考波面与待测波面共光路,基于激光器的菲索干涉仪如图 5 - 5 所示。对于干涉条纹的解析,通常采用压电陶瓷推动参考镜面移动,形成移相,然后数字相移技术分析得到测试表面的三维信息,如图 5 - 6 所示。检测球面时,需考虑标准镜头上的参考波面与待测波面 R/D 值上的匹配问题。

图 5 - 7 所示为 Zygo 公司生产的 GPI XP 型激光干涉仪。使用数字激光干涉仪检测大曲率球面半径,通常没有匹配的标准镜头,只能采用平面标准镜头。数字激光干涉仪的 CCD 像素数目决定了对于球面矢高的动态范围,如 1024 × 1024 像素的 CCD,最多只能识别 512 个条纹,估算最大动态范围在 $100\mu m$ 左右。因纵向动态范围过小,横向范围受到纵向范围的制约。在仪器操作上,可以采用一口径确定的平面,在干涉仪上标定出每个像素对应多大的横向范围,由此确定样品测试时所能获取的横向范围。

数据分析上,数字激光干涉仪对于测试波面的数据,通常采用洛伦兹坐标系下的 Zerniker 多项式拟合法处理,便于与光学像差对应,通过该方法可拟合出离焦量(Power 值)作为球面矢量高度值,对球面半径进行反算,即

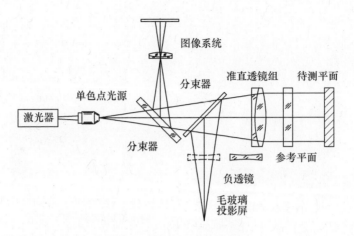

图 5 - 5 菲索干涉仪原理图

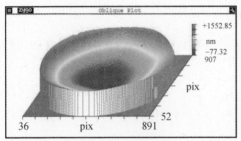

(a) 镀膜前的表面面形   (b) 镀膜后的表面面形

图 5 - 6 干涉仪获得的三维轮廓图

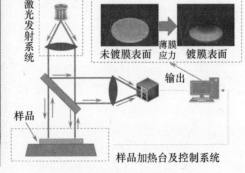

(a) GPI XP 型激光干涉仪外形图   (b) 激光干涉仪工作原理

图 5 - 7 Zygo 公司生产的 GPI XP 型激光干涉仪

$$\text{Power} = R - \sqrt{R^2 - (D/2)^2} \qquad (5-7)$$

128

$$R = \frac{(D/2)^2 + \text{Power}^2}{2 \times \text{Power}} \qquad (5-8)$$

式中：R 为曲率半径；D 为基片的直径。

用该方法测量得到 Power 值后便可获得镀膜前后基片的曲率半径，根据式（5-3）计算便可得到薄膜的应力值。此外，也可以采用数字激光干涉仪中的最小二乘法计算球面半径功能直接获得计算结果。需要注意的是采用该方法检测大曲率球面半径的主要误差来源在于横向范围的确定，也就是实际测试口径的确定。

5.1.3 显微硬度测试技术

薄膜硬度的测量方法分为两类[106]：直接测量法和间接测量法，直接测量法主要包括显微硬度法、纳米压痕法；间接测量法主要有基于涂层破裂模型而建立的 JF 法以及假设距表面 1/10 膜厚处硬度为薄膜硬度而建立的外推法等[110-112]。显微硬度法是测量薄膜硬度最直接、最有效的方法，是比较通用的测试方法，这里的讨论仅限于这种方法。

随着纳米科技的发展，人们更加关心材料纳米尺度下的特征，需要发展更合理又特别适用于微纳米尺度下材料硬度测试的方法，即深度敏感压痕硬度测试法（由于测试位移量为微纳米级，也称纳米压痕测试法）。深度敏感压痕硬度测试法始于 20 世纪 70 年代，该技术的显著特点在于其极高的力分辨力和位移分辨力（位移分辨力可达 0.3nm，力分辨力可达 0.5μN），从而能连续记录加载与卸载期间载荷与位移的变化，该技术特别适合于对薄膜材料力学性能的测量。

纳米压痕法可以在不分离薄膜与基底材料的情况下直接测量材料的弹性模量、硬度、屈服强度、断裂韧性、应变硬化效应、黏弹性等力学性能，在微电子科学、表面喷涂、磁记录以及薄膜等相关的材料科学领域得到越来越广泛的应用。图 5-8(a) 为纳米压痕测试仪的核心部件，图 5-8(b) 为压痕测试仪工作原理。载荷与位移在加载-卸载过程中可以实时动态测量，如图 5-8(c) 所示，据此可以获得薄膜硬度及弹性模量。为了消除基底特性对测量结果的影响，在加载过程中，压痕仪压入深度小于薄膜厚度的 10%。薄膜硬度 H_f 为

$$H_f = \frac{P_m}{A_p} \qquad (5-9)$$

式中：P_m 为最大载荷值，可由加载-卸载曲线最高点总坐标直接获得；A_p 为最大载荷对应的压痕投影面积，可由压入深度计算获得。

根据载荷-位移曲线及式（5-10）可得薄膜的简约弹性模量。

$$E_r = \frac{\sqrt{\pi}}{2} \frac{S}{\sqrt{A_p}} \qquad (5-10)$$

式(5-10)具有普适性,其中 $S = \mathrm{d}P/\mathrm{d}h$ 为接触刚度,是撤掉负载初期的薄膜硬度值。而薄膜简约弹性模量 E_r 与薄膜弹性模量 E_f 及薄膜泊松比 ν_f 之间的关系为

$$\frac{1}{E_r} = \frac{(1 - \nu_f^2)}{E_f} + \frac{(1 - \nu_{in}^2)}{E_{in}} \tag{5-11}$$

式中:E_{in},ν_{in} 分别代表压痕仪压头的弹性模量和泊松比。

通过式(5-10)和式(5-11)就建立了薄膜弹性模量 E_f 和泊松比 ν_f 的关联式,因此通过对薄膜显微硬度的测量可得到薄膜的弹性模量和泊松比。

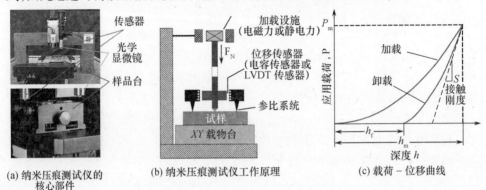

(a) 纳米压痕测试仪的核心部件　　(b) 纳米压痕测试仪工作原理　　(c) 载荷 - 位移曲线

图 5-8　纳米压痕测试仪器与原理

5.2　二氧化硅薄膜应力特性

5.2.1　应力特性

1. 离子束溅射二氧化硅薄膜应力

根据薄膜的应力特性分析,主要有 3 种薄膜应力机制,因此薄膜应力 σ 可表示为

$$\sigma = \sigma_{th} + \sigma_i + \sigma_e \tag{5-12}$$

其 3 个分量对应的意义及产生的机理如下:

(1) σ_{th} 为热应力,源于两种差异的共同作用:薄膜和基底材料热膨胀系数的差异,以及沉积时基片表面温度与测量时温度的差异。薄膜中的双轴应变 ε 为

$$\varepsilon = (\alpha_s - \alpha_f)(T_r - T_s) \tag{5-13}$$

式中:α_s,α_f 分别为基底和薄膜的热膨胀系数;T_s,T_r 分别为沉积时基板温度和测量时的温度。

依据胡克定律,有

130

$$\sigma_{th} = \left(\frac{E_f}{1 - \nu_f}\right)(\alpha_s - \alpha_f)(T_r - T_s) \tag{5-14}$$

式中:E_f,ν_f 分别为薄膜的弹性模量和泊松比;$E_f/(1 - \nu_f)$ 为薄膜的双轴模量。

(2)σ_e 为外应力,由薄膜材料与放置环境中的各种化学成分之间的物理/化学相互作用而产生的;

(3)σ_i 为内应力,与薄膜材料本身的各种微结构、分子结构缺陷及沉积过程中产生的各种宏观缺陷相关;对于高能量的溅射沉积,内应力呈压应力状态,依据胡克定律,有

$$\sigma_i = \left(\frac{E_f}{1 - \nu_f}\right)d \tag{5-15}$$

式中:d 为相对体形变。

关于应力研究的相关报道较多,在此不给予综评,薄膜的应力对工艺参数的选择是敏感的。

针对离子束溅射沉积制备技术,基于正交实验方法,研究不同工艺参数制备的 IBS SiO₂ 薄膜应力变化规律,给出了应力调整的基本方法。这里选择 IBS 沉积技术作为讨论对象。在离子束溅射技术中,可调整的工艺参数如基板温度、离子源气体流量、基板旋转速率、氧气流量、离子束压、离子束流、真空度等。这里应用正交实验法考察应力与工艺参数的关联性。在实验设计中,将基板温度、离子束压、离子束流和氧气流量作为独立的工艺参数,使用 $L_9(3^4)$ 四因素、三水平的正交表进行工艺实验安排,即将 4 个工艺参数作为因素,每个因素下选择 3 个水平,每次实验的沉积参数见表 5-1。

表 5-1　IBS SiO₂ 薄膜正交实验设计

序号	基板温度 /℃	离子束电压 /V	离子束电流 /mA	氧气流量 /(mL/min)	溅射时间/s
1	20	650	300	0	6500
2	20	950	450	20	4500
3	20	1250	600	40	3000
4	120	650	450	40	6000
5	120	950	600	0	3200
6	120	1250	300	20	6500
7	200	650	600	20	4500
8	200	950	300	40	8000
9	200	1250	450	0	3500

将表 5-1 中的 9 次实验先后完成,按照 3.1.3 节和 5.1.2 节中的测量方法分

别得到薄膜的折射率与应力,得到如表 5-2 所列的实验结果。根据正交实验分析方法,对表 5-2 中所列的薄膜应力进行正交极差分析、方差分析,分析方法具体参阅相关的正交实验分析文献,即先后确定工艺参数对应力影响的贡献大小,再分析不同工艺参数对应力影响的可信概率。

表 5-2　IBS SiO$_2$ 薄膜正交实验结果

序号	折射率@ 633nm	应力 /GPa
1	1.481	-0.396
2	1.466	-0.547
3	1.473	-0.62
4	1.477	-0.807
5	1.491	-0.818
6	1.481	-0.809
7	1.482	-0.926
8	1.471	-0.967
9	1.483	-0.960

通过对表 5-2 的极差分析,可以确定 4 个工艺参数对薄膜折射率与应力影响的主次关系。如图 5-9 所示,对 SiO$_2$ 薄膜应力影响最大的是基板温度,依次是离子束压、氧气流量和离子束流,可以证明基板加热会导致薄膜的热应力增加,对应力的贡献达到 66%。在同一工艺参数下,将不同工艺水平作为横坐标,将同一工艺水平下出现的试验指标均值作为纵坐标,可得到工艺水平对应力的影响,见图 5-10,给出了在 4 个工艺参数下不同水平对应力的影响。从图中可以看出,在基板温度最低、氧气流量最大、离子束压最大时能够获得低应力的 SiO$_2$ 薄膜。

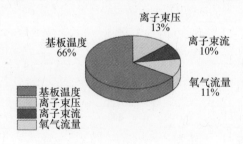

图 5-9　工艺参数对应力的影响

在上述正交实验结果的直观分析中,可以初步确定工艺参数对应力影响的主

132

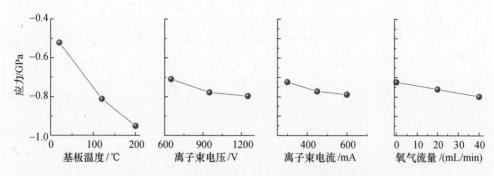

图 5 - 10 工艺参数的水平对 SiO₂ 薄膜应力的影响

次关系,但是不能确定把实验条件的改变与由实验误差二者所引起的数据波动区分,因此对正交表进行方差分析可以定量地给出工艺参数对薄膜应力影响的主次关系。由于 $L_9(3^4)$ 正交表没有空列,选择一个工艺参数下的最小偏差平方和作为误差平方和,其对应的自由度作为误差平方和的自由度,对此工艺参数对折射率与应力影响的定量关系只能再通过实验研究。IBS SiO₂ 薄膜应力的方差分析结果见表 5 - 3。通过对正交实验结果的方差分析,可以确定工艺参数与应力的定量关系为:基板温度、离子束压、氧气流量对应力影响的可信概率分别为 95.62%、48.49% 和 37.88% ,因此调整应力时首先要考虑基板温度问题,而离子束流则对薄膜的应力影响最不显著。

表 5 - 3 工艺参数对应力影响的正交实验方差分析表

方差来源	偏差平方和	自由度	方差估计值	F 值	可信概率	备注
基板温度	0.2887	2	0.1444	21.8242	0.9562	
离子束压	0.0125	2	0.0062	0.9412	0.4849	
离子束流	0.0066	2				误差项
氧气流量	0.0081	2	0.0040	0.6099	0.3788	

2. 离子束溅射二氧化硅薄膜应力的离散性

在不同的文献资料中,一般都会出现即使对于同样的沉积技术和参数,给出的应力有一定的差异性。这里考察 IBS 技术沉积 SiO₂ 薄膜应力的离散特性,选用的基片和沉积参数为:＜基片 B＞、＜基片 C＞ 和 ＜沉积参数 A＞。为了减少其他因素对应力影响的差异,从基片材料、光学加工、薄膜沉积分别选择了同批次、同工艺、同炉,在应力测试上也是同时测试。两种材料基片各取 15 个样本,所得的应力数据见图 5 - 11,两种基片上薄膜的应力分析和比较如表 5 - 4 所列。

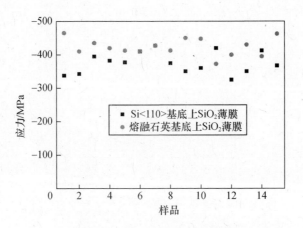

图 5 – 11   不同样品的应力数据

表 5 – 4   两种基片上 SiO$_2$ 薄膜应力数据比较

	Si < 110 > 基底 MPa	熔融石英基底 MPa	两种基底上薄膜应力差值 MPa
平均应力	– 374. 45	– 423. 47	49. 02
最小应力	326. 08	369. 45	43. 37
|最大应力|	425. 83	466. 20	40. 37
应力差值	99. 76	96. 75	3. 01
|应力差值/平均应力|	0. 27	0. 23	0. 06

由表 5 – 4 可知,薄膜应力存在约 25% 的离散特性。利用这组数据和本节的相关公式,考虑两种基底表面的 SiO$_2$ 薄膜是同一批次制备,依据相关理论,可以得到:

$$\Delta \sigma = \Delta \sigma_{th}$$

$$\Delta \sigma_{th} = \sigma_{th,Si} - \sigma_{th,Silica} = -374.45 - (-423.47) = 49.02$$

$$= \left(\frac{E_f}{1 - \nu_f} \right) (\alpha_{s,Si} - \alpha_{s,Silica}) \Delta T = \frac{1.16}{0.85} \times 10^5 \times 2 \times 10^{-6} \Delta T = 0.273 \Delta T$$

$$\Delta T = 49.02/0.273 \approx 180℃$$

而 $\Delta T = T_r - T_s$,T_s、T_r 分别为测试时环境温度和沉积时基底表面温度,实际测试的环境温度就是室温,那么 $T_r \approx 200℃$,即是说:镀膜过程中虽然没有对基片加温,但由于沉积粒子的高能量、高动量,对本研究选定的参数,基片表面的等效温度达到 200℃。

3. 不同沉积技术和参数薄膜应力特性

下面分析不同制备技术下 SiO$_2$ 薄膜的应力,制备参数如表 3 – 9 所列,图 5 –

134

12 列出了 8 个样本的测试结果。从图 5 - 12 中可知,离子束溅射沉积薄膜应力最大,选择 Si 或 SiO$_2$ 靶材或增加离子束辅助对应力影响较小;磁控溅射沉积薄膜的应力与热蒸发在同一量级,但在热蒸发技术中增加离子束辅助能够显著改变薄膜的压力,且薄膜压力对离子束参数的变化十分敏感;不得不单独强调的是 SiO + O$_2$ 加热电阻热蒸发沉积的 SiO$_2$ 膜有接近于零的应力。

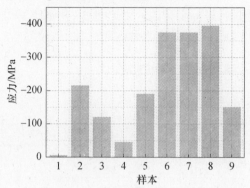

图 5 - 12　不同样本的应力数据

4. 离子束溅射二氧化硅薄膜的热处理效应

在前文中讨论了不同样品的光学常数在退火过程中的特性变化规律,在这里讨论退火过程中的应力变化规律。SiO$_2$ 薄膜放置于温度、湿度恒定的实验室环境中,得到对应样本退火前后应力的变化规律如图 5 - 13 所示,图 5 - 13(a)为不同温度下热处理前后薄膜的应力大小,图 5 - 13(b)为薄膜应力变化量与热处理温度之间的关系。

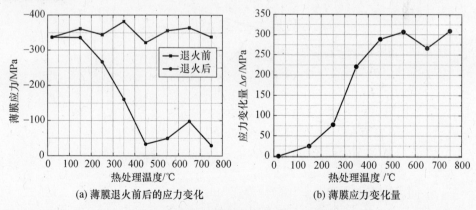

(a) 薄膜退火前后的应力变化　　　　(b) 薄膜应力变化量

图 5 - 13　SiO$_2$ 薄膜退火前后应力变化

图 5 - 13 表明,退火对应力的影响可分为 3 个区域:Ⅰ区域,150℃以下温度退

火处理对应力的影响可以忽略；Ⅱ区域，150~450℃温度范围内，随退火温度的增加，应力由 $-335\mathrm{MPa}$ 单调快速降至 $-33\mathrm{MPa}$；Ⅲ区域，450~750℃温度范围内，应力在较小的范围波动，具体情况：450~650℃温度范围内，随退火温度的增加，应力由 $-33\mathrm{MPa}$ 小幅增加至 $-98\mathrm{MPa}$；650~750℃温度范围内，随退火温度的增加，应力由 $-98\mathrm{MPa}$ 降至 $-29\mathrm{MPa}$；具体的机理将在第 6 章中结合不同退火温度条件下薄膜分子结构的变化进行进一步讨论。由上可知，热退火后处理技术能够有效调整 IBS 技术沉积 SiO_2 薄膜的应力，应力的变化呈现下降的趋势。

5.2.2　二氧化硅薄膜应力时效特性

1. 离子束溅射二氧化硅薄膜应力时效

IBS 技术制备的薄膜具有几百兆帕至吉帕的压应力，在这样的高应力状态下，基底 - 薄膜系统能否保持相对稳定？在温度、湿度恒定的实验室环境中，用 Taylor - Hobson 探针接触式轮廓仪测量基底 - 薄膜系统的曲率半径，计算获得平均应力，以一定的时间间隔连续测量，得到的应力时效如图 5 - 14 所示。从图 5 - 14 可知，IBS SiO_2 薄膜虽处于较高应力状态，但随时间而发生的微弱变化量在多数情况下可以忽略，结合以上分析，薄膜应力 σ 可近似表达为

$$\sigma = \sigma_{\mathrm{th}} + \sigma_{\mathrm{i}} + \sigma_{\mathrm{e}} \approx \sigma_{\mathrm{th}} + \sigma_{\mathrm{i}} \qquad (5-16)$$

外应力 σ_{e} 的变化可以忽略。

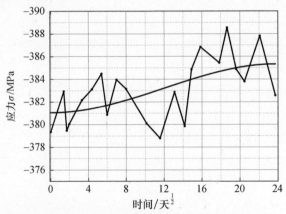

图 5 - 14　Si < 110 > 基底上 SiO_2 薄膜应力的时效

2. 不同沉积技术下的二氧化硅薄膜应力时效

对于不同沉积技术和参数下制备的二氧化硅薄膜，连续测试应力 100 天，应力的时效特性见图 5 - 15。对 9 种 SiO_2 薄膜的测试结果进行分析，从实验结果来看可以分成 3 类现象：

（1）SiO + O₂低沉积速率的条件下，得到几乎无应力、且应力无时效的稳定薄膜。

（2）热蒸发 SiO₂ + O₂，即使在加温基片上薄膜的压力大小呈现初始阶段急速降低（初始 20 天下降超过 50%），随后缓慢下降；进一步增加离子辅助后，用低能量 APS 源，初始压力较低，但一直处于增大过程，而使用较高的辅助能量后，不仅初始应力较小（约 −50MPa），且随着时间仅出现小振荡，无明显变化趋势。

（3）离子束和磁控溅射，薄膜呈现了极好的稳定性，仅在开始几天有弱变化，磁控溅射的压力大小约为离子束溅射的 1/2，稳定性表现最好的为 DIBS（IBS + IAD），基本保持不变。

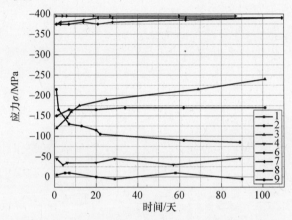

图 5 − 15　不同沉积技术和参数的 SiO₂ 薄膜应力时效

5.2.3　应力与光学特性的关联性

离子束溅射沉积的 SiO₂ 薄膜具有致密度高、杂质缺陷少的特点，在此以离子束溅射的 SiO₂ 薄膜为研究对象。依据固体材料光学特性的相关理论，折射率 n 与密度 ρ 存在如下关系：

$$\frac{n^2 - 1}{n^2 + [(4\pi/b) - 1]} = b\rho\left(\frac{\alpha}{M}\right) \tag{5 − 17}$$

对于致密的氧化硅玻璃 $b = 4\pi/3$，因此二氧化硅薄膜材料的折射率与密度关系可以写为

$$\frac{n^2 - 1}{n^2 + 2} = C\rho \tag{5 − 18}$$

式中：C 为比例常数。

对热处理的 SiO₂ 薄膜折射率和应力进行归一化分析，依据式（5 − 18），计算出

SiO₂薄膜归一化的密度,图5-16所示为归一化应力、折射率和密度对比,这里得到比较有意义的现象,即密度和折射率随退火温度而产生的变化趋势与应力的变化趋势相同。

利用式(5-18)可以计算出不同退火温度条件下薄膜的相对密度,而上文中已给出对应的薄膜物理厚度,结合薄膜退火过程中面积并不发生变化的条件,可用式(5-19)来计算单位面积上薄膜质量:

$$m = \rho d \tag{5-19}$$

利用式(5-19)计算了 $\phi 25mm \times 1mm$ 熔融石英基底离子束溅射沉积840nm SiO₂薄膜对应不同退火温度的薄膜质量的相对变化,见图5-17。从图5-17可以看出退火过程中薄膜质量发生了有规律、明显的变化,室温至750℃相对质量减少了4.75%,主要发生在250~550℃区间,相对质量减少了4.3%,占室温~750℃总减少量的90.4%,那么什么原因造成了高达约5%的质量损失呢？由退火过程中薄膜在可见及近红外波段的消光系数变化在大约 10^{-7} 量级和短波截止限变化大约1nm可知,薄膜在退火过程中的基本分子单元 SiO₂ 是维持不变的,而在所选择的退火温度范围内,SiO₂分子数量是不会发生变化的,实质就是整个过程中,薄膜内 SiO₂ 的整体质量的变化量可以忽略不计。依据溅射沉积相关理论和实验研究,可以初步认定这部分质量的变化主要源于沉积过程中薄膜内含有的 Ar 和氧的分子或原子在退火过程中逐步逸出,少量源于沉积过程中薄膜内含有的 OH 根也发生逸出。

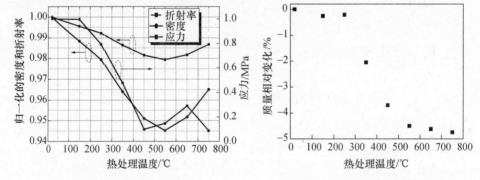

图5-16　归一化应力、
折射率和密度的对比

图5-17　退火后薄膜质量的
相对变化曲线

综合本节两部分:对于 IBS 技术沉积的致密薄膜,沉积过程中包含在薄膜内的气体很有可能是造成薄膜呈高应力的主要因素之一。

5.3　二氧化硅薄膜热力学特性

假设薄膜弹性模量 E_f 及膨胀系数 α_f 在温度变化不大时认为与温度无关,则

$$\frac{\mathrm{d}\sigma}{\mathrm{d}T} = \left(\frac{E_\mathrm{f}}{1 - \nu_\mathrm{f}}\right)(\alpha_\mathrm{s} - \alpha_\mathrm{f}) \tag{5-20}$$

式中:$E_\mathrm{f}/(1 - \nu_\mathrm{f})$ 为薄膜的双轴弹性模量。

若同时在两种不同热膨胀系数的基底材料上制备 SiO_2 薄膜,则薄膜应力与温度之间的变化关系分别为

$$\frac{\mathrm{d}\sigma_1}{\mathrm{d}T} = \left(\frac{E_\mathrm{f}}{1 - \nu_\mathrm{f}}\right)(\alpha_{\mathrm{s}1} - \alpha_\mathrm{f}) \tag{5-21}$$

$$\frac{\mathrm{d}\sigma_2}{\mathrm{d}T} = \left(\frac{E_\mathrm{f}}{1 - \nu_\mathrm{f}}\right)(\alpha_{\mathrm{s}2} - \alpha_\mathrm{f}) \tag{5-22}$$

式中:$\mathrm{d}\sigma_1/\mathrm{d}T, \mathrm{d}\sigma_2/\mathrm{d}T$ 分别为沉积在第一种基底和第二种基底上的薄膜应力随温度的变化率;$\alpha_{\mathrm{s}1}, \alpha_{\mathrm{s}2}$ 分别为两种基底的热膨胀系数,则由式(5 – 21)和式(5 – 22)联立,得

$$\left(\frac{E_\mathrm{f}}{1 - \nu_\mathrm{f}}\right) = \frac{\dfrac{\mathrm{d}\sigma_1}{\mathrm{d}T} - \dfrac{\mathrm{d}\sigma_2}{\mathrm{d}T}}{\alpha_{\mathrm{s}1} - \alpha_{\mathrm{s}2}} \tag{5-23}$$

$$\alpha_\mathrm{f} = \frac{\alpha_{\mathrm{s}2}\dfrac{\mathrm{d}\sigma_1}{\mathrm{d}T} - \alpha_{\mathrm{s}1}\dfrac{\mathrm{d}\sigma_2}{\mathrm{d}T}}{\dfrac{\mathrm{d}\sigma_1}{\mathrm{d}T} - \dfrac{\mathrm{d}\sigma_2}{\mathrm{d}T}} \tag{5-24}$$

因此,通过双基底法可以获得 SiO_2 薄膜的双轴弹性模量和薄膜的热膨胀系数。

联立式(5 – 18)、式(5 – 20)和式(5 – 24)便可得到 SiO_2 薄膜的泊松比和弹性模量,即

$$\nu_\mathrm{f} = \left(\frac{1}{E_\mathrm{r}} - \frac{1 - \nu_\mathrm{in}^2}{E_\mathrm{in}}\right)\frac{\mathrm{d}\sigma}{\mathrm{d}T}\frac{1}{\alpha_\mathrm{s} - \alpha_\mathrm{f}} - 1 \tag{5-25}$$

$$E_\mathrm{f} = \frac{\dfrac{\mathrm{d}\sigma_1}{\mathrm{d}T} - \dfrac{\mathrm{d}\sigma_2}{\mathrm{d}T}}{\alpha_{\mathrm{s}1} - \alpha_{\mathrm{s}2}} \cdot \left[2 - \left(\frac{1}{E_\mathrm{r}} - \frac{1 - \nu_\mathrm{in}^2}{E_\mathrm{in}}\right)\frac{\mathrm{d}\sigma}{\mathrm{d}T}\left(\frac{1}{\alpha_\mathrm{s} - \alpha_\mathrm{f}}\right)\right] \tag{5-26}$$

在这里采用双基底方式研究 SiO_2 薄膜热力学特性,基于显微硬度测试原理测量薄膜的弹性模量和泊松比,测量原理见 5.1.3 节。SiO_2 薄膜样品从室温(25℃)开始加热,以 10℃ 间隔,每一个温度点维持 20min 后再对样品进行测量,以保证待测样品达到热平衡。图 5 – 18 给出了经过 550℃ 退火后 SiO_2 薄膜样品的应力相对变化量与加热温度的关系曲线,从图中可以看出,随着加热温度的提高,两种基底镀膜样品的应力随之增加。经过对两条曲线进行线性拟合,得到两种基底薄膜样品应力变化与加热温度变化的关系如下:

$$\frac{\mathrm{d}\sigma_\mathrm{si}}{\mathrm{d}T} = 185020\mathrm{Pa} \cdot \mathrm{K}^{-1}, \frac{\mathrm{d}\sigma_\mathrm{silica}}{\mathrm{d}T} = 2905\mathrm{Pa} \cdot \mathrm{K}^{-1}$$

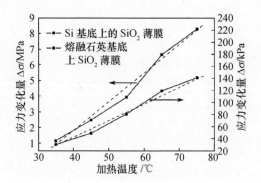

图 5-18　应力随加热温度变化曲线

根据式(5-23),可得到该样品的双轴弹性模量为

$$\left(\frac{E_{f550}}{1-\nu_{f550}}\right) = \frac{\dfrac{\mathrm{d}\sigma_{si}}{\mathrm{d}T} - \dfrac{\mathrm{d}\sigma_{silica}}{\mathrm{d}T}}{\alpha_{si} - \alpha_{silica}} = 185.7\mathrm{GPa}$$

这里,取硅基底的热膨胀系数 $\alpha_{si} = 2.62 \times 10^{-6}\mathrm{K}^{-1}$,石英基底的膨胀系数 $\alpha_{Silica} = 5.55 \times 10^{-7}\mathrm{K}^{-1}$,并且计算得到 SiO_2 薄膜的热膨胀系数为

$$\alpha_{f550} = \frac{\alpha_{silica}\dfrac{\mathrm{d}\sigma_{si}}{\mathrm{d}T} - \alpha_{si}\dfrac{\mathrm{d}\sigma_{silica}}{\mathrm{d}T}}{\dfrac{\mathrm{d}\sigma_{si}}{\mathrm{d}T} - \dfrac{\mathrm{d}\sigma_{silica}}{\mathrm{d}T}} = 5.22 \times 10^{-7}\mathrm{K}^{-1}$$

根据式(5-23)及式(5-24)便可计算获得泊松比为

$$\nu_{f550} = \left(\frac{1}{E_{f550}} - \frac{1-\nu_{in}^2}{E_{in}}\right)\frac{\mathrm{d}\sigma_{si}}{\mathrm{d}T}\frac{1}{\alpha_{si} - \alpha_{f550}} - 1 = 0.18$$

式中: E_{in}, ν_{in} 为金刚石的弹性模量和泊松比,分别取 1141GPa 和 0.07,则薄膜的弹性模量为

$$E_{f550} = (1-\nu_{f550})\frac{\dfrac{\mathrm{d}\sigma_{si}}{\mathrm{d}T} - \dfrac{\mathrm{d}\sigma_{silica}}{\mathrm{d}T}}{\alpha_{si} - \alpha_{silica}} = 152\mathrm{GPa}$$

同样的方法,可以获得经过其他退火处理的样品的热力学参量,见表 5-5,可以看出,不同退火处理对薄膜泊松比 ν_f 影响较小,薄膜弹性模量随着退火温度的增加有增大趋势,而薄膜热膨胀系数在 550℃时达到最小值 $5.22 \times 10^{-7}℃^{-1}$。在 5.2.1 节,依据应力估算室温下 850nm IBS SiO_2 薄膜沉积过程中,基片表面温度达到 200℃左右,若用表 5-5 修正后表面温度会明显降低,采用 150℃时薄膜热力学参数,那么 $\Delta T \approx 100℃$,这样基片表面温度 $\approx 120℃$。

140

表 5-5　不同退火处理 SiO_2 薄膜热力学参量

	未退火	150℃	350℃	550℃	750℃	石英
弹性模量 E_f/GPa	116	139	145	152	170	78
膨胀系数 α_f/$(10^{-7}℃^{-1})$	6.78	6.35	5.51	5.22	5.69	5.5
泊松比 ν_f	0.15	0.18	0.17	0.18	0.21	0.17
$E_f/(1-\nu_f)$	136	170	175	185	215	94
$E_f/(1-\nu_f)$	1.45	1.81	1.86	1.97	2.29	1.00

第6章　二氧化硅薄膜材料短程
有序微结构特性

SiO₂薄膜的微结构具有典型的长程无序和短程有序的特性,长程无序表现为随机网络结构,短程有序表现为 SiO₄四面体的连接方式的不同。SiO₂薄膜的微结构振动特性能反映出在随机网络结构中 SiO₄的连接方法和 Si－O－Si 的键角,由于薄膜在非平衡的热力学条件下制成,因此 SiO₂薄膜与熔融石英在短程有序上仍有差别。评价 SiO₂薄膜结构的方法有 X 射线衍射法(XRD)、X 射线光电子能谱法(XPS)、扫描电子显微镜法(SEM 或 TEM)、原子力显微镜(AFM)、红外光谱(FT-IR)等,主要用于表征薄膜的晶向结构、化学计量、表面/断面结构、表面微结构和SiO₄四面体连接短程有序微结构,FTIR 是表征 SiO₂薄膜短程有序随机网络微结构的理想方法,成为传统微结构表征的一种补充技术。本章通过对不同制备方法制备的 SiO₂薄膜红外吸收光谱的研究,从其微结构振动特性中获得短程有序特性,同时对离子束溅射制备的 SiO₂薄膜的热处理效应进行分析,得到热处理对 SiO₂薄膜短程有序微结构特性的影响。

6.1　短程微结构和微结构分析技术

6.1.1　短程微结构的振动特性

晶体石英、熔融石英和 SiO₂薄膜材料的基本微结构单元都是 SiO₄四面体。如图 6－1 所示,SiO₄四面体单元通过顶点 Si－O－Si 桥接成三维空间网络,在 SiO₂薄膜材料和熔融石英中,SiO₄四面体构成的网络结构表现为典型的长程无序、短程有序特性。Si－O－Si 键角结构示意图如图 6－2 所示,其键角与 Si－O－Si 的伸缩振动特性相关,通过伸缩振动特性表征键角,是研究 SiO₄四面体相互连接的短程有序特性的重要方法之一。

SiO₂薄膜的微结构振动可以分解为系列的简正振动,微结构振动的宏观特性就是这些简正振动的线性组合[113]。如图 6－2 所示,SiO₂薄膜的简正振动主要以SiO₄四面体相互连接的 Si－O－Si 振动,主要有两种形式:①伸缩振动:原子沿键

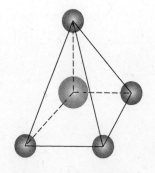

图 6 - 1 SiO₄ 四面体单元

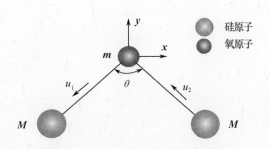

图 6 - 2 Si - O - Si 键角结构示意图

轴方向振动,其主要的特征是键长发生变化而键角不变。Si - O - Si 伸缩振动模式是 O 原子沿平行于两个 Si 原子连线的方向做来回运动,如图 6 - 3 所示。考虑到相邻氧原子的情况,一是相邻 O 原子在同一相中的非对称伸缩振动(AS1),另一个是相邻 O 原子同 AS1 中 O 原子异相的非对称伸缩振动(AS2)。②变形振动:变形振动又分为面内变形振动和面外变形振动,面内变形振动又分为剪切振动和面内摇摆振动,面外变形振动又分为面外摇摆振动和弯曲振动,如图 6 - 4 和图 6 - 5 所示。在平面入射光激发的情况下,沿着光振动方向的平面摇摆振动容易激发。利用红外吸收光谱表征微结构振动时,吸收谱的强度取决于分子振动时偶极矩的变化,而偶极矩与分子结构的对称性有关。振动的对称性越高,振动中分子偶极矩变化越小,吸收谱强度也就越弱,反之则强。在红外光波与 SiO₂ 相互作用时,当 Si - O - Si 的简正振动频率与入射光波频率相同时,在红外光谱上会出现系列的振动吸收峰,通过对振动峰特性的分析,可以得到 Si - O - Si 的键角和短程有序微结构信息,因此 FTIR 是表征 SiO₂ 薄膜短程有序微结构的理想方法,成为重要的短程有序微结构表征方法之一。

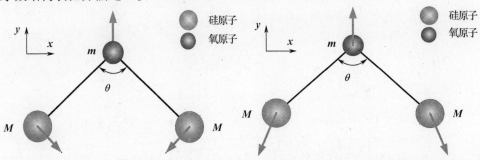

图 6 - 3 Si - O - Si 对称振动模型 　　　图 6 - 4 Si - O - Si 非对称振动模型

在长程无序的 SiO₂ 随机网络结构中,Si - O - Si 的平均键角 θ 分布在 100° ~ 180°之间。由于 Si - O - Si 键角与 Si - O - Si 的不同振动特性下振动频率相关,因

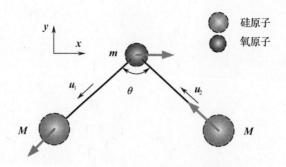

图 6 - 5 Si - O - Si 弯曲振动模型

此可通过振动频率获得 SiO_2 中 SiO_4 的连接结构和 Si - O - Si 键角,在文献
[114 - 116]中给出了相关的计算方法,同时也考虑了横向振动模式(TO)和纵向
振动模式(LO)振动频率与 Si - O - Si 键角的关系如下:

$$\omega_{TO} = \left[\frac{2}{m}\left(\alpha\sin^2\frac{\theta}{2} + \beta\cos^2\frac{\theta}{2}\right)\right]^{1/2} \tag{6-1}$$

$$\omega_{LO} = \left[\frac{2}{m}\left(\alpha\sin^2\frac{\theta}{2} + \beta\cos^2\frac{\theta}{2} + \gamma\right)\right]^{1/2} \tag{6-2}$$

$$\gamma = \frac{Z^2}{\varepsilon_v\varepsilon_0(2m+M)}\rho \tag{6-3}$$

式中:α,β 为力常数项;m,M 分别为 O 和 Si 的原子质量;ρ 为无定形 SiO_2 的密度;
ε_0 为静介电常数;ε_v 为绝对真空介电常数;Z 为氧伸缩模式的横振动输运有效电荷
(-3.95×10^{-19}C)。上述式中力学常数 α 和 β 不依赖于 Si - O - Si 键角。其中,β
与 Si - O - Si 键弯曲振动模式 O 的对称弯曲振动频率 ω_{oxygen} 有关,α 与 Si - O - Si
键摇摆振动模式下 Si 在平面振动频率 ω_{si} 有关,两个力学常数 α 和 β 与振动频率
的关系为

$$\omega_{oxygen} \approx \left(\frac{2}{m}\beta\right)^{1/2} \tag{6-4}$$

$$\omega_{si} \approx \left(\frac{4}{3M}(\alpha + 2\beta)\right)^{1/2} \tag{6-5}$$

根据式(6 - 1)~式(6 - 5),计算 SiO_2 材料的 Si - O - Si 键角 θ 与波数的关系,
见图 6 - 6。从图 6 - 6 中可以知道,Si - O - Si 键角范围为 90° ~ 180°,TO 模式的
波数范围为 867.2 ~ 1136.8cm^{-1},LO 模式的振动频率范围为 1066.4 ~
1295.2cm^{-1}。将式(6 - 1)和式(6 - 2)变换,从 TO 模式的振动频率 ω_{TO} 得到
Si - O - Si 键角 θ 为

$$\theta = 2\arccos\left\{\left[\frac{m}{2}(\omega_{TO})^2 - \alpha\right]\bigg/(\beta - \alpha)\right\}^{1/2} \tag{6-6}$$

因此,如果获得了 SiO_2 薄膜的振动频率特性,则可以获得键角的信息,同时也可以获得 LO 模式的振动频率 ω_{LO}。

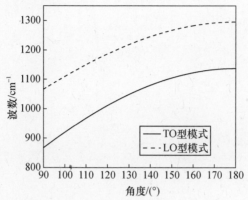

图 6 – 6　Si – O – Si 键角与波数的关系

6.1.2　红外光谱分析法

在 SiO_2 薄膜的红外振动光谱中,由于入射光波为横向振动光波,TO 模式的振动峰容易被激发,而 LO 振动模式则一般不容易被观察到,但可以通过采取倾斜入射的方法测量吸收光谱。对于块体 SiO_2 材料,吸收光谱与材料厚度直接相关。一般而言,无法获得毫米量级以上厚度的块体材料红外吸收光谱,但可以采用反射光谱的方法表征 SiO_2 薄膜微结构振动特性。图 6 – 7 给出了熔融石英在红外波段的介电常数虚部 ε_2[117],实线为谱段 $400 \sim 1500 cm^{-1}$ 内的介电常数虚部。利用 4 个高斯函数对 ε_2 峰进行分解,分别表征 SiO_2 的面内摇摆、对称伸缩振动、同相非对称伸缩振动和反相非对称伸缩振动的频率,峰值位置分别为 $452 cm^{-1}$、$804 cm^{-1}$、$1070 cm^{-1}$ 和 $1120 cm^{-1}$。

SiO_2 薄膜表现出来的微结构振动特性与其薄膜厚度相关。假设用 Si 基底的 SiO_2 薄膜表征微结构振动特性,SiO_2 薄膜的介电常数虚部 ε_2 如图 6 – 7 所示,其实部 ε_1 用 K – K 变换获得。假设薄膜厚度为 $50 \sim 1000 nm$,步长为 $100 nm$,波长为 $400 \sim 1500 cm^{-1}$,计算得到正入射条件下红外透射率光谱见图 6 – 8。

Barker 在研究 GaP 晶体时提出了能量损耗函数用于确定 TO 模式与 LO 模式,两个模式的能量损耗函数如下:

$$f_{TO} = (\varepsilon_i) \tag{6-7}$$

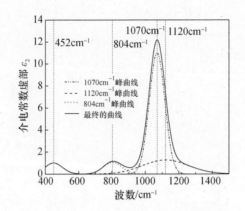

图 6-7 熔融石英在红外波段的介电常数虚部

$$f_{LO} = Im(1/\varepsilon) = \left(\frac{\varepsilon_i}{\varepsilon_r^2 + \varepsilon_i^2} \right) \tag{6-8}$$

$$\varepsilon(\omega) = \varepsilon_r(\omega) + i\varepsilon_i(\omega) \tag{6-9}$$

式中：$\varepsilon_r, \varepsilon_i$ 分别为介电常数 ε 的实部和虚部；f_{TO}, f_{LO} 对应的极值 ω 即为 TO 模式和 LO 模式的振动频率。在图 6-8 中，上面两个曲线分别为 SiO_2 块体材料的 TO 模式和 LO 模式下的能量损耗函数，通过式(6-7)~式(6-9)计算得到，图 6-8 所示为硅基底的不同厚度下 SiO_2 薄膜红外光谱透射率。从图 6-8 中可以看出，在红外透射率光谱中确定 SiO_2 薄膜的 3 个 TO 振动模式，其中 TO Mode1 为非对称伸缩振动模式，TO Mode2 为伸缩振动模式，TO Mode3 为面内摇摆振动模式。从图 6-9 中可以看出，在 3 种振动模式下，振动频率随着薄膜厚度的增加具有向高频方向移动的趋势，薄膜厚度越厚越接近于 SiO_2 真实的振动频率。从图 6-9 中可以看出，在正入射透射率光谱测试中无法激发 LO 振动模式。

假设薄膜厚度为 400nm，波数为 400~1500cm^{-1}，计算入射角度在 0°~80°之间的偏振红外透射率光谱，S 偏振的光谱透射率如图 6-10 所示。随着入射角度的增加，3 个 TO 振动模式均被激发，LO 振动模式仍未被激发，并且随着入射角的增加，TO 模式的振动频率具有向高波数方向移动的趋势。如图 6-11 所示，在 P 偏振透射率光谱下，当入射角小于 60°时，3 个 TO 振动模式均被激发，并且随着入射角的增加振动频率向高频波数方向移动，同时 LO Mode 1 也逐渐被激发。如图 6-12 所示，在入射角大于 60°时，在 P 偏振的透射率光谱中 TO Mode1 被激发，并随着入射角增加向高波数方向移动。TO Mode3 振动模式逐渐消失，TO mode2 与 LO Mode2 两者的振动频率相近无法精确分离。LO Mode 1 也逐渐被激发，并且没有频移现象，LO Mode 3 越来越清晰也没有频移现象。Si-SiO_2基底薄膜系统的赝

146

布儒斯特角是激发 LO Mode1 模式的关键入射角,在大于该角度入射时,LO Mode1 振动模式激发明显,入射角小于该角度则仅能激发 LO Mode2 模式的振动。

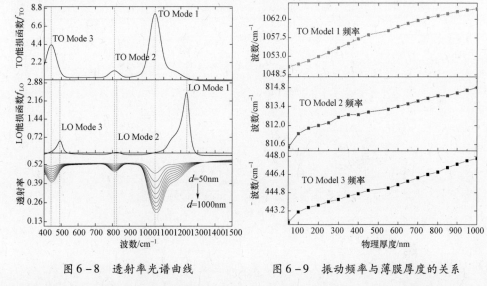

图 6-8　透射率光谱曲线　　　　　图 6-9　振动频率与薄膜厚度的关系

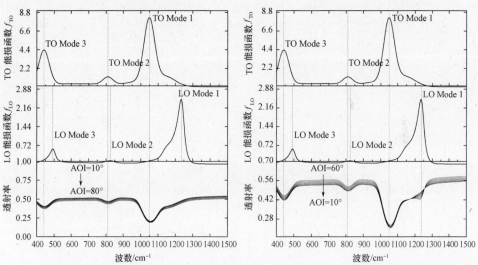

图 6-10　S 偏振透射率光谱　　　　图 6-11　P 偏振透射率光谱曲线(AOI≤60°)

　　下面讨论用椭圆偏振仪测量硅基底的 SiO₂薄膜振动特性。仍假设 SiO₂薄膜厚度为 400nm,波数为 400~1500cm⁻¹,计算入射角度在 30°~80°之间的反射椭偏参数 ψ 和 Δ,分别见图 6-13 和图 6-14,图的上方分别为 SiO₂的能量损耗函数。在两个反射椭偏谱中,TO Mode2 振动模式和 LO Mode2 均未被激发,LO Mode1 和

147

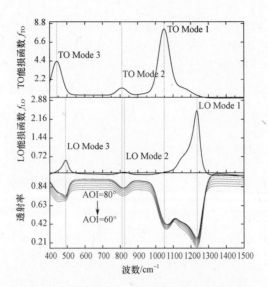

图 6 - 12　P 偏振透射率光谱曲线（AOI≥60°）

LO Model 3 被激发,随着入射角的增加激发强度增大。在反射 ψ 光谱中,随着入射角度的增加,LO 振动模式的振动频率有向高频波数方向移动的趋势;在反射 Δ 光谱中,随着入射角度的增加,LO 振动模式的振动频率有向低频波数方向移动的趋势。

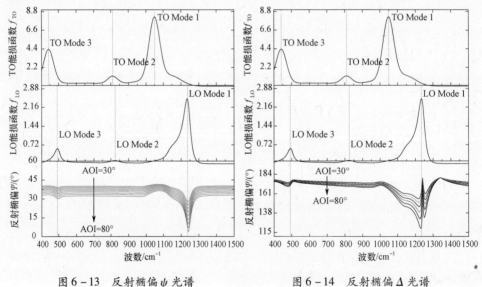

图 6 - 13　反射椭偏 ψ 光谱　　　　　图 6 - 14　反射椭偏 Δ 光谱

通过对硅基底 SiO₂ 薄膜的数值实验研究,讨论了在红外透射率光谱和反射椭

148

偏光谱中如何激发 SiO_2 薄膜 TO 振动模式和 LO 振动模式[118]。在正入射情况下能够激发出 3 个 TO 振动模式,在 P 偏振光下能够激发 LO 振动模式。由于薄膜厚度对 TO 模式下振动频率的判断具有较大的影响,因此下面选择介电常数的方法表征振动特性更具有物理意义。

6.1.3 介电常数分析法

1. SiO_2 薄膜介电常数获得方法

由于 SiO_2 薄膜的厚度一般在微米量级,如上所述吸收光谱表征振动频率具有薄膜厚度效应,使用红外光谱法无法精确表征出振动频率的特征;另一方面,吸收峰往往是复合结构,通过人为分峰的方法获得其吸收峰的精细结构,这样的方法具有一定的误差。基于上述的两点考虑,采用介电常数的方法则可以避免薄膜厚度对振动频率的影响,同时直接获得复合峰的细分频率。

Meneses 等[119]在研究无定形玻璃的红外介电常数时,提出了介电常数虚部的高斯线性方程,基于复合高斯振子模型成功表征了玻璃的红外波段介电常数。将单振子介电常数虚部 $\varepsilon''_i(\omega)$ 用高斯线形方程表示为

$$\varepsilon''_j(\omega) = \frac{A_j}{\gamma_j} \left\{ e^{-4\ln(2)\left(\frac{\omega - \omega_j}{\gamma_j}\right)^2} - e^{-4\ln(2)\left(\frac{\omega + \omega_j}{\gamma_j}\right)^2} \right\} \quad (6-10)$$

式中:A_j, γ_j, ω_j 为第 j 个振子的强度、线宽和振动频率,在后续讨论中所有涉及频率和阻尼系数变量的单位都为 cm^{-1}。由 m 个振子组成的介电常数虚部可以表示为

$$\varepsilon''(\omega) = \sum_{j=1}^{m} \frac{A_j}{\gamma_j} \left\{ e^{-4\ln(2)\left(\frac{\omega - \omega_j}{\gamma_j}\right)^2} - e^{-4\ln(2)\left(\frac{\omega + \omega_j}{\gamma_j}\right)^2} \right\} \quad (6-11)$$

根据 Krames – Kronig 变换原理,从方程(6-11)中可直接获得介电常数实部 $\varepsilon'(\omega)$,即

$$\varepsilon'(\omega) = \varepsilon_\infty + \frac{2}{\pi} P \int_0^\infty \frac{\omega' \varepsilon''(\omega')}{\omega'^2 - \omega^2} d\omega' \quad (6-12)$$

式中:ε_∞ 为高频介电常数;P 为主值积分。

由式(6-10)~式(6-12)可知,由 A_j、γ_j、ω_j、m 和 ε_∞ 唯一确定了光谱的介电常数。光波与物质相互作用的重要响应函数就是物质的复折射率 N,其与介电常数的关系为

$$\varepsilon = \varepsilon_r + i\varepsilon_i = N^2 = (n^2 - k^2) + i2nk \quad (6-13)$$

式中:n, k 分别为材料的折射率与消光系数。

对于薄膜材料,其折射率与消光系数可以使用全光谱拟合方法获得。假设在基底(复折射率 $N_s = n_s - ik_s$)表面有均匀、厚度为 d_f 的薄膜(复折射率 $N_f = n_f -$

149

ik_f),入射介质的等效导纳为 η_0,则由薄膜－基底系统的特征矩阵可以得到:

$$\begin{bmatrix} B \\ C \end{bmatrix} = \begin{bmatrix} \cos\delta & \mathrm{i}\,\dfrac{\sin\delta}{N_f} \\ \mathrm{i}N_f\sin\delta & \cos\delta \end{bmatrix} \begin{bmatrix} 1 \\ N_s \end{bmatrix} \qquad (6-14)$$

薄膜的相位厚度为

$$\delta = 2\pi N_f d_f / \lambda \qquad (6-15)$$

由式(6-14)和式(6-15)可以得到薄膜和基板的组合导纳 $Y = C/B$,因此可以获得薄膜－基底系统的反射率 R 和透射率 T 分别为

$$R = \left(\frac{\eta_0 B - C}{\eta_0 B + C}\right)\left(\frac{\eta_0 B - C}{\eta_0 B + C}\right)^* \qquad (6-16)$$

$$T = \frac{4\eta_0\eta_s}{(\eta_0 B + C)(\eta_0 B + C)^*} \qquad (6-17)$$

采用光谱测试仪器获得薄膜－基底系统的反射率 R 和透射率 T,将反射率和透射率作为复合反演计算的目标,使用非线性约束优化算法,逐步迭代获得最优的振子参数 A_j、γ_j、ω_j、m 和 ε_∞。在迭代过程中,评价反演计算效果的目标优化函数是关键性指标,一般采用如下的定义[120]:

$$\mathrm{MSE} = \left\{\frac{1}{2N-M}\sum_{i=1}^{N}\left[\left(\frac{T_i^{\mathrm{mod}} - T_i^{\mathrm{exp}}}{\sigma_{T,i}^{\mathrm{exp}}}\right)^2 + \left(\frac{R_i^{\mathrm{mod}} - R_i^{\mathrm{exp}}}{\sigma_{R,i}^{\mathrm{exp}}}\right)^2\right]\right\}^{1/2} \qquad (6-18)$$

式中:MSE 为测量值与理论模型计算值的均方差;N 为测量波长的数目;M 为变量个数;T_i^{exp},R_i^{exp} 分别为第 i 个波长的测量值;T_i^{mod},R_i^{mod} 分别为第 i 个波长的计算值;$\sigma_{T,i}^{\mathrm{exp}}$,$\sigma_{R,i}^{\mathrm{exp}}$ 分别为第 i 个波长的测量误差。

从式(6-18)中可以看出,MSE 被测量误差加权,所以噪声大的数据被忽略掉。

2. SiO$_2$薄膜振动模式数的确定方法

薄膜样品的基底为超光滑表面的 Si 片(表面粗糙度约 0.3nm,ϕ40 × 0.32mm),采用离子束溅射沉积方法制备 SiO$_2$ 薄膜,具体工艺参数见表 2-2。沉积薄膜物理厚度约为 829nm,样品数量为 7 个。采用化学抛光的方法对 SiO$_2$ 薄膜进行抛光处理,抛光化学溶液为氢氟酸 + 氨水 + 丙三醇 + 乙二醇 + 去离子水,化学溶液的配比:去离子水 1500mL、NH$_4$HF$_2$ 5g、丙三醇 40mL、乙二醇 10mL。为了保证化学抛光的均匀性,将薄膜样品侧放在聚四氟乙烯托盘上放入烧杯中,然后将烧杯放置于超声波清洗机中,通过控制化学抛光时间,达到实现薄膜厚度分层处理的目的,实验参数如表 6-1 所列。

表 6 – 1　化学抛光时间与 SiO$_2$薄膜厚度的关系

抛光时间/min	抛光去除厚度/nm	薄膜厚度/nm
0	0	829
91	92	737
187	188	641
311	316	513
390	393	436
634	590	239
720	703	126

利用 Perkin Elmer 公司的红外傅里叶光谱仪测量上述 7 个不同抛光时间的 SiO$_2$薄膜样本红外光谱透射率,波数间隔为 0.1 cm^{-1},波数范围为 750 ~ 1450cm^{-1}。不同分层厚度的 SiO$_2$薄膜红外光谱透射率见图 6 – 15,图 6 – 16 为 7 个 SiO$_2$薄膜样品的红外吸光度光谱。

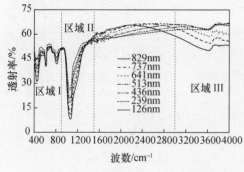

图 6 – 15　SiO$_2$薄膜的红外光谱透射率　　图 6 – 16　SiO$_2$薄膜的吸光度光谱

因子分析(Factor Analysis)是化学计量学领域内的一种多元统计分析方法,在分析化学及整个化学领域内有着广泛的应用。该方法的基本原理是通过对纯化合物的混合物红外光谱矩阵进行解析,获得混合物中各纯化合物组分的光谱和化合物组分的相对浓度[121,122]。在这里,提出将介电常数中的复合振子等效为混合物,而独立的振子则为混合物中的成分,通过改变薄膜厚度而改变混合物吸光度。将 m 个波数下的 n 条光谱数据(n 条光谱在保证混合物成分相同下而强度不同),记成如下的光谱矩阵:

$$S = \begin{bmatrix} s_{11} & s_{12} & \cdots & s_{1n} \\ s_{21} & s_{22} & \cdots & s_{2n} \\ \vdots & \vdots & & \vdots \\ s_{m,1} & s_{m,2} & \cdots & s_{m,n} \end{bmatrix} \qquad (6-19)$$

式中:矩阵元素下标 $1,2,\cdots,n$ 代表不同厚度的薄膜;$1,2,\cdots,m$ 代表不同的光波长。

如图 6 – 16 所示,测量的 SiO_2 光谱波数范围为 $750\sim1450cm^{-1}$,波数间隔为 $0.1cm^{-1}$,则 $m=7001$,样品为 7 个样本则 $n=7$。为了计算光谱矩阵的 S 的秩,可以通过 S 的协方差矩阵 B 得到,即

$$B = S'S \qquad\qquad (6-20)$$

$$L'BL = \begin{bmatrix} \lambda_1 & & & \\ & \lambda_2 & & \\ & & \cdots & \\ & & & \lambda_n \end{bmatrix} \qquad (6-21)$$

式中:矩阵 B 为 $n \times n$ 阶的方阵;矩阵 S' 为矩阵 S 的转置矩阵。

由于矩阵 B 和矩阵 S 的秩相同,利用线性代数求出 B 的特征值,如式(6 – 21)所示,对角线矩阵中沿对角线上的元素 $\lambda_1 \sim \lambda_n$ 为 B 矩阵的特征值,对角线外元素全部为零,特征值不为零的个数就复合高斯振子的独立振子数 x。实际上,矩阵 B 的特征值不可能有完全等于零的数,只能近似接近为零,通过引入真实误差函数(RE)和指数误差函数(IND)的方法[123],用来确定近似非零本征值数量。

真实误差函数(RE)的表达式如下:

$$RE(k) = \left(\sum_{i=k+1}^{n} \frac{\lambda_i}{m(n-k)} \right)^{1/2} \qquad (6-22)$$

式中:k 为正整数。

当特征值 λ 大于 RE 值即为非零本征值,此时对应的 k 值即为独立高斯振子数 x。指数误差函数的表达式如下:

$$IND(k) = \left(\sum_{i=k+1}^{n} \frac{\lambda_i}{m(n-k)^5} \right)^{1/2} \qquad (6-23)$$

式中 k 的意义同上。当 IND 由最大到最小再由最小到最大,在此转折点处对应的 k 值即为独立高斯振子数 m。

SiO_2 薄膜红外吸光度光谱如图 6 – 16 所示,对 3 个区域分别进行光谱矩阵因子分析。表 6 – 2 中给出了 3 个区域内光谱矩阵的 λ、RE 和 IND。根据上述高斯振子数量的判断方法,从 RE 的结果判断,在 $750\sim900cm^{-1}$ 区间有 2 个振子,在 $900\sim1450cm^{-1}$ 区间有 4 个振子,在 $3000\sim4000cm^{-1}$ 区间有 3 个振子,而通过对 IND 的分析结果也是一致的。因此,通过此方法对 SiO_2 薄膜介电常数反演计算,介电常数高斯振子数量 $m=9$。

表 6 – 2 不同厚度的 SiO_2 薄膜吸光度光谱因子分析结果

因子	$400\sim900cm^{-1}$			$900\sim1500cm^{-1}$			$3000\sim4000cm^{-1}$		
	特征值 λ	真实误差函数 RE	指数误差函数 IND	特征值 λ	真实误差函数 RE	指数误差函数 IND	特征值 λ	真实误差函数 RE	指数误差函数 IND
1	1.16×10^{-2}	2.32×10^{-4}	4.73×10^{-6}	1.94×10^{-1}	5.25×10^{-4}	1.07×10^{-5}	2.97×10^{-3}	1.75×10^{-4}	3.57×10^{-6}
2	1.46×10^{-4}	1.19×10^{-4}	3.29×10^{-6}	1.09×10^{-3}	1.45×10^{-4}	4.02×10^{-6}	3.37×10^{-4}	8.67×10^{-5}	2.41×10^{-6}
3	2.08×10^{-5}	9.26×10^{-5}	3.71×10^{-6}	5.43×10^{-4}	8.37×10^{-5}	3.35×10^{-6}	7.94×10^{-4}	3.29×10^{-5}	1.32×10^{-6}
4	1.38×10^{-5}	6.18×10^{-5}	3.86×10^{-6}	1.57×10^{-4}	4.72×10^{-5}	2.95×10^{-6}	5.11×10^{-6}	2.67×10^{-5}	1.67×10^{-6}
5	3.34×10^{-6}	5.36×10^{-5}	5.95×10^{-6}	3.23×10^{-5}	3.44×10^{-5}	3.82×10^{-6}	3.67×10^{-6}	1.84×10^{-5}	2.05×10^{-6}
6	3.16×10^{-6}	3.40×10^{-5}	8.49×10^{-6}	1.36×10^{-5}	2.53×10^{-5}	6.32×10^{-6}	1.19×10^{-6}	1.46×10^{-5}	3.64×10^{-6}
7	8.08×10^{-7}	2.64×10^{-5}	2.64×10^{-6}	5.09×10^{-6}	2.08×10^{-5}	2.08×10^{-5}	5.93×10^{-7}	1.13×10^{-5}	1.13×10^{-5}
8	3.48×10^{-7}			2.60×10^{-6}			2.56×10^{-7}		

将式(6 – 11)中的振子数量 m 取为 9,对薄膜厚度为 829nm 的 SiO_2 薄膜红外透射谱进行反演计算,理论计算与实际测量的吻合程度和残差分别见图 6 – 17 和图 6 – 18。介电常数中振子的特性如表 6 – 3 所列,同时给出了 SiO_2 薄膜和熔融石英块体材料振子特征的对比。

表 6 – 3 SiO_2 薄膜在波数 $400\sim4000cm^{-1}$ 范围内的振子特性计算结果

振子数	振子特性					
	SiO_2 薄膜			熔融石英		
	振幅 A_j	频率 ω_j/cm^{-1}	带宽 γ_j/cm^{-1}	振幅 A_j	频率 ω_j/cm^{-1}	带宽 γ_j/cm^{-1}
1	4.314 ± 0.040	439.2 ± 0.3	77.4 ± 0.9	8.42	446	49
2	1.109 ± 0.017	809.3 ± 0.6	85.1 ± 0.5	0.96	810	69
3	1.246 ± 0.110	1030.7 ± 3.9	214.4 ± 5.1			
4	7.005 ± 0.100	1048.1 ± 0.3	67.4 ± 0.8	9.40	1063	75
5	0.357 ± 0.446	1133.9 ± 0.9	64.3 ± 6.0	0.85	1164	80
6	0.549 ± 0.401	1171.0 ± 7.9	114.0 ± 8.4	0.33	1228	65
7	0.029 ± 0.002	3294.5 ± 9.4	769.8 ± 3.3			
8	0.028 ± 0.003	3617.0 ± 0.3	109.7 ± 1.7			
9	0.039 ± 0.003	3488.4 ± 1.0	319.0 ± 1.4			

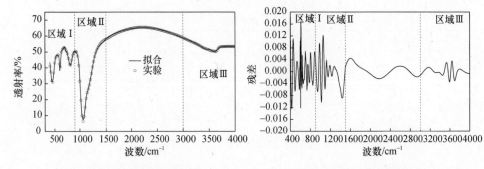

图 6 – 17 SiO₂薄膜红外光谱
测试与反演计算结果

图 6 – 18 SiO₂薄膜红外
光谱反演计算的残差

SiO₂薄膜的介电常数如图 6 – 19 所示,在图中同时给出了熔融石英体材料的介电常数。在 $400\sim1500cm^{-1}$ 波数区间内,由于 Si – O – Si 伸缩振动特征的 6 个振子叠加效应,SiO₂薄膜表现为 3 个反常色散区;在 $3000\sim4000cm^{-1}$ 波数区间内,由于 SiO₂薄膜含水和羟基缺陷的存在,出现 3 个振子叠加的现象,表现为 1 个反常色散区。下面对振子的物理意义进行分析:

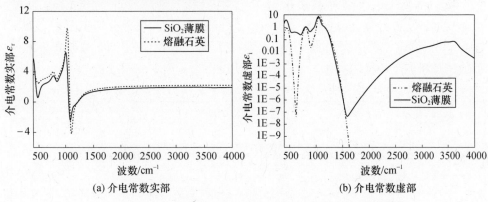

(a) 介电常数实部

(b) 介电常数虚部

图 6 – 19 SiO₂薄膜在 $400\sim4000cm^{-1}$ 波数范围内的介电常数

(1) 在 $400\sim900cm^{-1}$ 波数区间,SiO₂薄膜的 Si – O – Si 键对称伸缩振动频率和面内摇摆频率分别为 $809.3cm^{-1}$ 和 $439.2cm^{-1}$,而熔融石英的面内摇摆和对称伸缩振动频率分别为 $803.7cm^{-1}$ 和 $451.9cm^{-1}$。主要是由于在 SiO₂薄膜中,应变导致薄膜的对称伸缩振动频率和摇摆振动频率分别向高波数和低波数方向移动,并且振子的带宽 γ 具有展宽的趋势[124]。

(2) 在 $400\sim1500cm^{-1}$ 波数区间,SiO₂薄膜的 Si – O – Si 非对称伸缩振动模式有 4 个,振动频率分别为 $1030.7cm^{-1}$、$1048.1cm^{-1}$、$1133.9cm^{-1}$ 和 $1171.0cm^{-1}$;熔融石英中,非对称伸缩振动频率分别为 $1063cm^{-1}$、$1164cm^{-1}$ 和 $1228cm^{-1}$,其中

$1228cm^{-1}$ 振动频率应为纵向振动模式下的振动频率。将 SiO_2 薄膜与熔融石英的振动频率对比来看，$1030.7cm^{-1}$ 应为 $Si-OH$ 的振动频率，而在其他文献中该波数在 $950cm^{-1}$ 附近；$1048.1cm^{-1}$ 和 $1133.9cm^{-1}$ 为 $Si-O-Si$ 化学键的非对称伸缩振动和相邻原子的反相非对称伸缩振动频率，$1171.0cm^{-1}$ 应为激发的纵向振动模式的振动频率，与熔融石英的 $1228cm^{-1}$ 振动频率较为接近。

（3）由于非对称伸缩振动频率与 $Si-O-Si$ 的键角相关。根据中心力模型计算平均键角[125]，SiO_2 薄膜的平均键角为 135.1°，而熔融石英的平均键角为 144°，主要由于薄膜的致密度高处于高应力状态所导致，高密度状态导致了 $Si-O-Si$ 键角被压缩。

（4）在 $3000 \sim 4000cm^{-1}$ 波数区间，熔融石英内无水分子或 OH 基团的影响。SiO_2 薄膜的振子频率分别为 $3294.5cm^{-1}$、$3488.4cm^{-1}$ 和 $3617.0cm^{-1}$，分别与含 H 键的 H_2O 分子、H_2O 分子和 $Si-OH$ 的伸缩振动相对应[126,127]，说明在 SiO_2 薄膜在制备过程中与大气中的水发生了化学反应或制备后出现的自然毛细吸水现象，因此在红外吸光度光谱上产生了化学缺陷的振动吸收峰。值得注意的是，在 $3000 \sim 4000cm^{-1}$ 波数区间内，由于 SiO_2 薄膜内水分子和羟基缺陷的存在，导致介电常数实部比熔融石英体材料低，而介电常数的虚部则比熔融石英体材料高。

在上述的研究中，针对 SiO_2 薄膜在红外波段介电常数的复合振子数量如何确定问题，首次将因子分析技术用于精确确定复合振子的数量，提出的复合振子中振子数量的确定方法具有普遍的应用价值，使介电常数反演计算过程具有明确的物理意义，可应用于具有红外波段振动特性的固体薄膜材料介电常数的表征。

6.2 不同制备方法的二氧化硅薄膜短程微结构

6.2.1 SiO_2 薄膜的介电常数

分别采用电子束蒸发、离子辅助、离子束溅射和磁控溅射的方法，制备了 9 组硅基底的 SiO_2 薄膜样本，硅基底的特性和制备工艺参数见 2.2.1 节。将不同沉积工艺制备的样本编号和制备方法列入表 6-4，具体参数见表 3-9，后面的分析使用表 6-4 中的略缩语。

表 6-4 硅基底 SiO_2 薄膜的制备方法

编号	样品制备方法	制备方法
1	LB-1	电子束蒸发，一氧化硅再氧化，无离子辅助
2	LB-2	电子束蒸发，二氧化硅再氧化，无离子辅助

编号	样品制备方法	制备方法
3	LB - 3	电子束蒸发,二氧化硅再氧化,APS 离子辅助
4	HF - 1	电子束蒸发,二氧化硅再氧化,低能低束流辅助沉积
5	HF - 2	电子束蒸发,二氧化硅再氧化,高能高束流辅助沉积
6	V3	离子束溅射,硅靶再氧化
7	V4 - 1	离子束溅射,二氧化硅靶再氧化
8	V4 - 2	离子束溅射,二氧化硅靶再氧化,离子束辅助沉积
9	RAS	磁控溅射制备

SiO$_2$薄膜样本的红外光谱透射率与光谱反射率分别见图 6 - 20 和图 6 - 21。在光谱图中可以看出,SiO$_2$薄膜在红外光波作用下激发 TO 振动模式,在 400 ~ 1450cm^{-1}波数范围内,出现 4 个较强的振动吸收峰。在这 4 个振动峰中,波数为 612cm^{-1}附近的振动峰为 Si 基底本身的振动峰,其在反射率光谱中没有出现较强的振动峰。在 1250cm^{-1}附近的光谱反射率上出现较强的振动特性,这是 SiO$_2$薄膜的 LO 振动模式。在图 6 - 20 和图 6 - 21 中,从 900 ~ 1200cm^{-1}波数之间的振动峰线形来看,应该不是单一的振动峰,而是多个振动峰的叠加。因此,可以确定 9 种制备方法制备的 SiO$_2$薄膜均具有面内摇摆振动、对称伸缩振动和非对称伸缩振动特性,振动频率应该分别在 430cm^{-1}、800cm^{-1}、1040cm^{-1}、1100cm^{-1}和 1300cm^{-1}附近。

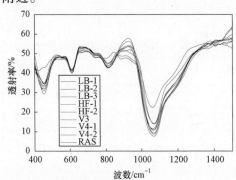 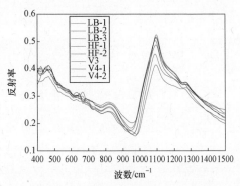

图 6 - 20　不同制备工艺下的 SiO$_2$　　　　图 6 - 21　不同制备工艺下的 SiO$_2$
　　　　薄膜透射率光谱　　　　　　　　　　　薄膜反射率光谱

对 SiO$_2$薄膜的红外光谱反演计算,将介电常数波段拓展到 4500cm^{-1},在较宽的波段范围内(400 ~ 4000cm^{-1}),对测试的光谱透射率和反射率进行反演计算,得到式(6 - 10)的振子参数。9 种方法制备的 SiO$_2$薄膜介电常数振子参数见表 6 -

5。表中空白处表示该工艺下制备的薄膜无此振子。LB-1薄膜在$882cm^{-1}$下具有振动特性,其他薄膜均未出现与此频率相关的振子参数,该振动频率表明了LB-1方法制备的SiO_2薄膜中具有非完整化学计量比缺陷。

表6-5 9种工艺下SiO_2薄膜的介电常数振子参数

参数	制备方法								
	LB-1	LB-2	LB-3	HF-1	HF-2	V3	V4-1	V4-2	RAS
A_1	3.156	3.917	4.857	3.825	5.125	4.252	4.645	4.909	5.388
ω_1	428.0	436.6	440.7	438.5	442.6	439.2	433.8	440.4	442.0
γ_1	132.1	74.6	71.7	74.6	66.3	77.4	85.2	71.1	67.0
A_2	0.575	0.997	1.029	0.857	1.057	1.200	0.645	1.184	1.210
ω_2	808.0	802.1	823.7	809.5	813.4	812.9	814.2	808.5	811.1
γ_2	230.0	94.1	65.9	85.1	80.5	87.6	62.4	75.7	75.4
A_3	0.140								
ω_3	882								
γ_3	22.3								
A_5	0.716	0.805	0.129	0.633	0.589	0.539	0.147	0.473	2.605
ω_5	955.2	952.8	952.6	950.6	1000.3	983.2	988.3	967.0	1022.8
γ_5	77.4	148.0	91.4	89.7	112.4	141.0	40.1	100.2	84.4
A_6	3.862	6.386	7.543	5.379	8.143	7.231	7.546	7.994	7.714
ω_6	1045.2	1046.4	1044.1	1051.2	1049.8	1041.7	1047.2	1047.1	1050.3
γ_6	79.1	64.1	83.4	75.7	72.4	78.6	70.5	76.2	67.3
A_7	1.175	1.541	1.080	1.250	1.182	1.203	1.375	1.270	1.182
ω_7	1132.8	1109.6	1155.3	1144.0	1140.1	1138.1	1121.6	1143.9	1141.9
γ_7	126.2	175.1	134.8	140.7	158.9	151.9	175.3	136.6	149.2
A_8	0.137	0.131		0.086			0.047	0.043	
ω_8	3205.8	3343.9		3180.4			3484.7	3433.2	
γ_8	478.2	569.5		400.2			354.8	375.7	
A_9	0.133		0.0218	0.093	0.038	0.043	0.045	0.042	0.034
ω_9	3444.9		3627.3	3423.3	3575.3	3583.6	3629.9	3623.6	3653.5
γ_9	320.2		273.04	226.9	508.7	248.3	103.7	125.7	114.2

从表6-5中的振子特性计算得到SiO_2薄膜的介电常数实部和虚部,分别见图6-22和图6-23。通过介电常数,利用式(6-7)和式(6-8)计算得到TO模式和LO模式下能量损耗函数,如图6-24所示。通过对TO模式和LO模式下的能量

损耗函数分析可以看出,LB－1 方法制备的 SiO$_2$薄膜能量损耗函数变化较其他薄膜异常,在 TO 振动模式下 800cm^{-1} 频率附近的振动峰展宽较为严重,在 LO 振动模式下 430cm^{-1} 频率附近的频移严重,由于这两个位置的频移与 SiO$_2$薄膜中 Si 和 O 的化学环境相关,频移较大说明薄膜中存在严重的化学计量比缺陷,可能存在 SiO 和 Si$_2$O$_3$的化学成分。其余 8 组样本的 TO 振动频率略有偏移,采用磁控溅射制备的薄膜非对称伸缩振动频率最高,低能、低束流辅助沉积电子束蒸发的薄膜非对称伸缩振动频率最低。在 LO 模式下,磁控溅射制备的 SiO$_2$薄膜非对称伸缩纵向频率频移最大,其强度也最大。

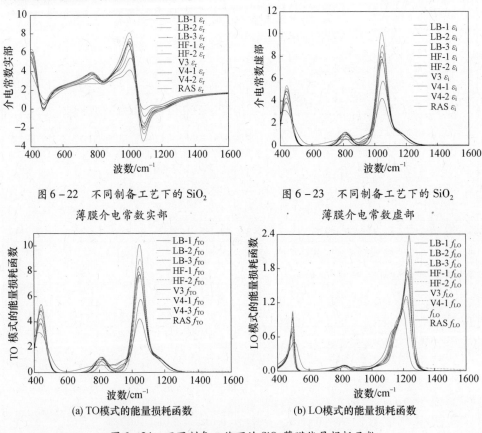

图 6－22　不同制备工艺下的 SiO$_2$　　　　图 6－23　不同制备工艺下的 SiO$_2$
　　　薄膜介电常数实部　　　　　　　　　　薄膜介电常数虚部

(a) TO模式的能量损耗函数　　　　　　　(b) LO模式的能量损耗函数

图 6－24　不同制备工艺下的 SiO$_2$薄膜能量损耗函数

6.2.2　SiO$_2$薄膜的含羟基缺陷

从表 6－5 中可以看出,9 种 SiO$_2$薄膜中均含有羟基缺陷,首先关注第 8 和第 9 个振子参数。从数据中可以看出,LB－2、LB－3、HF－2、V3 和 RAS 中仅有一种形

158

态的羟基缺陷:振动频率在 3600cm^{-1} 附近,这种缺陷应是 Si – OH 中含氢羟基非对称伸缩振动缺陷,LB – 2 薄膜中的羟基伸缩振动频率在 3343.9cm^{-1},说明其含有自由羟基的含量高,羟基与自由水羟基的振动特性相近。在表 6 – 5 中,第五个振子表征了 LB – 3、HF – 2、V3 和 RAS 薄膜中的 Si – OH 弯曲振动频率特性。LB – 1、HF – 1、V4 – 1、V4 – 2 四种薄膜中均呈现了含有自由水羟基和含氢羟基的振动特征,其中 LB – 1 薄膜的羟基振动频率与 HF – 1 薄膜的振动频率相近,虽然两者均有两组振动频率,但偏向于自由水羟基的振动,并没有反映出 Si – OH 的伸缩振动特性;V4 – 1 和 V4 – 2 薄膜均有两组振动频率,分别反映了薄膜中自由水分子的羟基振动和 Si – OH 的伸缩振动。无论是电子束蒸发还是高能溅射,薄膜中必然含有 Si – OH 的羟基缺陷,但是自由水羟基的缺陷则不一定出现。

SiO$_2$ 薄膜中的羟基来源主要有如下两种机制:

(1)在不同制备条件下,电子束蒸发方法制备的薄膜相对密度低,低致密度的薄膜在大气中具有毛细吸水效应,因此容易导致薄膜中具有自由水的羟基缺陷;LB – 2 薄膜中的羟基缺陷几乎都是自由水羟基缺陷,说明其致密度是所有薄膜中最低;在 LB – 2 薄膜制备过程再加上离子辅助沉积制备了 LB – 3 薄膜,大幅度改善了薄膜致密度,自由水羟基缺陷基本消失。

(2)起始材料中存在的羟基缺陷,在制备过程中容易导致薄膜中出现羟基缺陷。如离子束溅射制备的 V3、V4 – 1 和 V4 – 2 薄膜,磁控溅射制备的 RAS 薄膜,薄膜中含有的羟基缺陷大部分来源于靶材料的缺陷。因此,在上述 9 种方法制备的 SiO$_2$ 薄膜,含水自由羟基缺陷和 Si – OH 的羟基缺陷必然存在,这会影响到薄膜的密度、折射率等相关光学特性。因此,对于任何一种 SiO$_2$ 薄膜的制备技术,需要采取进一步的处理方法以有效降低薄膜的羟基缺陷,在 6.3 节中重点针对离子束溅射制备的 SiO$_2$ 薄膜热处理脱羟进行了研究。

6.2.3 SiO$_2$ 薄膜的微结构特性

对于本征振动特性,熔融石英的面内摇摆振动频率为 442cm^{-1}、Si – O – Si 对称伸缩振动频率为 810cm^{-1} 和非对称伸缩振动频率为 1075cm^{-1},SiO$_2$ 薄膜的振动频率相对于熔融石英的频移见表 6 – 6。

首先,分析 SiO$_2$ 薄膜的 TO 模式与 LO 模式振动频率分裂量。SiO$_2$ 材料的 TO 模式和 LO 振动模式的频率分裂,最早在 GeO$_2$ 玻璃和 SiO$_2$ 玻璃的拉曼光谱中被发现[128],随后 TO 与 LO 振动频率分裂是无定形 SiO$_2$ 材料研究中的重要内容,熔融石英玻璃的 TO 模式与 LO 振动频率分裂量为 175cm^{-1}。学术界认为[129 – 131]:在 SiO$_2$ 的随机网络结构中,由于库仑相互作用引起了 TO 模式与 LO 模式的频率分裂,分裂量越大则宏观极化能力越强,其化学共价键的极性越强。在 9 组 SiO$_2$ 薄膜样品中,磁控溅射的薄膜频率分裂量最高(RAS),电子束蒸发 SiO 膜料再氧化的方法制备的薄膜频率分裂量最小(LB-1);在同一种制备方式下,高能离子辅助沉积提高了薄膜的 TO 模式与 LO 模式频率分裂量,如 HF-2 薄膜相对于 HF-1 薄膜、V4-2 薄膜相对于 V4-1 薄膜、LB-3 薄膜相对于 LB-2 薄膜。而采用离子束直接溅射硅靶再氧化的方法、磁控溅射的方法均可直接获得高频率分裂量的 SiO₂ 薄膜。

表 6-6　SiO₂ 薄膜的振动频率频移效应

样品	TO 模式非对称伸缩振动频移/cm^{-1}	TO 模式与 LO 模式频率分裂/cm^{-1}
LB-1	-27.33	147.1
LB-2	-27.88	176.1
LB-3	-30.07	184.3
HF-1	-22.37	168.4
HF-2	-25.13	186.2
V3	-32.79	185.5
V4-1	-26.23	168.5
V4-2	-27.33	184.6
RAS	-27.68	190.9

其次,分析薄膜非对称伸缩振动频率频移。该振动频率与薄膜中的 Si-O-Si 键角和相对密度相关,相对于熔融石英来看,无论哪种方法制备的薄膜的振动频率均出现频率红移。在 9 组 SiO₂ 薄膜样本中,不考虑异常的 LB-1 薄膜,则离子束溅射硅靶、再氧化的方式制备的 SiO₂ 薄膜的 TO 模式频率频移最大(V3),采用电子束蒸发、低能/低束流辅助沉积的 SiO₂ 薄膜的 TO 模式频率频移最小(HF-1)。在同一种制备方式下,高能离子辅助沉积提高了 TO 模式的频移,如 HF-2 薄膜相对于 HF-1 薄膜、V4-2 薄膜相对于 V4-1 薄膜、LB-3 薄膜相对于 LB-2 薄膜。G. Lucovsky 等[132]研究了热氧化 SiO₂ 薄膜的非对称伸缩振动频率与折射率的关系,证明了两者之间存在一定的线性关系,表 6-6 中 SiO₂ 薄膜的频移与折射率相对差值的函数如图 6-25 所示,Δn 为薄膜相对块体材料的折射率差值,频移与相对折射率的关系基本呈现近线性关系。LB-1、V4-1、V4-2 和 RAS 四种 SiO₂ 薄膜偏离了线性关系,这是由于 LB-1 薄膜为非完整化学计量比的 SiO₂ 薄膜,其他 3 种薄膜偏离线性关系的机制不清。

最后,SiO₂ 薄膜的非对称伸缩频率反映了薄膜的 Si-O-Si 键角。根据表 6-5 中的第 6 个和第 7 个振子参数,可计算出薄膜的平均键角,9 组 SiO₂ 薄膜的 Si-O-Si 键角均小于熔融石英,如图 6-26 所示。Lisovskii 等[116]给出了 Si-O-Si 键角与 SiO₄ 四面体网络结构的关系:①当 Si-O-Si 平均键角为 120° 时,SiO₂ 内的

160

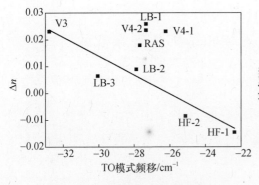

图 6-25 SiO₂ 薄膜 TO 模式频移与
相对折射率的关系

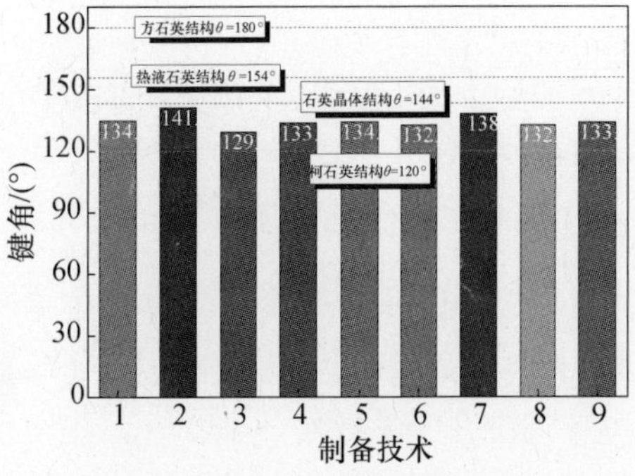

图 6-26 SiO₂ 薄膜的平均键角

网络结构为柯石英结构,SiO₄ 四面体的连接方式为 4-折叠环;②当 Si-O-Si 平均键角为 130.5°时,SiO₄ 四面体的连接方式为 3-折叠平面环;③当 Si-O-Si 平均键角为 144°时,SiO₂ 内的结构为晶体石英结构,其 SiO₄ 四面体的连接方式为 6-折叠环;④当 Si-O-Si 平均键角为 154°时,SiO₂ 内的网络结构为热液石英结构,其 SiO₄ 四面体的连接方式为 5-折叠环、7-折叠环和 8-折叠环混合结构;⑤当 Si-O-Si 平均键角为 160.5°时,SiO₄ 四面体的连接方式为 4-折叠平面环;⑥当 Si-O-Si 平均键角为 178.5°时,SiO₄ 四面体的连接方式为 5-折叠平面环;⑦当 Si-O-Si 平均键角为 180°时,SiO₂ 内的网络结构为方石英,SiO₄ 四面体的连接方式平面片状结构。从图 6-26 中可以看出,对于 9 种工艺方法制备的 SiO₂ 薄膜,Si-O-Si 平均键角为 120°~142°,每种薄膜对应的 SiO₄ 四面体连接方式和短程有序微结构见表 6-7。

表 6-7 SiO₂ 薄膜的短程有序微结构

样品	Si-O-Si 平均键角/(°)	SiO₂ 薄膜网络结构
LB-1	134.6	3-折叠平面环
LB-2	141.1	6-折叠环(类石英晶体结构)
LB-3	129.3	3-折叠平面环/4-折叠环混合结构
HF-1	133.5	3-折叠平面环
HF-2	134.1	3-折叠平面环
V3	132.5	3-折叠平面环
V4-1	138.0	6-折叠环(类石英晶体结构)
V4-2	132.5	3-折叠平面环
RAS	133.8	3-折叠平面环

161

6.3 二氧化硅薄膜短程微结构热处理效应

6.3.1 介电常数热处理效应

SiO₂薄膜后处理改性的技术主要有热处理、大气氛围热处理、紫外线辐射处理、真空热处理、特定气氛下的热处理和快速热处理等。对薄膜后处理的改性研究主要集中在光学特性、晶向结构、化学计量比、表面/断面结构、表面微结构上报道较多。在使用红外光谱法对 SiO₂薄膜微结构的研究中,主要有不同制备工艺的 SiO₂薄膜的振动光谱[133]、振动模式与密度的关系[134]、振动光谱与薄膜的孔隙率关系[135]、振动模式的时效特性[136]、SiO₂薄膜 TO 模式与 LO 模式的激发方法[116]、振动频率的薄膜厚度效应[137]等,但对 SiO₂薄膜微结构的热处理效应研究鲜见报道。采用离子束溅射沉积技术制备了 SiO₂薄膜,在大气氛围中对 SiO₂薄膜做不同温度的热处理,通过对 SiO₂薄膜微结构振动的研究,获得了含羟基缺陷、薄膜中随机网络结构、Si－O－Si 键角和相对密度等特性的变化规律。

SiO₂薄膜的制备采用射频离子束溅射沉积的方式,薄膜沉积在超光滑的硅基底上,制备参数见本书中的 2.2 节,热退火处理温度曲线见图 2－13,保持温度分别为 150℃、250℃、350℃、450℃、550℃、650℃和 750℃。利用 Perkin Elmer 公司的红外傅里叶变换光谱仪测量了硅基底和 SiO₂薄膜样品的光谱透射率,波数间隔为 1cm⁻¹,波数范围 400～4000cm⁻¹。硅基底的光谱透射率如图 6－27 所示,而不同温度热处理后 SiO₂薄膜样品的红外光谱透射率见图 6－28。

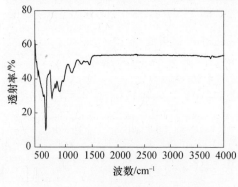

图 6－27 硅基底的红外光谱透射率

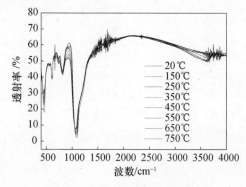

图 6－28 不同热处理的 SiO₂
薄膜红外光谱透射率

基于 6.1.3 节的介电常数分析方法,首先从图 6－27 中反演计算得到硅基底的光学常数,然后从图 6－28 的红外透射率光谱中反演计算出 SiO₂薄膜介电常数。

不同温度热处理后 SiO₂ 薄膜的介电常数实部见图 6－29,介电常数的虚部见图 6－30,通过介电常数计算得到薄膜的 TO 模式和 LO 模式的能量损耗函数分别见图 6－30和图 6－31。在红外波段 400~4000cm⁻¹ 波数范围,出现 5 个反常色散区:①在438cm⁻¹波数附近,该处的振动为 Si－O－Si 化学键的面内摇摆振动频率;②在812cm⁻¹波数附近,为 Si－O－Si 的对称伸缩振动区,Si－O－Si 的键长变化而键角不变;③在 1060cm⁻¹附近,Si－O－Si 的非对称伸缩振动区,Si－O－Si 的键角变化而键长不变;④在 3500cm⁻¹附近,该区域为薄膜中自由羟基和含硅氢基团化学缺陷的振动特征区;⑤在波数 950.0cm⁻¹附近,该振动区为 Si－OH 的振动热性,由于与非对称伸缩振动区复合,所以表现出来介电常数的反常色散贡献不显著。

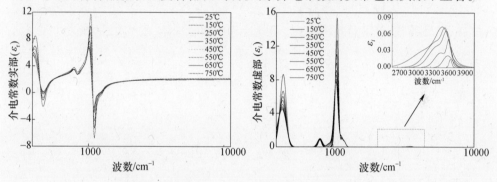

图 6－29　SiO₂薄膜介电常数实部　　　　图 6－30　SiO₂薄膜介电常数虚部(f_{TO}函数)

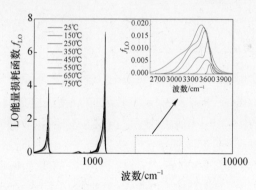

图 6－31　SiO₂薄膜的 LO 模式能量损耗函数

6.3.2　微结构低频振动特性

面内摇摆振动和对称伸缩振动特性,如图 6－32 和图 6－33 所示,随着热处理温度增加,摇摆振动频率逐渐上升,呈现二阶的变化规律,对称伸缩振动频率随着温度的升高逐渐下降。摇摆振动频率与中心力常数近似正比,应该是中心力常数随着热处理温度的升高而呈现增加的趋势,表观呈现振动频率的升高,这与 O 原子和 Si 原子所处的化学环境发生变化相关[113]。这一点可以在图 6 - 32 中看出,由于在 SiO₂ 薄膜中存在水和 Si - OH 化学缺陷,而且水化学缺陷在热处理后发生了变化,Si 和 O 原子的化学环境在发生变化。在熔融石英的本征振动特性中[124],摇摆振动频率为 446cm⁻¹,对称伸缩振动频率为 810cm⁻¹。从图 6 - 32 和图 6 - 33 中热处理 SiO₂ 薄膜的摇摆频率和对称伸缩振动频率的变化规律来看,随着热处理温度的升高,这两个本征频率逐渐接近于熔融石英的振动频率,也就是说 SiO₂ 薄膜中的 Si 和 O 化学环境接近于理想 SiO₂ 材料。因此可以确定 SiO₂ 薄膜中的这两个频率的频移与 Si 和 O 化学环境相关。

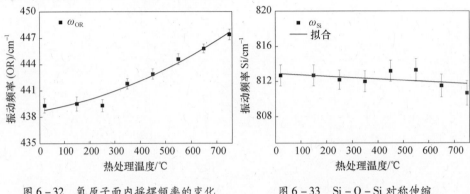

图 6 - 32 氧原子面内摇摆频率的变化　　图 6 - 33 Si - O - Si 对称伸缩
振动频率的变化

6.3.3　羟基结构振动特性

Si - OH、OH 基团和 H₂O 振动特性:Si 和 O 的化学环境与块体材料有差异,尤其是羟基化学缺陷的影响严重。在 SiO₂ 薄膜红外光谱中共有 3 处反映羟基缺陷的特征振动区[6-12],其中 950.0cm⁻¹ 反映了 Si - OH 化学缺陷的振动特征,而 3289.4cm⁻¹ 和 3550cm⁻¹ 附近的振动区反映了羟基振动特征。一般认为自由水分子的自由羟基振动频率在 3400cm⁻¹,而与 Si 反应的羟基振动频率则在 3660 ～ 3690cm⁻¹。图 6 - 34、图 6 - 35 和图 6 - 36 分别给出了 Si - OH 基团和自由羟基、含硅羟基(Si - OH)的振动频率变化曲线,随着 SiO₂ 薄膜热处理温度的增加,3 个频率均是呈现变大的趋势。如图 6 - 34 和图 6 - 35 所示,Si - OH 的伸缩振动和自由羟基的振动在 350℃ 温度热处理后消失;含硅羟基振动在 350℃ 热处理后振动峰基本消失,而自由羟基在消失后转化为含氢的羟基,SiO₂ 薄膜在 450℃ 和 550℃ 热处理后存在的是含氢羟基。因此,在 350℃ 热处理后存在自由羟基向含氢羟基的转化,而在 550℃ 热处理后 SiO₂ 薄膜中无羟基存在,如图 6 - 36 所示。

164

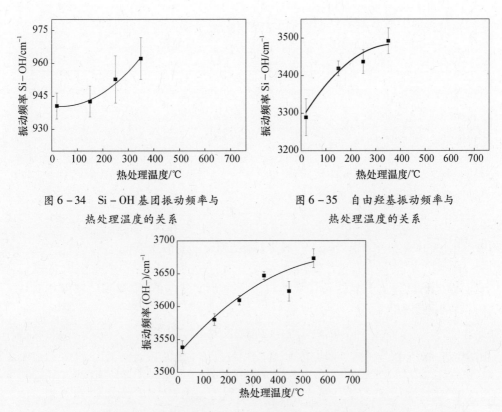

图 6 - 34　Si - OH 基团振动频率与　　　　图 6 - 35　自由羟基振动频率与
热处理温度的关系　　　　　　　　　　　热处理温度的关系

图 6 - 36　含硅羟基(Si - OH)振动频率与热处理温度的关系

6.3.4　非对称伸缩振动特性

　　Si - O - Si 的非对称伸缩振动特性:在离子束溅射 SiO$_2$ 薄膜的非对称伸缩振动区中,Si - O - Si 非对称伸缩振动频率有 3 个,中心频率分别为 $\omega_1 = 1048\text{cm}^{-1}$、$\omega_2 = 1138.7\text{cm}^{-1}$ 和 $\omega_3 = 1181.32\text{cm}^{-1}$。对于 SiO$_2$ 薄膜的非对称伸缩振动频率,ω_1 为 Si - O - Si 的非对称伸缩振动频率,而 ω_2 和 ω_3 应为反相非对称伸缩振动频率。从图 6 - 30 和图 6 - 31 中分别计算出 TO 模式振动频率和 LO 模式振动频率,两个振动频率随着热处理温度的变化规律分别见图 6 - 37 和图 6 - 38。随着热处理温度的增加,ω_{TO} 和 ω_{LO} 均呈现频率增加的趋势。在这里,SiO$_2$ 薄膜的振动频率增加,其主要原因是在 SiO$_2$ 薄膜中 Si - O - Si 键角发生了变化。下面详细讨论薄膜的 Si - O - Si 键角与相对密度的变化规律。

　　SiO$_2$ 薄膜中的 Si - O - Si 键角与非对称伸缩振动频率 ω_{TO} 相关,薄膜相对于石英的密度也与 ω_{TO} 相关。对于化学计量比基本完整的 SiO$_2$ 薄膜,用 Si - O - Si 振动的 TO 模式频率 ω_{TO} 表征薄膜的密度已经普遍接受。熔融石英的 TO 振动频率为

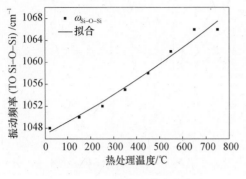
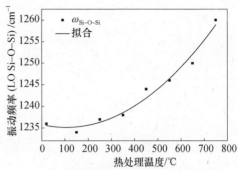

图 6-37　TO 模式下非对称伸缩　　　　图 6-38　LO 模式下非对称伸缩
　　振动频率变化规律　　　　　　　　　振动频率变化规律

1075cm^{-1},定义 SiO_2 薄膜与熔融石英 TO 振动频率的差值为 $\Delta\omega_{TO}$:

$$\Delta\omega_{TO} = \omega_{TO,film} - \omega_{TO,silica} \qquad (6-24)$$

定义 $\Delta\rho$ 为 SiO_2 薄膜与熔融石英块体材料质量密度的差值,则薄膜的密度相对块体材料的密度变化为

$$\Delta\rho/\rho = (\rho_{film} - \rho_{fused\ silica})/\rho_{fused\ silica} \qquad (6-25)$$

相对密度 $\Delta\rho$ 与频移 $\Delta\omega$ 之间的关系为[135,136]

$$\Delta\rho = -\Delta\omega/320 \qquad (6-26)$$

在这里,从式(6-24)~(6-26)中可以得到 SiO_2 薄膜的 Si-O-Si 键角和相对密度的关系。

　　根据式(6-24)~(6-26),计算得到 SiO_2 薄膜的 Si-O-Si 平均键角与相对密度随着热处理温度的变化规律见图 6-39 和图 6-40。目前已知的各种二氧化硅块体材料的键角,由不同的键角构成的 SiO_4 微结构主要包括:6-折叠环结构的石英晶体(键角 144°)、4-折叠环结构的柯石英(120°)、3-折叠平面环(130.5°)、5/7/8-折叠平面环混合结构(154°)、4-折叠平面环(160.5°)、5-折叠平面环(178.5°)和 β-方石英晶体(180°)。本实验下的 SiO_2 薄膜,未进行热处理的薄膜 Si-O-Si 键角为 129.5°,SiO_4 四面体的相互连接方式近似为 3-折叠平面环。如图 6-39 所示,随着热处理温度的增加,Si-O-Si 键角逐渐从 129.5° 增加到 130.7°,说明 SiO_2 薄膜中的随机网络结构从类柯石英结构向类石英晶体结构转化,其中在 550℃ 热处理时达到几乎完全的 3-折叠平面环结构。如图 6-40 所示,薄膜相对于石英的相对密度随着热处理温度增加而下降(从 8.44% 下降到 2.81%),薄膜的平均密度仍高于熔融石英块体材料。Si-O-Si 键角的变化与薄膜相对密度近似相关,如图 6-41 所示,两者的呈现负相关特性,相关系数达到 -0.93724。因此,可以说明,当 SiO_2 薄膜的密度发生变化时,其键角也随之发生变化。

166

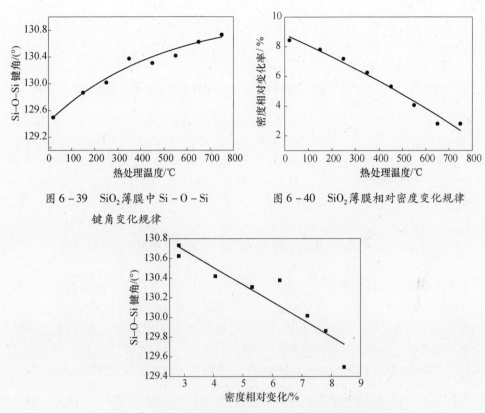

图 6 – 39　SiO₂ 薄膜中 Si – O – Si 键角变化规律

图 6 – 40　SiO₂ 薄膜相对密度变化规律

图 6 – 41　SiO₂ 薄膜相对密度与 Si – O – Si 键角的关系

　　上面详细讨论了离子束溅射 SiO₂ 薄膜在热处理后的微结构振动特性,通过微结构的变化得到了薄膜的特性变化规律。通过上述分析,在热处理后 SiO₂ 薄膜的微结构主要发生了 3 类主要的变化:一是薄膜的含水化学缺陷消失;二是薄膜密度发生变化;三是薄膜中 Si – O – Si 平均键角和相对密度发生变化。所有的变化均通过薄膜微结构的振动特性表征出来。随着热处理温度的增加,SiO₂ 薄膜的密度下降导致 Si – O – Si 键角逐渐增加,TO 和 LO 模式下的非对称伸缩振动频率增加,由于 Si 和 O 原子的化学环境发生了变化,其中心力常数随着热处理温度增加发生变化,导致 O 原子中心力常数随着热处理温度增加而增加,Si 原子振动中心力常数呈相反的趋势,随着化学缺陷的消失,两个原子的中心力常数趋于稳定。

第7章 二氧化硅光学薄膜材料的应用

在紫外/可见/近红外波长范围内，SiO_2薄膜是一非常优秀的低折射率光学薄膜材料，与典型的高折射率薄膜材料（如 Ta_2O_5、HfO_2 等）组合制备多层膜，在高精度光学薄膜应用领域具有不可替代的位置，本章结合实际应用给出几个典型示例。

7.1 高折射率材料的基本特性

在光学薄膜元件应用中绝大多数是多层膜的结构，至少涉及高低折射率两种光学薄膜材料，当讨论 SiO_2 薄膜材料在光学薄膜领域的应用过程中，必然会牵涉到高折射率薄膜材料。考虑到在紫外到近红外波段 SiO_2 薄膜材料的应用，这里给出将要配合使用的 Ta_2O_5 和 HfO_2 两种薄膜材料特性。Ta_2O_5 和 HfO_2 是两种最为常用的光学薄膜材料，相关的文献报道较多，这里就不具体列出。

7.1.1 Ta_2O_5薄膜特性

在光学多层膜应用上，Ta_2O_5 薄膜的主要沉积技术有 IBS 和 E – Beam + APS 等。依据相关资料和实际工作经验，基底材料选择为熔融石英玻璃和单晶硅片，选择的 IBS 和 E – Beam + APS 沉积工艺参数见表 7 – 1。

表 7 – 1 Ta_2O_5薄膜沉积工艺参数

沉积技术	离子束溅射 IBS	电子蒸发离子辅助（E – Beam + APS）
靶材/膜料	Ta 靶	Ta_2O_5 颗粒
真空度/Pa	$\leqslant 6 \times 10^{-4}$	$\leqslant 6 \times 10^{-4}$
16cm 离子束压/V	1250	—
16cm 离子束流/mA	600	—
APS 束压/V	—	120
APS 束流/mA	—	50
沉积速率/(nm/s)	0.20 ~ 0.30	0.15
氩气流量/(mL/min)	18	20
氧气流量/(mL/min)	45	30
基底温度/℃	—	280

基底－薄膜系统的测试选择为椭偏参数和光谱透射率测试,测试参数选择3.1.4 节中的〈测试参数 A〉和〈测试参数 B〉,拟合过程选择 3.1.3 节的 Model C,得到 Ta_2O_5 薄膜的光学常数见图 7－1,其中图 7－1(a)为两种制备工艺的薄膜折射率与消光系数,图 7－1(b)为 IBS 技术制备的不同基底上 SiO_2 薄膜的折射率色散。

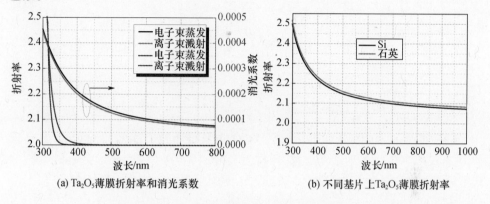

(a) Ta_2O_5薄膜折射率和消光系数   (b) 不同基片上Ta_2O_5薄膜折射率

图 7－1 Ta_2O_5薄膜折射率和消光系数

如图 7－1(a)所示,这两种技术得到的折射率特性近似一致,但 E－Beam＋APS 工艺在 350～450nm 区间的消光系数明显优于 IBS 工艺,E－Beam＋APS 从 350nm 波长开始 $k \leqslant 1 \times 10^{-5}$,而 IBS 在 400nm 波长 $k = 2.8 \times 10^{-5}$,从 450nm 波长开始 $k \leqslant 1 \times 10^{-5}$。图 7－1(b)表明不同基底上同时沉积的 Ta_2O_5 薄膜,拟合得到的折射率会存在一定的差异,如 500nm 波长点,熔融石英基底比单晶 Si 高 0.028。

对于光学薄膜,尤其是高折射率氧化物薄膜,退火同样是十分有效和必要的工艺过程,在这将以 IBS 沉积的薄膜为例讨论退火过程中的变化规律。退火参数和退火后的特性见表 7－2 和图 7－2。作为光学薄膜领域的应用,尤其在低损耗薄膜中,300℃24h 是优选退火工作点。

表 7－2 Ta_2O_5薄膜样本热处理前后的光学常数

序号	基板温度 /℃	折射率 n@500nm	消光系数 k@500nm	物理厚度 d /nm	折射率梯度 Δn/%	应力/GPa
1	25	2.134	3.85×10^{-6}	439.0	0.34	－0.498
2	100	2.129	2.90×10^{-6}	442.0	0.35	－0.373
3	200	2.127	1.34×10^{-6}	443.7	0.29	－0.276
4	300	2.125	1.41×10^{-6}	443.4	0.61	－0.027
5	400	2.119	2.10×10^{-6}	442.9	0.52	0.404
6	500	2.120	3.27×10^{-6}	440.8	0.58	0.437
7	600	2.108	4.45×10^{-6}	445.5	0.17	0.563

169

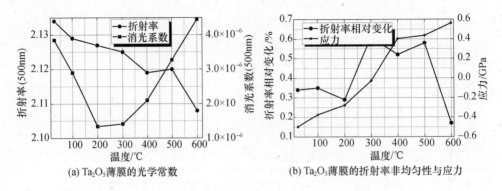

(a) Ta₂O₅薄膜的光学常数   (b) Ta₂O₅薄膜的折射率非均匀性与应力

图 7 - 2   Ta₂O₅薄膜的光学常数、折射率非均匀性与应力特性

进一步用 X 射线衍射仪对退火后 Ta₂O₅薄膜样本进行晶向结构测试(日本理学 D/max - 2200 型 X 射线衍射仪,靶材为 $Cu\ Ka(\lambda = 0.15405nm)$),结果见图 7 - 3,室温至 600℃温度条件下处理后的 Ta₂O₅薄膜呈现稳定的无定形结构。

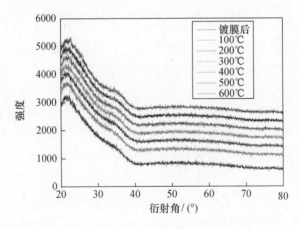

图 7 - 3   Ta₂O₅薄膜晶向结构

7.1.2   HfO₂薄膜特性

在光学薄膜应用中,HfO₂薄膜从紫外到近红外均有良好的透光性,主要沉积技术有 IBS 和 E - Beam 等。选择 IBS 技术比较不同沉积参数对应的薄膜特性,试验方案见表 7 - 3。

得到对应的紫外/可见/近红外的折射率与消光系数见图 7 - 4。

HfO₂薄膜的典型特性数据见表 7 - 4。

表 7 - 3   IBS HfO₂ 试验方案

序号	基板温度/℃	离子束压/V	离子束流/mA	氧气流量/(mL/min)	沉积时间/s
1	室温	650	300	20	15000
2	室温	950	450	30	8000
3	室温	1250	600	40	5000
4	120	650	450	40	11000
5	120	950	600	20	5500
6	120	1250	300	30	11000
7	200	650	600	30	8000
8	200	950	300	40	14000
9	200	1250	450	20	7500

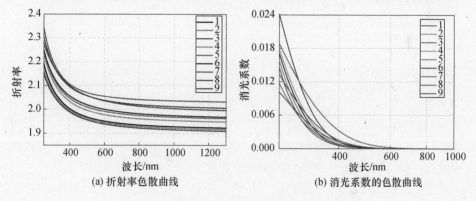

(a) 折射率色散曲线   (b) 消光系数的色散曲线

图 7 - 4   IBS HfO₂ 薄膜折射率和消光系数曲线

表 7 - 4   IBS HfO₂ 典型特性数据

序号	折射率 $n@633nm$	消光系数 $k@633nm$	物理厚度 d/nm	折射率梯度 Δn	沉积速率 /(nm/s)	应力 /GPa
1	1.9467	1.68×10^{-6}	466.5	0.73%	0.031	-0.446
2	1.9404	2.67×10^{-6}	492.4	0.63%	0.062	-0.697
3	1.9345	3.45×10^{-6}	485.9	0.70%	0.097	-0.730
4	1.9736	2.35×10^{-6}	477.5	1.02%	0.043	-1.093
5	1.9874	7.79×10^{-6}	448.6	0.92%	0.082	-1.218
6	1.9956	3.61×10^{-6}	479.1	1.58%	0.044	-1.009
7	2.0514	1.32×10^{-4}	417.5	4.76%	0.052	-2.124
8	2.0304	2.49×10^{-5}	470.4	7.16%	0.034	-2.533
9	2.0334	1.81×10^{-5}	483.1	6.05%	0.064	-2.340

从图 7-3 和表 7-4 可知,对 IBS 技术沉积的 HfO$_2$ 薄膜,镀膜前的加温是灾难性的,会导致薄膜消光系数、应力和非均匀性等大小成倍增加。不加温、低束压和低束流,得到的低沉积速率薄膜性能较好。比较研究了增加 IAD 和/(或)后退火等,得到的结果是薄膜综合性能没有提高甚至出现退化,综合考虑,选定 IBS 和 E-Beam 沉积技术的参数如表 7-5 所列。

表 7-5 HfO$_2$ 薄膜技术工艺参数

沉积技术	离子束溅射 IBS	电子束蒸发 E-Beam
靶材/膜料	HfO$_2$ 靶	Hf 颗粒
真空度/Pa	$\leqslant 6 \times 10^{-4}$	$\leqslant 6 \times 10^{-4}$
16cm 离子束压/V	1250	—
16cm 离子束流/mA	600	—
沉积速率/(nm/s)	0.20 ~ 0.30	0.1
氩气流量/(mL/min)	18	20
氧气流量/(mL/min)	45	100
基底温度/℃	—	280

得到的 IBS 和 E-Beam 两种方法沉积的 HfO$_2$ 光学薄膜常数如图 7-5 所示,表现出与 Ta$_2$O$_5$ 薄膜基本相同的比较特性,基于 E-Beam 技术制备的 HfO$_2$ 薄膜,向短波方向从 260nm 波长开始消光系数 k 大于 2.2×10^{-4},而 IBS 技术制备的 HfO$_2$ 薄膜到 336nm 波长开始达到这个量级。综合以上分析,IBS 技术沉积的 Ta$_2$O$_5$ 和 HfO$_2$ 薄膜适宜于可见/近红外区域应用,而在短波紫外区 E-Beam 技术具有明显优势。

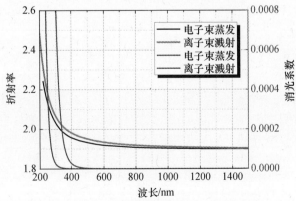

图 7-5 HfO$_2$ 薄膜折射率和消光系数曲线

7.2 低损耗光学薄膜

低损耗光学薄膜的主要应用方向就是激光陀螺,在低损耗光学薄膜领域,经过约半个世纪的发展,人们形成了基本共识:IBS 技术具有无可替代的地位,而最优选的薄膜材料组合是 Ta_2O_5 和 SiO_2。图 7-6 是一种通用的激光陀螺结构原理图,激光陀螺实质上是环形的 He-Ne 激光器,顺逆时针方向运行的光束的差频用来测量相对坐标下的旋转角速率,在这类结构中仅使用反射膜(全反射膜和部分透射输出镜)。而对于其他结构,如四频差动激光陀螺中,为了解决陀螺的闭锁效应而使用了旋光和磁光效应的插入元件,因此还需要超高透射率的减反射薄膜元件。

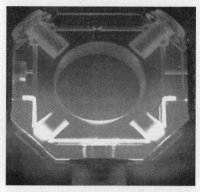

图 7-6 通用激光陀螺结构原理图

激光陀螺的反射镜基片选择为熔融石英或微晶玻璃,表面粗糙度约 0.2nm,总损耗则要求不大于 50×10^{-6}(AOI =45°,S 偏振),积分散射不大于 10×10^{-6};对于四频差动激光陀螺,减反射薄膜的基片为熔融石英或水晶,表面粗糙度约 0.2nm,薄膜总损耗不大于 50×10^{-6}(AOI =0°),剩余反射不大于 30×10^{-6}。更为重要的一点是,要求两种薄膜能够在 He-Ne 等离子放电环境中长期稳定工作。

下面讨论光学薄膜在激光陀螺应用中的 3 个问题:632.8nm 的高反膜(AOI = 45°,S 偏振)、632.8nm 的减反膜(AOI =0°)和等离子放电环境下的行为。依据上面的讨论和相关结论,薄膜选择 IBS 技术沉积的 Ta_2O_5 和 SiO_2。为了便于测试分析和讨论,基片材料都选择紫外级熔融石英。

7.2.1 高反膜

高反膜的基本结构为规整周期结构:

$$\text{Sub} \mid (\text{HL})^{\wedge m} 2\text{L} \mid \text{Air} \tag{7-1}$$

式中:H,L 分别为 1/4 波长光学厚度的 Ta_2O_5 和 SiO_2;m 为膜堆重复次数,Sub,Air 分别为基底(紫外级熔融石英)和入射介质(空气或真空),在下面的实验中取 $m=16$;Ta_2O_5 和 SiO_2 沉积参数分别为:< 表 7-1 IBS > < 沉积参数 A > 和 < 退火温度300℃/24h >。理论设计曲线、退火前后的透射率测试曲线如图 7-7 所示。

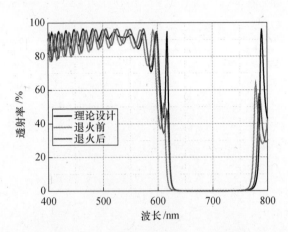

图 7-7 高反膜在 0°入角时理论设计曲线和实测透射率曲线

从图 7-7 中分析得到的高反膜的数据如表 7-6 所列。

表 7-6 高反膜数据

	设计	退火前	退火后	退火前后变化量
带宽/$(nm, T=1\%)$	141.1	139	139.25	0.25
中心波长 λ_0/nm	693.3	685.9	691.9	6.0

高反膜的实际测量带宽略小于设计值,可能的原因是设计中折射率的取值存在偏差,导致高低折射率薄膜的光学厚度比偏离设计值,由于这种差异较小,也不是低损耗高反膜关注重点,在此不展开讨论。为了直观了解薄膜的微结构及退火前后的变化,用透射扫描电子显微镜(TEM)的方法测试高反膜在热退火前后的横截面照片。薄膜的测试分为全貌和点位测试,如图 7-8 所示。图 7-9 为热处理前后高反膜断面的全貌照片。

分别采取对图 7-8 所示的位置进行测试,得到相关层薄膜的厚度,在此不再给出测试图片,具体数据见表 7-7。

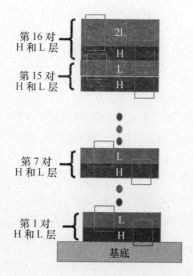

图 7-8　高反膜横截面测试示意图

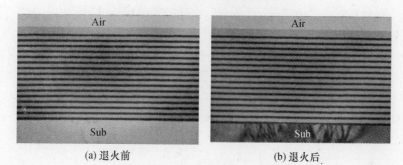

(a) 退火前   (b) 退火后

图 7-9　退火前后的截面测试图

表 7-7　高反膜数据

膜堆编号	薄膜材料	层厚度 d/nm			层折射率 n		层光学厚度 nd/nm			
		退火前	退火后	变化量	退火前	退火后	退火前	退火后	变化量	相对变化/%
1	H	77.9	79.1	1.2	2.134	2.125	166.2	168.09	1.85	1.11
	L	114.4	116.2	1.8	1.475	1.461	168.7	169.71	0.92	0.55
7	H	76.6	77.2	0.6	2.134	2.125	163.4	164.05	0.59	0.36
	L	113.3	115.4	2.1	1.475	1.461	167.1	168.54	1.38	0.82
15	H	76.5	77	0.5	2.134	2.125	163.2	163.63	0.37	0.23
	L	113.6	115.7	2.1	1.475	1.461	167.6	168.98	1.37	0.82
16	H	76.8	77.3	0.5	2.134	2.125	163.9	164.26	0.37	0.23
	2L	239.9	244.9	5	1.475	1.461	353.9	357.68	3.73	1.11

注：d(nm)：为这里实测数据；n：取自图 4-7 和表 7-2；nd(nm)：由 d(nm) $\times n$ 得到

由表7-7中物理厚度对应的数据(讨论中最外2L层不参与对比)可知：

(1) 沉积过程中每层厚度由时间控制,制备过程中假设沉积速率稳定,对高反薄膜每一膜堆的 H 和 L 层都沉积相同时间;从横断面物理厚度的测试结果来看,直到第七个膜堆,沉积速率才可视为稳定,不论是 H 层还是 L 层开始时沉积速率偏高,H 层偏高 1.7%,L 层偏高 1.0%。

(2) 退火后 H 和 L 层的物理厚度都增加,但第1膜堆的 H 层增加 1.2nm,第7膜堆后变化至 0.6nm,进一步降低到 0.5nm;退火过程中的这种薄膜厚度差异反映出薄膜特性的差异。而对 L 层第1膜堆增加 1.8nm,第7膜堆后变化至 2.1nm,差异虽然也存在,但不仅远低于 H 层,趋势也相反。

(3) 由表7-7中光学厚度相对变化列对应的数据,计算出退火后的中心波长长移 0.65%,与图7-7中实测的 0.87% 长移比较一致,其中的差异部分源于物理厚度和折射率的差异。同时,图7-9 的显微结构照片显示了 IBS 技术沉积的薄膜特点,主要表现为无定形、均匀无可视缺陷,薄膜界面清晰无可视缺陷;但第一层 H 层与基底材料之间存在约 1nm 的抛光再沉积层。

采用积分散射透射测试仪,对两个低损耗激光薄膜样品的散射进行了测量,测量数据如图7-10所示,样品 A 的散射损耗在 $1.1 \times 10^{-6} \sim 4.6 \times 10^{-6}$ 之间,散射损耗平均值为 2.9×10^{-6},样品 B 的散射损耗在 $3.0 \times 10^{-6} \sim 7.0 \times 10^{-6}$ 之间,散射损耗平均值为 4.8×10^{-6}。采用 ZYGO NV6200 白光表面轮廓仪测量表面形貌,测试区域为 $0.14\text{mm} \times 0.11\text{mm}$,测量结果如图7-11所示,表面粗糙度为 0.176nm。考虑 300℃ 退火前后积分散射和表面粗糙度的相对变化微小,在这里就不再给出退火前的测试曲线和图。

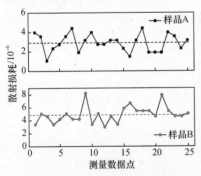

图7-10　退火后积分散射测试值

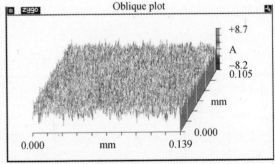

图7-11　退火后表面粗糙度测试图

依据多层膜散射标量理论,对薄膜材料 H、L 选择 Ta_2O_5 和 SiO_2,工作波长 632.8nm 的高反膜,薄膜粗糙度 $\sigma(\text{nm})$ 和薄膜积分散射 $S(10^{-6})$ 之间关系为

$$\sigma = 0.06\sqrt{S} \qquad (7-2)$$

针对测试的薄膜粗糙度 $\sigma(\mathrm{nm})$ 和薄膜积分散射 $S(10^{-6})$，结合式（7-2），计算出对应的 $\sigma(\mathrm{nm})$ 和 $S(10^{-6})$，考虑这个量级的测试误差，两者之间的关系在实验测量与理论计算还是具有较好的一致性，如表7-8所列。

表7-8　粗糙度 $\sigma(\mathrm{nm})$ 和积分散射 $S(10^{-6})$ 数据

序号	粗糙度 σ/nm	积分散射 $S(10^{-6})$
1	0.131	**4.8**
2	**0.176**	**8.6**

采用合肥知常光电科技有限公司研制的 PTS-2000 型光热弱吸收仪，分别对 300℃ 热处理前后的低损耗高反膜弱吸收特性进行测量，测量结果如图7-12和图7-13所示。

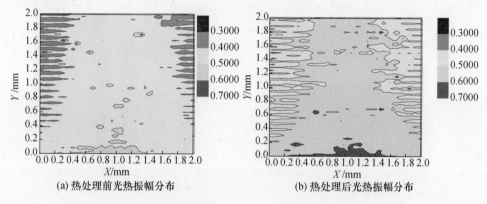

(a) 热处理前光热振幅分布　　　　(b) 热处理后光热振幅分布

图7-12　高反膜样本A热处理前后膜吸收损耗分布图

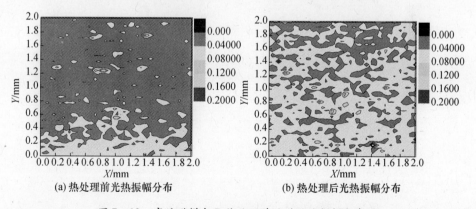

(a) 热处理前光热振幅分布　　　　(b) 热处理后光热振幅分布

图7-13　高反膜样本B热处理前后膜吸收损耗分布图

用式（3-40a）和式（3-40b）对测试数据进行分析，得到高反膜正入射条件下 532nm 吸收特性，如图7-14所示。利用光学薄膜软件对样品A进行反演分析计算,约定 532nm 波长的薄膜吸收系数与 633nm 波长相当,计算退火前的 H 和 L 层的消光系数分别为 $k_{H,noannealing}=1.70\times10^{-5}$ 和 $k_{L,noannealing}=3.00\times10^{-7}$ 时,结果见图 7-15(a);计算退火后的 H 和 L 层消光系数分别为 $k_{H,annealing}=1.41\times10^{-5}$ 和 $k_{L,annealing}=1.00\times10^{-7}$ 时,结果见图 7-15(b);在 45° 入射 633nm 波长 S 偏振条件下,退火前后的高反膜吸收分别是 37×10^{-6} 和 3.7×10^{-6},与图 7-14 的值对应,可确认反演模拟计算的消光系数相对准确。

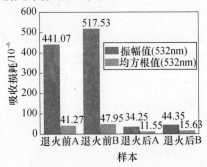

图 7-14 样本 A 和样本 B 的吸收损耗统计值

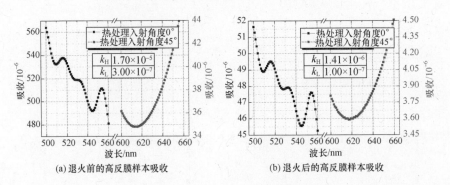

(a)退火前的高反膜样本吸收　　　　　　(b)退火后的高反膜样本吸收

图 7-15 吸收损耗模拟分析

对低损耗高反膜,重点关注的是总损耗。采用 3.2.1 节的光腔衰荡法总损耗测量方法(图 3-20(a)、(b)),对低损耗高反膜样品 A 退火前后的总损耗进行了测量,测量结果如图 7-16 所示,从图中可以看出,退火前低损耗高反膜的 635nm 波长 S 偏振总损耗为 37.6×10^{-6},退火后为 7.3×10^{-6},退火能显著降低低损耗高反膜的总损耗。考虑高反膜的透过 $T_s\approx0$,散射 $S\approx3.8\times10^{-6}$,那么前后的总吸收 $A_s=33.8\times10^{-6}$ 和 3.5×10^{-6},与薄膜吸收的模拟一致。

7.2.2　减反射膜

减反射膜的基本结构为:Sub | a_1Ha_2L | Air,其中:a_1 和 a_2 为薄膜厚度比例(相对

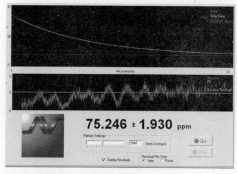
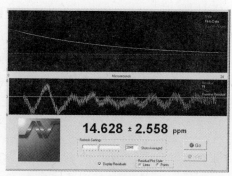

(a) 退火前   (b) 退火后

图 7 – 16   低损耗高反膜退火前后的总损耗测试结果

于 1/4 波长光学厚度 QWOT),薄膜工作角度为 0°。减反射膜设计见表 7 – 9,对应的剩余反射率和吸收曲线如图 7 – 17 所示,其中 7 – 17(a) 为剩余反射率和吸收率光谱,7 – 17(b) 为调整消光系数设计后的结果。

表 7 – 9   减反射膜设计结果

	折射率 n	消光系数 k	光学厚度 QWOT	厚度 d/nm
L	1.481	3.00×10^{-7}	1.32867	141.93
H	2.134	1.70×10^{-5}	0.34567	25.63

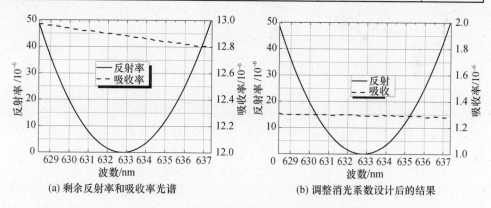

(a) 剩余反射率和吸收率光谱   (b) 调整消光系数设计后的结果

图 7 – 17   减反射膜设计与实验测试曲线

理论上 632.8nm 波长剩余反射率可以达到 0,但实际中不仅薄膜本身存在厚度和折射率等误差会影响剩余反射率,而且薄膜的梯度、界面和表面等特性也会影响剩余反射率,进一步而言薄膜的均匀性也会影响剩余反射率。下面仅以厚度误差的影响为例进行分析,当 H 层物理厚度出现 0.5nm 的偏差或 L 层偏差为

0.7nm,剩余反射率就从理想状态的 0 增加至 17×10^{-6},这类减反膜对沉积系统的稳定性和控制精度都提出了极高的要求,在这里选择 IBS 沉积技术。

剩余反射率是减反射膜关键的技术指标,10^{-6} 量级膜剩余反射率的测量没有现成仪器,自行搭建的剩余反射率测量装置如图 7 – 18 所示。选择 He – Ne 激光器为光源,M_1、M_2、M_3 为 632.8nm 的高反镜,反射率大于 99.95%,激光在样本的入射光束和出射光束夹角大约为 5°,激光经过 M_3 反射后由探测器接收从能量计读出数据,测量时先读出初始光强 I_0;用待测样品替换反射镜 M_1,由于较长的折叠光路及约 5° 入射角,样本前表面和后表面反射的光斑较易区分,测量样本前表面(被测面约定放置在前表面)剩余反射光对应的光强 I_1,减反射膜的剩余反射率 R 为

$$R = I_1/I_0 \qquad\qquad (7-3)$$

激光器光源的输出功率不小于 5mW,稳定性优于 5%,探测器暗电流小于 1nW,所以该装置能够稳定测量 1×10^{-6} 的剩余反射。

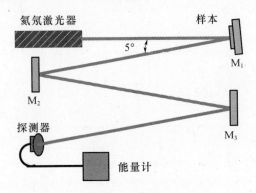

图 7 – 18 剩余反射率测量装置

表 7 – 10 是两组实际产品的实测剩余反射数据,每组 8 片,每片两个工作面,32 个面的剩余反射率存在很大的离散性,最小剩余反射率仅 3×10^{-6},而最大为 37×10^{-6},每组每面的平均剩余反射率分布在 13.9×10^{-6} ~ 18.3×10^{-6} 之间。

表 7 – 10 减反射膜剩余反射测量数据

	序列号	1	2	3	4	5	6	7	8	平均
第一组	A 面,$R/10^{-6}$	36	28	3	14	14	6	31	6	17.3
	B 面,$R/10^{-6}$	3	3	11	28	36	6	28	3	14.8
第二组	A 面,$R/10^{-6}$	37	14	17	22	22	22	6	6	18.3
	B 面,$R/10^{-6}$	14	11	9	24	30	9	3	11	13.9

在 4.3 节中曾讨论了薄膜的时效特性,即使 IBS 技术沉积的薄膜非常致密稳

定,也存在弱的时效特征,对常规高精度减反膜(如剩余反射率小于0.1%)这个效应是完全可以忽略的,但对 10^{-6} 量级剩余反射率就是难以忽略的效应了。对这类超低剩余反射率减反膜时效特性和演变规律,通过剩余反射率结合椭偏光谱进行测量分析。图7-19是减反射膜椭偏光谱测量数据和拟合结果,两者之间高度吻合。

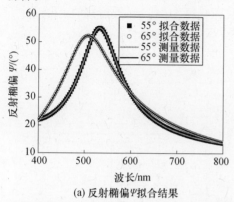

(a) 反射椭偏 Ψ 拟合结果

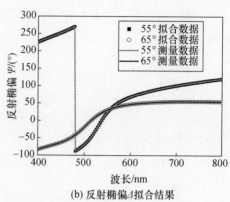

(b) 反射椭偏 Δ 拟合结果

图7-19 减反射膜的反射椭偏参数测量值和拟合值

图7-19对应的拟合数据见表7-11, A_n、B_n 和 C_n 分别为折射率色散柯西模型的系数。

表7-11 减反射膜拟合数据

	厚度/nm	折射率			
		A_n	$B_n/10^{-2}$	$C_n/10^{-3}$	633nm
L	141.28 ± 0.09	1.4717 ± 0.0010	0.4108 ± 0.0405	0.0102 ± 0.0041	1.482
H	28.10 ± 0.17	2.0374 ± 0.0017	1.6553 ± 0.0848	1.4266 ± 0.1030	2.088

表7-11中拟合得到的薄膜数据,与表7-9存在一定的偏差,主要差异是 Ta_2O_5 薄膜的折射率,源于表7-9拟合时薄膜厚度为几个QWOT,而减反膜的真实厚度还不到半个QWOT,Ta_2O_5 等高折射率材料较薄层的折射率通常都偏高。用表7-11的数据重新设计表7-9的膜系,得到的结果见表7-12,从表7-12中可以看到,重新设计的结果与实测值具有极好的一致性。

表7-12 减反射膜重新设计结果

	折射率(实测)	消光系数	光学厚度	物理厚度/nm	物理厚度/(nm,实测)	物理厚度偏差
L	1.482	3.00×10^{-7}	1.31643	140.53	141.28	-0.75
H	2.088	1.70×10^{-5}	0.37198	28.18	28.10	0.08

依据 4.3.1 节对 SiO_2 薄膜的时效分析,光学厚度的时效效应远大于折射率,在这里对光学参数的拟合分析聚焦于 Ta_2O_5 和 SiO_2 薄膜的光学厚度时效特性,测量和拟合得到的光学厚度时效如图 7-20 所示。Ta_2O_5 薄膜的光学厚度在开始 15 天内出现振荡,波动范围为 ±0.4,对 240 天的数据拟合得到的波动范围为 ±0.15,而表 7-11 中 Ta_2O_5 薄层的拟合误差为 ±0.17,因此,相对于 SiO_2 薄膜是可以忽略的效应。SiO_2 薄膜的光学厚度表现出明显的时效特性,开始 5 天单调增加 1.2nm,5 天至 42 天增加 0.53nm,随后增大趋势变缓,42 天至 240 天增加 0.38nm。

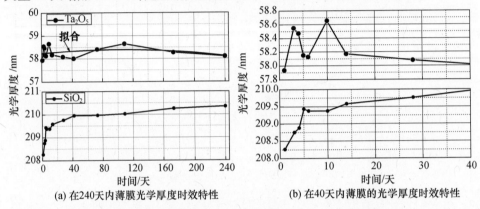

(a) 在240天内薄膜光学厚度时效特性   (b) 在40天内薄膜的光学厚度时效特性

图 7-20　减反射膜中 SiO_2 和 Ta_2O_5 薄膜光学厚度时效

综合分析,将减反射膜总光学厚度(图 7-20(a) + 图 7-20(b)两种材料的光学厚度相加)与剩余反射率时效变化数据对照比较,如图 7-21 所示,考虑时效过程中薄膜的光学厚度表现出增加的特征,镀制的减反射膜样品总光学厚度和中心波长略为偏短,减反射膜刚镀完后剩余反射率约 45×10^{-6},随着放置时间的增加,剩余反射率逐渐下降,到 40 天后趋于稳定,剩余反射率约 22×10^{-6}。通过分析可以得到,低损耗减反射膜存在明显的时效特性,主要是由于 SiO_2 薄膜光学厚度的变化。

由于减反射薄膜元件一般在激光陀螺谐振腔内使用,因此总损耗是更为关心的指标。采用 3.2.1 节的光腔衰荡法总损耗测量方法(图 3-20(a),(c)),选择的样品尺寸为 $\phi25mm$,基片材料为 Schott Q00 级熔融石英,对样品进行横向扫描,光斑尺寸约 1.5mm,扫描范围 $\pm10mm$,对应的总损耗扫描曲线见图 7-22(a),考虑一个周期两次经过样品,所以样品总损耗为测试值的 1/2,即 $L_{SUM} = 23\sim50\times10^{-6}$,对应的透射率 T:99.9977%~99.9950%;同时对扫描曲线中的几个代表点,用相机的微摄像功能记录对应照片见图 7-22(b),其中:a 点对应总损耗最低点 23×10^{-6},在谐振腔内强的驻波激光下非常暗;b 点和 c 点显示有弱的基片或薄膜

182

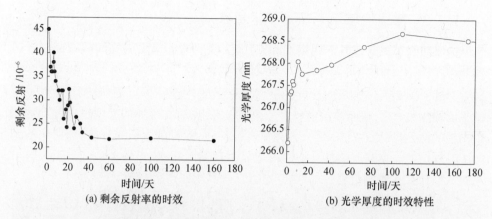

(a) 剩余反射率的时效

(b) 光学厚度的时效特性

图7-21 减反射膜光学厚度和剩余反射率时效特性

表面污染(暗场显微镜下难以识别),总损耗分别增加2×10^{-6}和4×10^{-6};d点和e点显示基片材料内部有弱的结构缺陷,总损耗分别增加20×10^{-6}和27×10^{-6}。这种总损耗测试技术,是少数能够清晰得到这些弱缺陷的有效方法之一,但测试工作难度较大,成本很高。

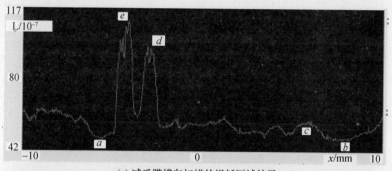

(a) 减反膜横向扫描的损耗测试结果

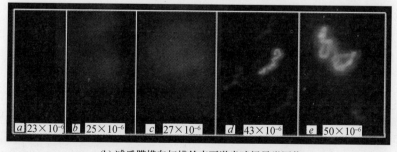

(b) 减反膜横向扫描的表面激光暗场显微图像

图7-22 减反射膜总损耗的扫描分布特性和对应特征点暗场显微照片

183

7.2.3　激光陀螺放电等离子体特性

为了研究等离子体与 SiO_2 薄膜相互作用,需要有能够实时在线测试高反射膜性能变化特性的手段,因此设计了一套环形激光器高反射镜的薄膜性能在线测试装置,如图 7-23(a)所示。设计的在线测试装置主要结构如下:环形谐振腔由 2 个平面输出镜、1 个球面输出镜和 1 个腔平移镜组成,在腔体的平面输出镜和球面输出镜的两侧设计了 4 个 45°入射光窗,窗片表面镀制 0°入射减反膜,透射率达到 99.995% 以上。在线测试装置结构由微晶材料加工而成,当环形激光器工作时可通过入射窗片在线测量镜片的性能变化情况,实物如图 7-23(b)所示。

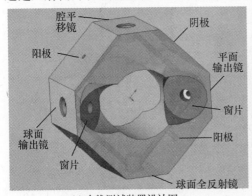
(a) 在线测试装置设计图

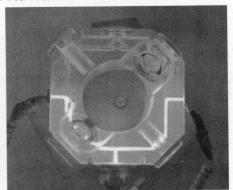
(b) 在线测试装置实物图

图 7-23　激光陀螺反射镜在线测量装置

激光陀螺谐振腔内是高纯度的 He-Ne 混合气体,按照一定的分压比充入到谐振腔中,采用高压辉光放电方式实现激光的振荡输出。高反射薄膜暴露于等离子放电的环境中,等离子特性决定了薄膜的性能退化和演化。为了获得谐振腔内的等离子体特性,首先必须获得等离子体的电子温度特性。在气体放电谐振腔内,电子以比离子大得多的热运动速度和密度轰击器壁,从而在器壁上造成负电荷积累,使器壁具有负电性,它排斥电子并加速离子向器壁运动,形成电子和离子沿同一方向的双极扩散。此后,器壁电位趋向恒定,并在器壁表面形成一层带负电位的等离子鞘,它的宽度为德拜长度 λ_D 的量级。温度越高,导致电荷分离的电子热运动越大,鞘的宽度也越宽;另一方面,粒子密度越大,壁上负电荷得到屏蔽所需的距离越短,鞘的宽度也就越窄。在一般的气体放电管中,当粒子密度够高时,鞘的宽度远小于管的半径,而等离子鞘的存在对于等离子体的反应过程有着重要的影响。因此,等离子体的电子温度的计算显得十分重要。在计算过程中,假设等离子体处于局部热力学平衡状态,满足 Saha 方程。在实验上测量等离子温度的方法较多,

184

主要有探针法(探针法和探极法)和电磁波法(微波、激光及光谱等方法)。采用光谱的方法表征等离子体温度,无论在实验难度上还是在操作上更为便捷。采用EMCCD 高性能时间分辨光谱采集系统对图 7 – 23 在线测试装置的等离子体放电光谱进行测量,得到 He – Ne 放电光谱如图 7 – 24 所示。

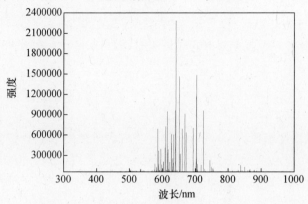

图 7 – 24　环形激光谐振腔的 He – Ne 放电光谱

将采集光谱与标准原子光谱数据库数据对比,并对典型谱线进行标记,见表 7 – 13。表中 λ 为辐射对应波长,g_k 为上下能级的统计权重,A 为自发辐射系数,高能态能量为对应辐射的上能级相对于基态的能量,电子组态为对应辐射上下能级的电子组态。

表 7 – 13　若干典型波长及相关参数

λ/nm	相对强度	g_k	$A/10^8 s^{-1}$	高能态能量/eV
355.78	63353	2	0.19	31.34301311
442.85	63571	6	0.33	37.6416620
515.44	66053	3	0.019	21.01742739
591.36	68800	3	0.048	20.70870644

通过发射谱线计算电子温度的方法如下:

(1)双谱线法。根据原子发射光谱理论,受激原子从高能级向低能级跃迁时,将以光的形式辐射出能量,产生特定的原子光谱。选择同种原子或离子的两条光谱线,其辐射强度比值满足:

$$\frac{I_1}{I_2} = \frac{A_1 g_1 \lambda_2}{A_2 g_2 \lambda_1} \exp\left(-\frac{E_1 - E_2}{kT_e}\right) \tag{7－4}$$

式中:I_1,I_2 为发射光谱强度;A_1,A_2 为跃迁概率;g_1,g_2 为统计权重;λ_1,λ_2 为发射谱线波长;E_1,E_2 为激发态能量;k 为玻耳兹曼常数;T_e 为等离子体电子温度。

185

参数 A、g 和 E 值可以从资料中查到。通过实验测定出两条谱线的强度后,代入相关光谱常数值,就可以获得等离子体的电子温度。但是该方法所得电子温度仅由两条谱线确定,显然所得结果误差会较大。为此,可以用多谱线斜率法来计算。多谱线斜率法可以获得更为准确的电子温度值。

（2）多谱线斜率法。谱线强度与等离子体电子温度有如下关系式:

$$\ln \frac{I\lambda}{gA} = -\frac{E_p}{kT} + C \tag{7-5}$$

式中:I 为相对谱线强度;λ 为波长;g 为对应谱线的上能级统计权重;A 为跃迁概率;E_p 为上能级能量;k 是玻耳兹曼常数;T_e 为等离子体电子温度;C 是常数。

对式(7-5)进行如下处理:令 $y = \ln(I\lambda/gA)$,再令 $x = -E_p$,那么显然可以得到 y 是关于 x 的线性函数,斜率为 $a = 1/kT$。将多条谱线的参数带入公式中可得 (x_1, y_1),(x_2, y_2),(x_3, y_3),$\cdots$ 几个点的坐标。并由此可以拟合得到一条直线,而该直线的斜率便是 $1/kT$。由此,可以计算出电子温度 T_e。从图7-24中选取4组光谱数据,将结果进行拟合,得到一条线性度相当好的直线,经过单位换算,代入常量电子电量 e,得到该直线的斜率为 $-e/kT$。拟合结果如图7-25所示,拟合获得的直线斜率为 -0.167,标准偏差为 0.0129,线性度很好,通过计算得到等离子体的电子温度为 $T_e = 69513\mathrm{K}$。

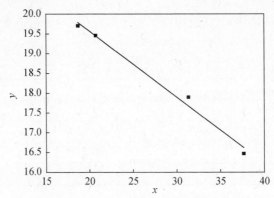

图7-25 $y = \ln(I\lambda/gA)$ 与 $x = -E_p$ 的线性关系

在热平衡的状态下,电子速率分布服从麦克斯韦分布,即

$$f(v) = 4\pi \left(\frac{m}{2\pi kT}\right)^{3/2} \mathrm{e}^{-\frac{m}{2kT}v^2} v^2 \tag{7-6}$$

式中:电子质量 $m = 9.3 \times 10^{-31} \mathrm{kg}$;波耳兹曼常数 $k = 1.38 \times 10^{-23} \mathrm{J/K}$;电子温度 $T_e = 69513\mathrm{K}$;$f(v)$ 随 v 的变化如图7-26所示,$f(v)$ 随电子能量 E 的变化如图7-27所示。

186

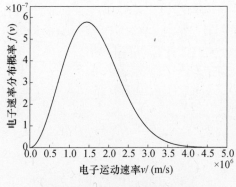
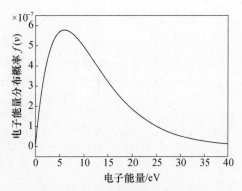

图 7 - 26　电子速率概率分布图　　　　图 7 - 27　电子能量概率分布图

根据电子最概然速率分布公式,计算得到 $f(v)$ 的最大值为

$$v_{\mathrm{m}} = \sqrt{\frac{2kT_{\mathrm{e}}}{m}} = 1.436 \times 10^6 \mathrm{m/s}$$

即此速率附近电子的数量最多,则最大的电子能量为:

$$E = \frac{1}{2} m v_{\mathrm{m}}^2 = 5.98 \mathrm{eV}$$

电子能量概率分布图如图 7 - 27 所示。SiO_2 薄膜带隙约为 7.4eV,对应在电子能量概率分布较大的区域,所以等离子体与高反射膜最外层的 SiO_2 薄膜相互作用,导致薄膜性能发生性能的变化,继而影响系统工作的稳定性。

7.2.4　等离子体对多层膜特性的影响

等离子体对薄膜产生一定的影响,在这里选择频率扫描法谐振腔损耗测试仪对图 7 - 6 结构的谐振腔进行实际测试,测试原理见图 7 - 28。激光器为一频率可连续变化的激光光源,通过图中的光路系统可以将该激光束注入到被测谐振腔中,使被测谐振腔内的激光产生振荡。在一定的周期 T 内,按照线性规律连续地改变激励激光器的激光频率(频率扫描范围为该激光器的一个纵模间隔),并使其注入被测谐振腔,被测谐振腔的某一特定纵模(一般以基模为研究对象)就会在入射光源的频率与其固有频率接近时产生谐振,谐振的强度在两频率相等时达到最大,光电探测器输出对应曲线。

谐振腔在一个振荡周期内,总损耗 δ 可以用谐振曲线的半高宽度 Δv_H 表示,即

$$\delta = 2\pi \frac{\Delta v_H}{(c/L)} \tag{7-7}$$

式中:c, L 分别为光速和谐振腔长。

在这里,谐振腔的总损耗主要包括几何损耗、衍射损耗及膜片损耗,当调腔精

187

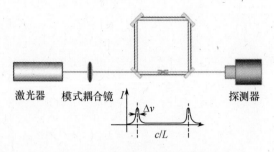

图 7 - 28　频率扫描法谐振腔损耗测试原理

度很高时,其几何损耗和衍射损耗稳定并近似为 0,在这里的讨论中忽略其他损耗,认为总损耗主要由谐振腔的高反射薄膜反射镜的损耗构成。

选择 3 套环形激光器反射镜分别进行 300℃、350℃和 450℃退火。退火后镜片装调成为谐振腔(结构见图 7 - 6),经一定的时间周期工作后,系统达到稳定状态,用频率扫描法测量初始和稳定两种状态下谐振腔的总损耗,两者相减得到总损耗变化量如图 7 - 29 所示,从图中可知总损耗发生了明显变化,虽然具有一定的离散性,但是总损耗增加这一现象是真实存在的。

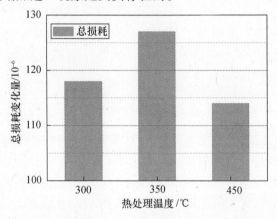

图 7 - 29　环形激光器工作一段周期后谐振腔总损耗变化量

采用图 7 - 23 所示的在线测试装置,使用椭偏偏振仪实时测量了平面输出镜和平面高反膜镜片在 45°条件下的相移随时间的变化,测量结果如图 7 - 30 所示。从图中可以看出,平面输出镜随着环形激光器工作时间的增加,相移出现了少量的增加现象,当工作 $80min$ 时间以后趋于稳定,变化量大约为 $0.102°$。平面高反镜(处于等离子体放电环境中)处于相对稳定状态,变化量大约为 $0.025°$。通过光学薄膜软件进行反演分析,$0.102°$ 和 $0.025°$ 的反射相移对应的高反膜最外层 SiO_2 薄膜的光学厚度变化量分别为 $-0.074nm$ 和 $-0.340nm$。这里选择用光学厚度来表

示 SiO_2 薄膜的变化,主要考虑到等离子体与薄膜的作用机理比较复杂,并非可以用单一的薄膜物理厚度变薄来解释。由于薄膜的厚度、折射率及折射率梯度都有可能出现变化,而对于这样的一个变化小量,再细分的可能性极小或难度太大。

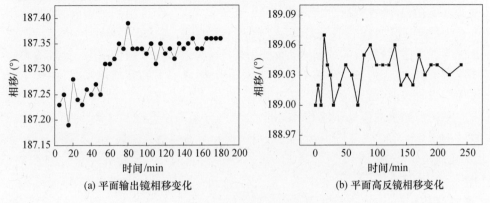

(a) 平面输出镜相移变化　　　　　　　(b) 平面高反镜相移变化

图 7-30　高反膜镜片相移在线测量结果

7.3　滤光膜技术

在 7.2 节低损耗光学薄膜中讨论的高反膜和减反膜,是光学薄膜中最基本、最常用、最重要的两种功能薄膜,主要作用是实现光的高效偏转和通过,在工业技术应用中,两大类光学薄膜的研制和生产量占有九成以上。

相对于其他技术,光学薄膜在多数应用领域具有明显技术和可靠性优势的就是滤光技术。实际上,不论是面对自然目标还是特定的人工目标,其具有的电磁频谱往往都是十分复杂的,而具体应用中仅选择其中一个或几个特定波段或波长点,这样其他范围的频谱就会成为干扰源,这就演绎出滤波功能元器件的需求。

广义上讲,这类滤波功能是由整个系统构成的有机整体来实现的,分解到具体的探测模块,重点考虑需要探测波段、目标频谱特性和探测器响应特性。在这个基础上,就能推导出滤光膜的基本技术要求。结合应用环境,会进一步给出针对性的可靠性指标,如高低温、湿度等环境下的性能可靠性;对于纳米级带宽的滤光片会提出温度变化率指标,对于大功率激光会提出激光损伤阈值指标,对于空间应用会提出耐辐照指标等;这些特性的满足需要特定的技术及对应的测试评估方法,可参阅相关文献。

首先需要明确的是滤光膜的工作波段范围原则上对应探测器的响应范围,如无特别说明,对透射式滤光膜一般仅考虑 $T(\lambda)$ 特性,并不关心 $R(\lambda)$ 和 $A(\lambda)$ 等特性,但是在滤光膜设计中,需综合运用材料的吸收特性及光学薄膜的干涉特性等,实际上在可见光和近紫外光谱区,已形成系列的对特定光谱区域吸收的玻璃,通常称为颜色玻璃;这类吸收玻璃的应用不仅能够显著简化光学薄膜的设计,降低成本、提高可靠性,还能够提高整体指标,尤其是截止区的指标。通常多个高反膜堆镀制在不同表面,叠加后会出现 F－P 滤光片的效应,产生小的透射峰,即使利用现在高性能镀膜机在一个面完成几十层甚至上百层,考虑误差等原因也容易在截止区出现小透射峰,影响成品率,加大成本。有时还会由于过多层数,导致薄膜表面质量下降,或应力过大薄膜失效等问题。当然,在一些特定应用场合,由于不允许使用吸收玻璃,就必须从技术上克服。

考虑滤光膜的应用领域和范围的差异,细分起来种类很多,这里给出两类代表性的例子。

7.3.1　窄带滤光片

1. 均匀性的一般原理

在讨论窄带滤光片之前,先简要探讨一个共性话题——镀膜区的均匀性,这里涉及热蒸发(和/或离子辅助)或离子束溅射沉积技术。这两类沉积方式对应薄膜材料在空间的分布特性可表示为 $\cos^n\theta(n \approx 1.5 \sim 2.5)$,$n$ 的具体取值与工艺参数的选择密切相关。针对窄带滤光片应用,热蒸发＋离子辅助镀膜机的镀膜片装载工装主要是球形(Dome)结构,离子束溅射沉积镀膜机是行星(Planetary)结构,厂家通过蒸发(溅射)源、镀膜片装载工装和烘烤等综合布局设计,结合修正挡板(mask),通过合理的安装与调试,能够保证有效镀膜区的均匀性优于1%。这个指标是远远不能够满足窄带滤光片的要求的,具体在下面分析。

窄带滤光片是带通滤光片(Bandpass Filter)中一个相对定义的子集,顾名思义就是通带宽度比较窄,并没有严格定义,可见和近红外波段一般指通带半宽度(FWHM)在30nm 及以下;在大多数情况下,这类滤光片有一个共同特征,即采用F－P腔作为膜系的基本结构单元。

应用于光通信的主要产品窄带滤光片,其对应的技术基本成熟。以代表性产品100G(FWHM≈0.65nm)和200G 窄带滤光片为例,技术上主要有热蒸发＋离子辅助与离子束溅射沉积两个途径,镀膜设备代表性厂家有德国 Leybold 公司的热蒸发＋离子辅助与美国 Veeco 公司的离子束溅射,技术上有两个共同点:①镀膜片装载工装的旋转速度从普通镀膜的几十转/分提升到几百转/分,而且并非上面提到的球形结构或行星结构,而是平面结构;②采用直接光控技术。

图 7－31 是 Veeco 公司配置其 Laser OMS 的 Spector® 离子束溅射镀膜机沉积的 140 层 188.34QWOT 厚度的 200G 窄带滤光片的实时光控曲线,这条曲线几乎是完美的,光控难以处理的耦合层 L 都和理论预计一致。对应光控位置 R100 处

的实测光谱曲线见图 7-32(a),这条光谱曲线不论是通带损耗、带宽和波纹,还是 -3dB、-30dB 带宽以及截止深度,都和理论值相吻合。但是,图 7-32(b)显示 R95 和 R104 光谱曲线已严重退化,R97 和 R102 光谱曲线也出现一定程度的退化;这样曲线波形合格范围仅是围绕 R100mm 的一个 5mm 环带,好在光通信所需 200G 窄带滤光片尺寸约为 1mm×1mm,切割为小片后还是有一定的产出。

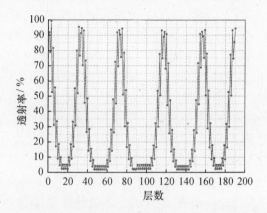

图 7-31   200G 窄带滤光片的实时光控曲线

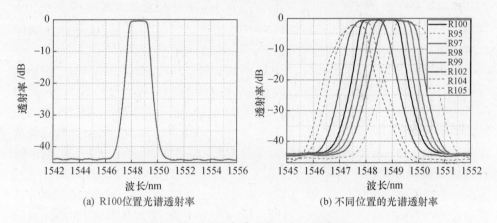

(a) R100位置光谱透射率   (b) 不同位置的光谱透射率

图 7-32   200G 窄带滤光片实测光谱曲线

实质上,每一层都肯定会存在误差,如果误差是随机的,那么就是上面提到的几型镀膜机根本上就不能够实现 200G 这类滤光片的镀制。比较幸运的是,薄膜科技工作者在窄带滤光片的误差分析、传递和补偿方面做了大量的理论和实践工作,形成了完整的理论和方法。直接光控的误差补偿机理,即通过后一层补偿前一层的光学厚度误差,即如果前一层偏薄那么就在下一层增厚,相反也是如此。所以,直接光控是窄带滤光片镀膜过程中的一个优选技术。

对于高速旋转,直观上就可以理解,前面所讨论的均匀性是基于镀膜工装都有一个旋转中心,以旋转中心为零点,沿径向光学厚度在一定周期内的平均值。但实质上,在某个瞬间围绕旋转中心的同一半径上各点都存在厚度差。假设在半径为 r_0 的圆周上,静止状态相差最大的两个位置的相对偏差为 $a\%$,即静止状态或旋转不足一周时,r_0 圆周上最大相对相差为 $a\%$;那么在一层膜的镀制周期内工装旋转了完整的 m 转以及一个不完整转,r_0 圆周上最大相对相差为 $(a/m)\%$。就是说,对给定的沉积速率,每一层的镀膜时间一定,这样,若将旋转速度由常规镀膜的 30r/min 提高到 600r/min,镀膜过程中旋转的完整转数就增加 20 倍,同一圆周上的最大相对相差降低到 1/20。当然,降低蒸发速率也可能是方案之一。

上面提到的光通信滤光片尺寸在 1mm 左右,200G 的均匀区也仅有几毫米,比较匹配,通过筛选能够得到一定的成品。但其他光电领域虽然通带半宽度通常在 10nm 量级(严格的已到 4nm 之下),没有光通信(200G 带宽对应 1.5nm)这么高,但其有效区域通常在 10mm 以上,有时需要 100mm 量级。

镀膜区均匀性优于 1% 是针对整个工件盘或 80% ~90% 面积区域,虽然对通带半宽度 10nm 的窄带滤光片而言,这个指标是远远不能满足要求的;但对这种要求的滤光片其所谓的均匀区域也仅需满足大于滤光片有效口径即可,当然能够更大一点对提高产能、降低成本、提高市场竞争力是十分有益的。这里,先讨论 IBS 沉积技术的平面行星结构工装,通过合理的工艺调试后在单一工件盘 100mm 量级区域的均匀性。

对这类窄带滤光片的均匀性,考虑工件盘旋转过程中,不仅沿径向有一定厚度分布,而且同一旋转半径上存在的轴向跳动,也会使同一旋转半径上也出现一定的厚度离散,实质上对这类滤光片就是需要得到光学薄膜厚度的面分布特性。这里的示例中薄膜材料选择 $H:Ta_2O_5$,$L:SiO_2$,均匀性测试点的选择见图 7-33,点与点之间的间隔为 20mm,H 和 L 层的单层膜厚度均匀性测试结果见图 7-34,120mm 区域内 H 层的不均匀性为 0.33%,L 层为 0.73%,而且从图上可知 H 层两个垂直方向具有较好的一致性,但 L 层几乎是随机状态;H 层的均匀性特性明显优于 L 层。而中心 80mm 区域内 H 层的不均匀性为 0.14%,L 层为 0.72%;缩小区域后 H 层的均匀性显著提升,而 L 层几乎没有改进。

考虑最终目的为窄带滤光片,分别以 H 层和 L 层作为间隔层,设计一单腔滤光片,对应膜系结构分别为:(HL)^3 4H (LH)^3 和 (HL)^2 H 4L H (LH)^2,得到的 120mm 区域内的中心波长均匀性分别为 0.30% 和 0.45%,如图 7-35 所示。H 层作为为间隔层时均匀性稍有改善,与单层膜的实验结果基本一致,而 L 层相对于单层有较大改善;中心 80mm 区域内 H 层为 0.09%,L 层为 0.16%。

这里出现 F-P 结构滤光片与单层膜之间的差异性表明:

192

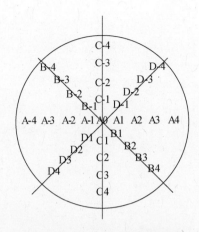

图 7-33　均匀性测试点的选择

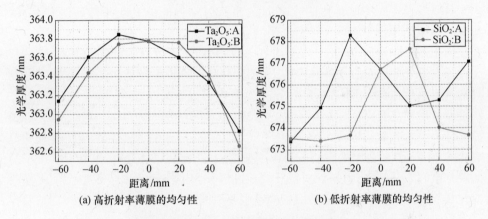

(a) 高折射率薄膜的均匀性　　　　　(b) 低折射率薄膜的均匀性

图 7-34　H 和 L 层的单层膜厚度均匀性

（1）单层膜均匀性调试虽是这个工作的基础，但均匀性的真正调试还得依 F-P 结构的滤光片为佳，均匀性的最终判定由最终的多层膜所决定。

（2）单层膜至 F-P 机构滤光片至最终产品之间，均匀性特性传递关系的进一步分析是十分有益的工作。这里就不进一步展开了。

2. 365nm 紫外窄带滤光片

这里以中心波长为 365nm、FWHM 小于 10nm 的带通滤光片（365nm 紫外窄带滤光片）为例进行介绍，其主要应用是紫外曝光系统。在这类条件下滤光片的口径达到 100mm 以上。这对光学元件而言这是常规尺寸，但对通带半宽要求小于 10nm 的滤光片就是比较可观的尺寸了。另外，这个波长不仅没有直接光控用于镀膜过程中的实时监控，也难以得到比较合乎要求的光控系统。下面选用离子束溅射沉积技术，结合行星转动系统，采用时间控制。

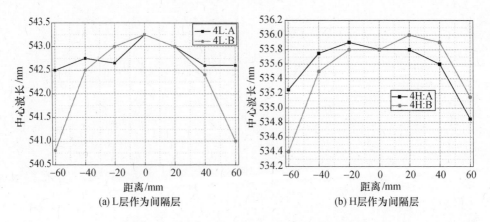

(a) L层作为间隔层　　　　　　　(b) H层作为间隔层

图 7-35　H 和 L 分别为间隔层时的波长均匀性

主膜系设计选择中心波长为 365nm,高折射率和低折射率材料分别为 Ta_2O_5 和 SiO_2 膜系结构如下:

K9//(HL)^2H2L H(LH)^2 L (HL)^2H4LH(LH)^2 L (HL)^2H2L H(LH)^2 L//Air

理论设计曲线如图 7-36 所示,从图中可以看出,设计的 365nm 窄带滤光片峰值透射率约 100%,FWHM 为 5.8nm,这里仅讨论主膜系,截止膜系在下节讨论。初步调试后样品实际测量结果见图 7-36(a),峰值透射率为 93.35%,但 FWHM 显著增加至 8.5nm。导致 FWHM 出现较大变化的主要可能有:①薄膜折射率的偏离;②3 个 F-P 腔各自的中心波长出现偏离,对此前文也已分析,虽然 IBS 沉积的薄膜批次间十分稳定,但每一次从开始至最后薄膜的沉积速率呈现出一个缓慢的变化规律,考虑时间控厚,这种因素应是主要原因。经过针对性的分析和调整后样品实际测量结果见图 7-36(b),峰值透射率为 94.92%,但 FWHM 为 5.2nm(退火后),与设计较一致。

前文已给出可信结论,退火后处理能够改善 IBS 沉积的 Ta_2O_5 和 SiO_2 薄膜透射率、折射率、各向异性、界面等性能。通过系列试验,这里选择退火参数为:温度 300℃,时间 24h。这里选择一组 9 个样本,比较退火前后的变化规律。关注透射率变化和中心波长两个关键参数,变化情况如图 7-37 所示,退火后峰值和透射率都有所提高,范围在 1.5% ~ 5% 之间;中心波长都出现红移现象,红移 0.8 ~ 1.3nm。退火导致的变化规律与前面的结论比较一致。

窄带滤光片由于透射带很窄,其均匀性直接影响到其实际应用,因此需要研究窄带滤光片的均匀性特性。这里的样品尺寸为 φ155mm,考察均匀性时,选择米字型取样点,具体取样分布见图 7-33,中心点设为 0 点,±1 取样点对应 ±10mm,同样,±2、±3 和 ±4 取样点对应 ±30mm、±50mm 和 ±70mm。

图 7-38 给出了沿 A 向的 9 个点测试曲线,9 条曲线具有极高的相似度,不论

194

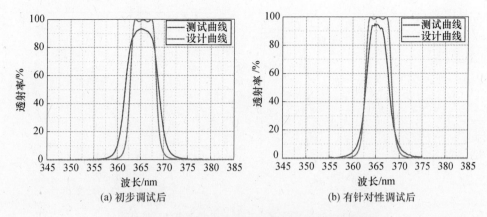

(a) 初步调试后   (b) 有针对性调试后

图 7-36 365nm 窄带滤光片的理论设计和实测曲线

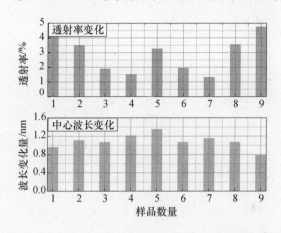

图 7-37 退火前后的透射率变化和中心波长变化情况

是峰值特性,还是波形和半宽度等。为了更全面准确得到基片整体均匀性特性,图 7-39 给出了半宽度和峰值波长的分布(峰值透射率几乎无差异,这里就不列出)。 $\phi140mm$ 口径内的半宽度最大值为 5.30nm,最小值为 5.18nm,仅相差 0.12nm (2.34%),具有很好的一致性。同一圆周上最大差异出现在半径 10mm 处,最大相差也仅有 0.1nm,整个镀膜片在这个指标上还是具有极好的一致性。中心波长在 $\phi100mm$ 区域内变化 0.5nm,同时呈现极具规律的变化,以及同一圆周上的一致性;在 $\phi140mm$ 区域内最大变化 0.65nm,半径 70mm 的圆周上中心波长出现了 0.5nm 的变化。

3. 1064nm 窄带滤光片

这里给出的 1064nm 窄带滤光片要求是保证 2% 透射率处的带宽不大于 22nm,同时对应入射锥角 24° 时 1064nm 波长的透射率都必须大于 90%。依据这

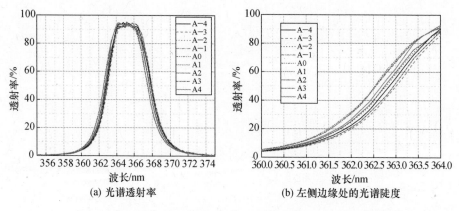

(a) 光谱透射率　　　　　　　　　　　(b) 左侧边缘处的光谱陡度

图 7 – 38　大口径窄带滤光片透射率测试曲线(A – 4 ~ A4)

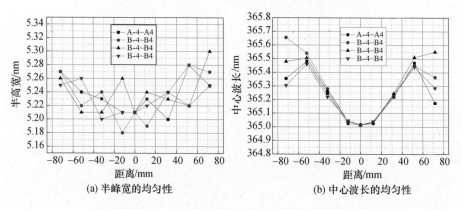

(a) 半峰宽的均匀性　　　　　　　　　(b) 中心波长的均匀性

图 7 – 39　半峰宽和峰值波长均匀性测试数据

个要求,选择 Leybold 公司 SYRUS1500 的 E – Beam + APS 技术方案,薄膜材料为 Ta_2O_5 和 SiO_2,膜系基本结构 $(HL)^n 2mH(LH)^n L$,选择 Ta_2O_5 作为间隔层有利于降低角度效应,最终得到的设计为一五腔 97 层的膜系,设计和实际测试曲线分别见图 7 – 40(a) 和图 7 – 40(b)。

4. 纳米带宽的窄带滤光片

针对上面提到的 $4 \times \phi200mm$ 平面行星工装,选择单腔滤光片 $K9//(HL)^5 2H(LH)^5//Air$,中心波长定义为 50% T_{max} 的中值,测试基片选择 K9,基片尺寸 $\phi150mm \times 7mm$,中心点设置为 $r = 0mm$,在 $r = 10mm$,$30mm$,$50mm$ 和 $70mm$ 的圆周上均匀取 8 个点,测试结果如图 7 – 41 所示。

中心波长呈 M 形分布,对于半宽度 1nm 滤光片在直径 $\phi25mm$ 的范围内要求中心波长的分布满足 $\lambda_c \leqslant \lambda_{c0} \pm 0.05nm$;在 $r = 40mm$ 位置可以实现。1nm 带宽超窄滤光片使用如下的膜系:

196

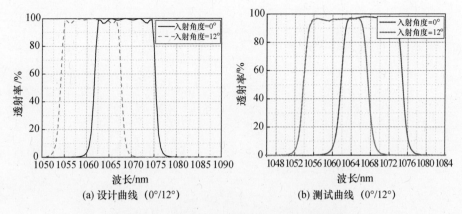

(a) 设计曲线（0°/12°）   (b) 测试曲线（0°/12°）

图 7-40　1064nm 窄带滤光片设计和测试曲线

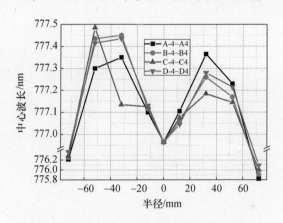

图 7-41　均匀性测试取样方法及测试结果

K9//（HL)^7 2H (LH)^7 L (HL)^7 2H (LH)^7 L (HL)^7 2H (LH)^7 L//Air

　　设计和实测曲线如图 7-42 所示。需要强调的是这类滤光片很容易出现透射带波形恶化甚至无透射峰的现象，成功率极低。得到的实测曲线是个例，透射带中心波长与设计有一定偏差，为了利于与设计比较，进行了光谱平移处理。纳米级带宽窄带滤光片由于透射带很窄，测试和分析过程中，测试光斑的大小、狭缝的宽度等细节都会对整个工作的进展和最终结果很大影响。

7.3.2　截止滤光片

1. 分光薄膜

　　截止滤光片的主要应用之一就是分光膜，分光膜主要包括光谱分离、光强分离和偏振分离等几类。光谱分离的一个主要应用领域就是激光光学系统，其目标光

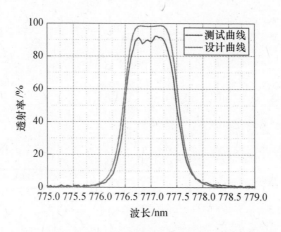

图 7 - 42 777nm 超窄带滤光片的透射率测试曲线

谱相对比较简单,仅包含几个激光波长(段,半导体激光会产生一定的谱宽),但其一般对指标要求较高,尤其是透射带,这里以 900 ~ 980nm 波段高透和 1030 ~ 1100nm 波段高反分光膜为例进行说明。基底为熔融石英,要求透射率 T_{AVE}(900 ~ 980nm) ≥99% , R_{AVE}(1030 ~ 1100nm) ≥99% 。

考虑应用背景为具有一定功率的激光,薄膜的吸收和散射也应尽可能低,选择成熟的 IBS 沉积技术,薄膜材料 H: Ta_2O_5 , L: SiO_2;薄膜厚度由时间控制。初始膜系结构设计为

Fused Silica//(0. 53L1. 06H0. 53L)^3 (0. 5LH0. 5L)^10 (0. 515L1. 03H0. 515L)^3 //Air

经过数值优化设计后,膜系结构为

FusedSilica//(0. 5067L1. 1484H1. 1848L1. 1025H0. 9608L0. 8971H0. 6563L)(0. 5LH0. 5L) ^10 (0. 6262L0. 9135H0. 9919L1. 0702H1. 0623L1. 0812H0. 4306L)//Air

考虑 IBS 沉积的 Ta_2O_5 和 SiO_2 膜构成的多层膜在工作波段的吸收远小于 0. 1% ,就约定 $R = 1 - T$。设计和实际测量的透射光谱曲线如图 7 - 43 所示,从图中可以看出,在 900 ~ 980nm 波段的透射率均大于 99%(包括背面的减反射膜,其单面透射均大于 99. 8%),在 1030 ~ 1100nm 波段的平均反射率大于 99% 。

图 7 - 43 显示,实测的截止陡度明显差于设计,在图 7 - 8 和表 7 - 7 表明,IBS 技术沉积多层膜时,在开始的一定周期内,沉积速率是有一个逐渐稳定过程,采用时间控厚技术得到的多层膜的开始若干层的膜厚也就存在同样的特征,利用表 7 - 7 的数据进行模拟分析,结果见图 7 - 43 中得红色曲线,偏离理论值,但也优于实际曲线,表明这类误差也仅是误差源之一。利用光学监控,尤其是光学直接监控,有利于得到更趋近于理论设计的截止陡度。当然,这个膜系使用 Leybold 或

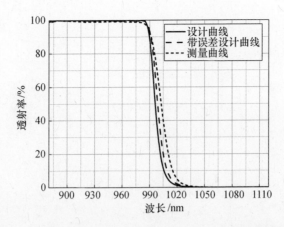

图 7-43　900~980nm 高透和 1040~1100nm 高反膜的测试曲线

OptoRun 等厂家光学镀膜机,甚至高端配置的国产光学镀膜机也是能够实现的。

这类滤光膜的另一例子是,在熔融石英基底上,240~275nm 波段高透和287~412nm 波段高反。具体要求为:$T(260nm) \geqslant 80\%$,$T(AVE,240~275nm) \geqslant 75\%$;$T(290nm) \leqslant 0.1\%$,$T(297~390nm) \leqslant 0.02\%$,$T(390~410nm) \leqslant 1\%$。

选择 E-Beam 沉积技术,薄膜材料 H:HfO_2,L:SiO_2;薄膜厚度控制选用晶体控厚技术。初始设计选择中心波长为 $\lambda_C = 360nm$,总层数为 107 层,膜系结构如下:

ZS1//(0.75L1.5H 0.75L)^4(0.6L 1.2H 0.6L)^5(0.527L 1.054H 0.527L)^6 (0.521L 1.042H 0.521L)^5 (0.515L 1.03H 0.515L)^6 (0.47L 0.94H 0.47L)^7 (0.44L 0.88H 0.44L)^5 (0.42L 0.84H 0.42L)^15//Air

经过数值优化设计后,膜系结构为

ZS1//0.69395L1.4472H1.6711L1.2644H1.264L1.5H1.5L1.5H0.75L (0.6L1.2H0.6L)^5 (0.527L1.054H0.527L)^6 (0.521L1.042H0.521L)^5 (0.515L1.03H 0.515L)^6 (0.47L0.94H0.47L)^7 (0.44L0.88H0.44L)^40.6350H1.2429L0.5758H.6204L1.0414H (0.42L0.84H0.42L)^90.84H0.9024 L0.8141H0.8841L0.9011H0.8346L0.8864H 0.4510L//Air

设计结果和实际测试光谱透射率曲线见图 7-44。

2. 带通滤光片

随着激光测距技术和气体激发状态下特征光谱探测技术的发展,高背景抑制的纳米级带宽窄带滤片越发显示出其重要性和关键性,而光学薄膜元件由于结构简单、性能可靠,在很多应用中,具有明显技术优势。这类膜的应用主要在各类分析仪器和特征目标探测,关键控制点是截止陡度和定位精度。这里以 750~

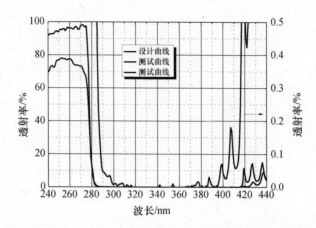

图 7 - 44　240 ~ 275nm 波段高透和 285 ~ 450nm 波段高反膜曲线

900nm 波段高透以及 400 ~ 725nm 和 930 ~ 1100nm 高截止带通滤光片为例。

要求:基片 HB720;光谱透射率:$T(750 ~ 900nm) \geqslant 90\%$,$T(400 ~ 725, 930 ~ 1100nm) \leqslant 0.1\%$。

整个组合由 HB720 + 短波通 + 长波通构成,选择 IBS 沉积技术,薄膜材料 H:Ta_2O_5,L:SiO_2;薄膜厚度由时间控制;当然,E - Beam 沉积技术也能够得到比较好的结果。

对于短波通,初始设计:$\lambda_C = 1008nm$

K9//(0.53L1.06H0.53L)^4(0.5LH0.5L)^16(0.515L1.03H0.515L)^4//Air

优化设计:

　　K9//(0.5522L1.3405H1.0227L1.1059H1.0311L1.0283H1.0836L

　　0.8927H0.6046L)(0.5LH0.5L)^16(0.6332L0.8207H

　　1.1094L1.0826H0.9398L1.0996H1.1147L0.9525H0.5982L)//Air

这里测试和分析用 K9 基片替代,理论设计曲线如图 7 - 45(a)所示,在 750nm 和 902nm 之间透射率均大于 98%,926nm 以上透射率均小于 0.1%,截止过渡区 24nm;K9 基片上的实测曲线见图 7 - 45(b)。

对于长波通,由于 2mm 厚的 HB720 有效($T \leqslant 0.1\%$)截止波长可达 625nm,长波通选择一个高反膜堆就可以。选取中心波长 $\lambda_C = 659nm$,初始膜系结构设计为

　　K9//(0.475H0.95L0.475H)^4(0.5HL0.5H)^18(0.46H0.92L0.46H)^4 1.5L//Air

优化设计为

　　K9//(0.6376H0.6200L1.1058H1.1124L0.8222H0.7638L1.1345H

　　1.1909L0.2219H)(0.5HL0.5H)^18(0.2937H1.1125L

1. 1820H0. 8421L0. 7229H1. 0431L1. 1033H0. 2754L0. 0000H) 1. 2935L∥Air

这里测试和分析用 K9 基片替代,理论设计曲线如图 7 – 45(a)所示,在 748nm 和 902nm 之间透射率均大于 98% ,727nm 以下透射率均小于 0.1% ,截止过渡区 21nm;K9 基片上的实测曲线见图 7 – 45(b)。

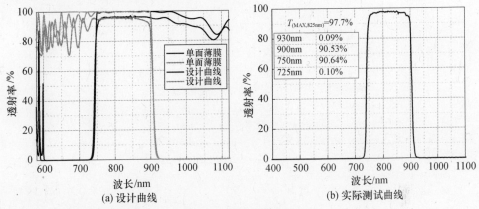

(a) 设计曲线   (b) 实际测试曲线

图 7 – 45   设计和测试曲线

正式产品使用 HB720 基片,透射率测试曲线如图 7 – 45(b)所示,750 ~ 900nm 波段透射率均大于 90% ,725nm 以下和 930nm 以上透射率均小于 0.1% 。图 7 – 45(b)所示通带的最大透射率达到 97.7% ,效果比较理想;但截止陡度却明显差于设计,实测曲线已完全覆盖了指标,无任何宽裕度,没有给制备过程留下工艺空间;从图中可知,最大的问题来源于顶部两个角位置的塌陷,进一步优化薄膜沉积过程参数或使用直接光控应是有效改进方法之一;另一种方法就是增加膜堆的层数,提高设计指标,给后续过程留下更大空间。

参 考 文 献

［1］肖秀梅．水晶图鉴［M］．北京：印刷工业出版社，2011.

［2］徐志明，余海湖，徐铁梁．平板玻璃原料及生产技术［M］．北京：冶金工业出版社，2012.

［3］田英良，孙诗兵．新编玻璃工艺学［M］．北京：中国轻工业出版社，2009.

［4］王玉芬，刘连城．石英玻璃［M］．北京：化学工业出版社，2007.

［5］http://www.corning.com, Corning：7980 HPFS KrF Product Sheet, 2013.

［6］Macdonald S A, Schardt C R, Masiello D J, et al. Dispersion analysis of FTIR reflection measurements in silicate glasses［J］. Journal of Non – Crystalline Solids, 2000, 275(1)：72 – 82.

［7］Gunde M K. Vibrational modes in amorphous silicon dioxide［J］. Physica B Condensed Matter, 2000, 292(3)：286 – 295.

［8］Arndt D P, Azzam R M, Bennett J M, et al. Multiple determination of the optical constants of thin – film coating materials［J］. Applied Optics, 1984, 23(20)：3571 – 3596.

［9］Pulker H K, Jung E. Correlation between film structure and sorption behaviour of vapour deposited ZnS cryolite and MgF$_2$ films［J］. Thin Solid Films, 1972, 9(1)：57 – 66.

［10］Kinosita K, Nishibori M. Porosity of MgF$_2$ Films – Evaluation Based on Changes in Refractive Index Due to Adsorption of Vapors［J］. Journal of Vacuum Science & Technology, 1969, 6(4)：730 – 733.

［11］Hass G, Salzberg C D. Optical Properties of Silicon Monoxide in the Wavelength Region from 0.24 to 14.0 Microns［J］. Journal of the Optical Society of America, 1954, 44(3)：181 – 187.

［12］Zukic M, Torr D G, Spann J F, et al. Vacuum ultraviolet thin films. 1：Optical constants of BaF$_2$, CaF$_2$, LaF$_3$, MgF$_2$, Al$_2$O$_3$, HfO$_2$, and SiO$_2$ thin films［J］, Applied Optics, 1990, 29：4284 – 4292.

［13］Hass G, Hunter W R, Tousey R. Reflectance of Evaporated Aluminum in the Vacuum Ultraviolet［J］. Journal of the Optical Society of America, 1956, 46(12)：1009 – 1012.

［14］Hagedorn H, Klosch M, Reus H, et al. Plasma ion – assisted deposition with radio frequency powered plasma sources［C］. Proc. SPIE, 2008, 7101：710109.

［15］Jerman M, Mergel D. Post – heating of SiO$_2$ films for optical coatings［J］. Thin Solid Films, 2008, 516：8749 – 8751

［16］Xi J Q, Schubert M F, Kim J K, et al. Optical thin – film materials with low refractive index for broadband elimination of Fresnel reflection［J］. Nature Photonics, 2007, 1(3)：176 – 179.

［17］Wu J Y, Lee C C. Effect of the working gas of the ion – assisted source on the optical and mechanical properties of SiO$_2$ films deposited by dual ion beam sputtering with Si and SiO$_2$ as the starting materials［J］. Applied Optics, 2006, 45(15)：3510 – 3515.

［18］Hass G. Physics of thin films［M］. Academic Press, 1963.

［19］Beauville F, Buskulic D, Flaminio R, et al. Low loss coatings for the VIRGO large mirrors［C］. Proc. of SPIE, 2006, 5250：483 – 492.

[20] Henking R, Ristau D, Alvensleben F V, et al. Optical characteristics and damage thresholds of low loss mirrors[C]. Proc. of SPIE. 1995, 2428:281 – 292.

[21] Hagedorn H. Solutions for high productivity high performance coating systems [C]. Proc. of SPIE, 2004, 5250: 493 – 501.

[22] List M. Fully automated inline sputtering for optical coatings[C]. Proc. of SPIE, 2004, 5250: 414 – 422.

[23] Helmut R, Holger B, Olaf K, et al. Sputter process with time – variant reactive gas mixture for the deposition of optical multilayer and gradient layer systems[C]. Proc. of SPIE, 2008, 7101(3):87 – 91.

[24] Song Y Z, Jiang Y S. New advanced sputtering system RAS and its applications on mass production of complex optical filters[C]. Sino – German High Level Expert Symposium on Optical Coatings, Shanghai, 2005.

[25] Gibson D R. Closed field magnetron sputtering: new generation sputtering process for optical coatings [C]. Proc. of SPIE, 2008, 7101:710108.

[26] 唐永兴, 李海元, 严海华, 等. 强激光负载 Sol – Gel 减反膜和防潮膜[J]. 稀有金属材料与工程, 2004, 33(S1): 125 – 128.

[27] 吴广明, 王珏, 沈军, 等. 低折射率 SiO_2 光学增透薄膜的结构控制[J]. 原子能科学技术, 1999, 33(4): 332 – 335.

[28] Rzodkiewicz W, Kudfa A, Sawicki M, et al. The Effects of Stress Annealing on the Electrical and the Optical Properties of MOS Devices [C]. Symposium Diagnostics & Yield, 2005, 61(1): 27 – 34.

[29] Palik E D. Handbook of optical constants of solids II [M]. Academic Press, 1985.

[30] http://materion.com/Businesses/AdvancedChemicals.aspx/.

[31] Dirks A G, Leamy H J. Columnar microstructure in vapor – deposited thin films [J]. Thin Solid Films, 1977, 47(3):219 – 233.

[32] Sargent R B. Effects of surface diffusion on thin – film morphology: a computer study [C]. Proc. of SPIE, 1990, 1324:13 – 31.

[33] Xi J Q, Schubert M F, Kim J K, et al. Optical thin – film materials with low refractive index for broadband elimination of Fresnel reflection [J]. Nature Photonics, 2007, 1(3):176 – 179.

[34] Hawkeye M M, Brett M J. Glancing angle deposition: Fabrication, properties, and applications of micro – and nanostructured thin films [J]. Journal of Vacuum Science & Technology A, 2007, 25(5):1317 – 1335.

[35] 王承遇, 陶瑛. 玻璃性质与工艺手册[M]. 北京:化学工业出版社, 2014.

[36] Leplan H, Robic J Y, Pauleau Y. Kinetics of residual stress evolution in evaporated silicon dioxide films exposed to room air[J]. Journal of Applied Physics, 1996, 79: 6926 – 6931.

[37] Leplan H, Geenen B, Robic J Y, et al. Residual stresses in evaporated silicon dioxide thin films: Correlation with deposition parameters and aging behavior[J]. Journal of Applied Physics, 1995, 78: 962 – 968.

[38] Çetinörgü E, Baloukas B, Zabeida O, et al. Mechanical and thermoelastic characteristics of optical thin films deposited by dual ion beam sputtering[J]. Applied Optics, 2009, 48(23): 4536 – 4544.

[39] Revesz A G, Hughes H L. The structural aspects of non – crystalline SiO_2 films on silicon: a review[J]. Journal of Non – Crystalline Solids, 2003, 328: 48 – 63.

[40] Lisovskii I P, Litovchenko V G, Lozinskii V G, et al. IR spectroscopic investigation of SiO_2, film structure [J]. Thin Solid Films, 1992, 213(2):164 – 169.

[41] Tabata A, Matsuno N, Suzuoki Y, et al. Optical properties and structrue of SiO_2, films prepared by ion – beam sputtering [J]. Thin Solid Films, 1996, 289(289):84 – 89.

［42］Papernov S, Zaksas D, Anzellotti J F, et al. One step closer to the intrinsic laser damage threshold of HfO and SiO monolayer thin films[C]. Proc. of SPIE, 1998, 3244:434 – 445.

［43］Gallais L, Capoulde J, Natoli J Y, et al. Laser damage of silica and hafnia thin films made with different deposition technologies[C]. Proc. of SPIE, 2007, 6720: 67200S.

［44］Gallais L, Capoulde J, Wagner F, et al. Analysis of material modifications induced during laser damage in SiO_2 thin films[J]. Optics communications, 2007, 272: 221 – 226.

［45］Nguyen D N, Emmert L A, Rudolph W, et al. The vacuum effect of femtosecond LIDT measurements on dielectric films [C]. Proc. of SPIE, 2010, 7842: 78420V.

［46］Mangote B, Gallais L, Zerrad M, et al. Study of the laser matter interaction in the femtosecond regime, application to the analysis of the laser damage of optical thin films[C]. Proc. of SPIE, 2011, 8168: 816815.

［47］Dummer A M F, Brizuela F, Luther B, et al. Investigation of damage threshold of ion beam deposited oxide thin film optics for high – peak – power short – pulse lasers [C]. Proc. of SPIE, 2004, 5527:93 – 97.

［48］Jerman M, Mergel D. Post – heating of SiO_2 films for optical coatings[J]. Thin Solid Films, 2008, 516: 8749 – 8751.

［49］Movchan B, Demchishin A. Investigation of the structure and properties of thick vacuum – deposited films of nickel, titanium, tungsten, alumina and zirconium dioxide [J]. Fizika Metallov I Metallovedenie, 1969, 28 (4):653 – 660.

［50］Thornton J A. Influence of apparatus geometry and deposition conditions on the structure and topography of thick sputtered coatings[J]. Journal of Vacuum Science & Technology, 1974, 11(4):666 – 670.

［51］Guenther A K H. Revisiting structure zone models for thin film growth [C]. Proc. of SPIE, 1990, 1324:2 – 12.

［52］田民波, 李正操. 薄膜技术与薄膜材料 [M]. 北京:清华大学出版社, 2011.

［53］Web. http://www.jeol.cn/.

［54］Leplan H, Geenen B, Robic J Y, et al. Residual stresses in evaporated silicon dioxide thin films: Correlation with deposition parameters and aging behavior [J]. Journal of Applied Physics, 1995, 78(2):962 – 968.

［55］Leplan H, Robic J Y, Pauleau Y. Kinetics of residual stress evolution in evaporated silicon dioxide films exposed to room air [J]. Journal of Applied Physics, 1996, 79(9):6926 – 6931.

［56］Gilles P W, Carlson K D, Franzen H F, et al. High – temperature vaporization and thermodynamics of thetitanium oxides. I. Vaporization characteristics of the crystalline phases [J]. Journal of Chemical Physics, 1967, 46 (7): 2461 – 2465.

［57］郭爱云, 薛亦渝, 胡小峰. 钛氧化物的蒸发特性 [J]. 真空, 2006, 43(1):39 – 42.

［58］Sheldon R I, Gilles P W. The high temperature vaporization and thermodynamics of the titanium oxides. XI. Stoichiometric titanium monoxide [J]. Journal of Chemical Physics, 1977, 66(8):3705 – 3711.

［59］Chiao S C, Bovard B G, Macleod H A. Repeatability of the composition of titanium oxide films produced by evaporation of Ti_2O_3[J]. Applied Optics, 1998, 37(22):5284 – 5290.

［60］Waibel F, Ritter E, Linsbod R. Properties of $TiO(x)$ films prepared by electron – beam evaporation of titanium and titanium suboxides [J]. Applied Optics, 2003, 42(22):4590 – 4593.

［61］Selhofer H, Ritter E, Linsbod R. Properties of titanium dioxide films prepared by reactive electron – beam evaporation from various starting materials [J]. Applied Optics, 2002, 41(4):756 – 62.

［62］段华英, 王星明, 张碧田, 等. 高折射率镀膜材料 $LaTiO_3$[J]. 稀有金属, 2008, 32(3):392 – 394.

[63] Wei D T, Louderback A W. Method for fabricating multilayer optical films[P]. U. S. Patent,4142958, 1978.

[64] Schiller S, Heisig U, Goedicke K, et al. Advances in high rate sputtering with magnetron – plasmatron processing and instrumentation [J]. Thin Solid Films, 1979, 64(3):455 – 467.

[65] Scherer M, Pistner J, Lehnert W. UV – and VIS Filter Coatings by Plasma Assisted Reactive Magnetron Sputtering (PARMS) [C]. OSA Technical Digest, paper MA7, 2010.

[66] Dennis G, Tibbetts C. Magnetron sputter ion plating [P], U. S. Patent, 5556519, 1994.

[67] Michael A S, Richard I S, James W S, et al. Magnetron sputtering apparatus and process [P]. U. S. Patent, 4851095, 1988.

[68] Lehan J P, Sargent R B, Klinger R E. High – rate aluminum oxide deposition by MetaMode TM reactive sputtering [J]. Journal of Vacuum Science & Technology A, 1992, 10(6):3401 – 3406.

[69] 唐晋发, 顾培夫, 刘旭. 现代光学薄膜技术[M]. 杭州:浙江大学出版社, 2006.

[70] 范正修,邵建达,易葵,等. 光学薄膜及其应用[M]. 上海:上海交通大学出版社, 2014.

[71] Tikhonravov A V, Tikhonravov A A, Duparré A, et al. Effects of interface roughness on the spectral properties of thin films and multilayers [J]. Applied Optics, 2003, 42(25):5140 – 5148.

[72] Tikhonravov A V, Trubetskov M K, Krasilnikova A V. Spectroscopic ellipsometry of slightly inhomogeneous nonabsorbing thin films with arbitrary refractive – index profiles: theoretical study[J]. Applied Optics, 1998, 37(25):5902 – 5911.

[73] Kildemo M, Hunderi O, Drévillon B. Approximation of reflection coefficients for rapid real – time calculation of inhomogeneous films [J]. Journal of the Optical Society of America A, 1997, 14(4):931 – 939.

[74] Pradeep J A, Agarwal P. Determination of thickness, refractive index, and spectral scattering of an inhomogeneous thin film with rough interfaces[J]. Journal of Applied Physics, 2010, 108(4): 043515.

[75] 数学手册编写组. 数学手册[M]. 北京:高等教育出版社,2000.

[76] Manifacier J C, Gasiot J, Fillard J P. A simple method for the determination of the optical constants n, k and the thickness of a weakly absorbing thin film [J]. Journal of Physics E: Scientific Instruments, 1976,9(10): 1002 – 1010.

[77] Swanepoel R. Determination of the thickness and optical constants of amorphous silicon [J]. Journal of Physics E Scientific Instruments, 1983, 16(12):1214 – 1222.

[78] Humphrey S. Direct calculation of the optical constants for a thin film using a midpoint envelope [J]. Applied Optics, 2007, 46(21):4660 – 4666.

[79] Tikhonravov A V, Trubetskov M K, Tikhonravov A A, et al. Effects of interface roughness on the spectral properties of thin films and multilayers [J]. Applied Optics, 2003, 42: 5140 – 5148.

[80] J. A. Woollam Co. Guide to using WVASE32®, 2012.

[81] Weissbrodt P. Review of structural influences on the laser damage thresholds of oxide coatings [C]. Proc. of SPIE, 1996, 2714:447 – 458.

[82] Bennett H E, Glass A J, Guenther A H, et al. Laser induced damage in optical materials: eleventh ASTM symposium [J]. Applied Optics, 1980, 19(14):2375.

[83] Hopper R W, Uhlmann D R. Mechanism of Inclusion Damage in Laser Glass [J]. Journal of Applied Physics, 1970, 41(10):4023 – 4037.

[84] Epifanov A S, Manenkov A A, Prokhorov A M. Theory of avalanche ionization induced in transparent dielectrics by an electromagnetic field [J]. Journal of Experimental & Theoretical Physics, 1976, 43(2):

377 – 382.

[85] Bloembergen N. Laser – induced electric breakdown in solids [J]. IEEE Journal of Quantum Electronics, 1974, 10(3):375 – 386.

[86] Natoli J Y, Pommies M, Amra C. Localized laser damage test facility at LOSCM: real – time optical observation and quantitative AFM study [C]. Proc. of SPIE, 1998, 3244:76 – 85.

[87] Bennett H E. Laser induced damage in optical materials [M]. NIST (formerly NBS), Boulder, Colorado,1987.

[88] Stolz C J. Functional damage thresholds of hafnia/silica coating designs for the NIF laser [C]. Proc. of SPIE, 2001:109 – 117.

[89] Borden M R, Folta J A, Stolz C J, et al. Improved method for laser damage testing coated optics [C]. Proc. of SPIE, 2005, 5991: 59912A.

[90] 鲁江涛, 程鑫彬, 沈正祥,等. 单层膜体吸收与界面吸收研究[J]. 物理学报, 2011, 60(4):676 – 680.

[91] Gore G. On The Properties of Electro – Deposited Antimony [J]. Proceedings of the Royal Society of London, 1967, 12(109):185 – 185.

[92] Mills E J. On Electrostriction [J]. Proceedings of the Royal Society of London, 1877, 26:504 – 512.

[93] Stoney G G. The Tension of Metallic Films Deposited by Electrolysis [J]. Proceedings of the Royal Society of London, 1909, 82(309):40 – 43.

[94] Hoffman D W, Thornton J A. Compressive stress and inert gas in Mo films sputtered from a cylindrical – post magnetron with Ne, Ar, Kr, and Xe [J]. Journal of Vacuum Science & Technology, 1980, 17(1): 380 – 383.

[95] Cheng K J, Cheng S Y. Analysis and computation of the internal stress in thin films [J]. Progress in Nature Science, 1998, 8(6): 679 – 689.

[96] Pocza J F, Barna A, Barna B P. Formation of the preferred orientation of vacuum deposited indium thin films [J]. Vacuum, 1967, 17.(6):332 – 332.

[97] Maissel L I, Glang R, Budenstein P P. Handbook of Thin Film Technology [M]. New York, 1971.

[98] Pearson J M. Electron microscopy of multilayer thin films [J]. Thin Solid Films, 1970, 6(5):349 – 358.

[99] Bull S J. The effect of creep on the residual stress in vapour – deposited thin films [J]. Surface & Coatings Technology, 1998, 107(2 – 3):101 – 105.

[100] Malhotra S G, Rek Z U, Yalisove S M, et al. Analysis of thin film stress measurement techniques[J]. Thin Solid Films, 1997, 301(1 – 2):45 – 54.

[101] 田民波,刘德令. 薄膜科学与技术手册上册[M]. 北京:机械工业出版社, 1991.

[102] Glang R, Holmwood R A, Rosenfeld R L. Determination of Stress in Films on Single Crystalline Silicon Substrates [J]. Review of Scientific Instruments, 1965, 36(1):7 – 10.

[103] Tabor D. Indentation hardness: Fifty years on a personal view [J]. Philosophical Magazine A, 1996, 74 (5):1207 – 1212.

[104] 戴莲瑾. 力学计量技术[M]. 北京:中国计量出版社, 1992.

[105] 曲敬信. 表面工程手册[M]. 北京:化学工业出版社, 1998.

[106] 米彦郁, 胡奈赛, 何家文,等. 对几种薄膜硬度测试方法的评定[J]. 中国表面工程, 2002, 15(3): 20 – 23.

[107] 罗虹,刘家浚. 低硬度薄膜厚度的简易检测方法[J]. 理化检验:物理分册, 1994(5):49 – 49.

[108] 张泰华,杨业敏. 纳米硬度技术的发展和应用[J]. 力学进展,2002,32(3):349-364.

[109] 郑修麟. 材料的力学性能[M]. 西安:西北工业大学出版社,2001.

[110] Jönsson B, Hogmark S. Hardness measurements of thin films [J]. Thin Solid Films, 1984, 114(3):257-269.

[111] Weissmantel C, Schürer C, Fröhlich F, et al. Mechanical properties of hard carbon films [J]. Thin Solid Films, 1979, 61(2):L5-L7.

[112] Burnett P J, Rickerby D S. The mechanical properties of wear-resistant coatings I: Modelling of hardness behavior [J]. Thin Solid Films, 1987, 148(1):41-50.

[113] Gunde M K. Vibrational modes in amorphous silicon dioxide[J]. Physica B Condensed Matter, 2000, 292(3):286-295.

[114] Martinet C, Devine R A B. Analysis of the vibrational mode spectra of amorphous SiO_2 films[J]. Journal of Applied Physics, 1995, 77(9): 4343-4348.

[115] Martinet C, Devine R A B. Comparison of experimental and calculated TO and LO oxygen vibrational modes in thin SiO_2 films[J]. Journal of Non-Crystalline Solids, 1995, 187: 96-100.

[116] Lisovskii I P, Litovchenko V G, Lozinskii V G, et al. IR spectroscopic investigation of SiO_2, film structure [J]. Thin Solid Films, 1992, 213(2):164-169.

[117] Palik E D. Handbook of optical constants of solids II [M], Academic Press, 1985.

[118] 刘华松,罗征,刘幕霄,等. SiO_2 薄膜TO与LO振动模式的数值研究[J]. 红外与激光工程,2014,43(11):3746-3750.

[119] Meneses D D S, Malki M, Echegut P. Structure and lattice dynamics of binary lead silicate glasses investigated by infrared spectroscopy[J]. Journal of Non-Crystalline Solids, 2006, 352(8):769-776.

[120] Gillette P C, Koenig J L. Objective Criteria for Absorbance Subtraction [J]. Applied Spectroscopy, 1984, 38(3):334-337.

[121] Gillette P C, Lando J B, Koenig J L. Factor analysis for separation of pure component spectra from mixture spectra [J]. Physical Review D Particles & Fields, 1983, 55(4):107-108.

[122] 杨小震,朱善农,朱善工. 红外光谱数据处理技术讲座第一讲因子分析[J]. 化学通报,1987(6):58-59.

[123] Mcmillan P F, Remmele R. Hydroxyl Sites in SiO_2 Glass: A Note on Infrared and Raman Spectra [J]. American Mineralogist, 1986, 71(5-6):772-778.

[124] Pulker H K. Coating on Glass [M]. Second Edition, Elsevier, 1999.

[125] Brunet-Bruneau A, Rivory J, Rafin B, et al. Infrared ellipsometry study of evaporated SiO_2 films: Matrix densification, porosity, water sorption [J]. Journal of Applied Physics, 1997, 82(3):1330-1335.

[126] Gunde M K. Vibrational modes in amorphous silicon dioxide [J]. Physica B Condensed Matter, 2000, 292(3):286-295.

[127] Kanashima T, Okuyama M. Analysis of Si-H, Si-O-H and Si-O-O-H Defects in SiO_2 Thin Film by Molecular Orbital Method [J]. Japanese Journal of Applied Physics, 1997, 36(Part 1):1448-1452.

[128] Galeener F L, Lucovsky G. Longitudinal Optical Vibrations in Glasses: GeO_2 and SiO_2[J]. Phys. Rev. Lett, 1976, 37(37):1474-1478.

[129] Galeener F L, Leadbetter A J, Stringfellow A M W. Comparison of the neutron, Raman, and infrared vibrational spectra of vitreous Comparison of the neutron, Raman, and infrared vibrational spectra of vitreous

207

SiO$_2$, GeO$_2$, and BeF$_2$. Phys. Rev. B, 1983, 27(2):1052 – 1078.

[130] Lehmann A, Schumann L, Hübner K. Optical Phonons in Amorphous Silicon Oxides. I. Calculation of the Density of States and Interpretation of LO – TO Splittings of Amorphous SiO$_2$[J]. Physica Status Solidi (b), 1983, 117(2):689 – 698.

[131] Payne M C, Inkson J C. Longitudinal – optic – transverse – optic vibrational mode splittings in tetrahedral network glasses [J]. Journal of Non – Crystalline Solids, 1984, 68(2):351 – 360.

[132] Lucovsky G, Mantini M J, Srivastava J K, et al. Low – temperature growth of silicon dioxide films: A study of chemical bonding by ellipsometry and infrared spectroscopy [J]. Journal of vacuum science & technology. B, 1987, 5(2):530 – 537.

[133] Pliskin W A. Comparison of properties of dielectric films deposited by various methods[J]. Journal of Vacuum Science & Technology, 1977, 28(5):1064 – 1081.

[134] Brunet – Bruneau A, Rivory J, Rafin B, et al. Infrared ellipsometry study of evaporated SiO$_2$ films: Matrix densification, porosity, water sorption[J]. Journal of Applied Physics, 1997, 82(3):1330 – 1335.

[135] Brunet – Bruneau A, Fisson S, Gallas B, et al. Infrared ellipsometric study of SiO$_2$, films: relationship between LO mode frequency and porosity [J]. Thin Solid Films, 2000, 377(6):57 – 61.

[136] Brunetbruneau A, Fisson S, Vuye G, et al. Change of TO and LO mode frequency of evaporated SiO$_2$ films during aging in air [J]. Journal of Applied Physics, 2000, 87(10):7303 – 7309.

[137] Martinet C, Devine R A B. Analysis of the vibrational mode spectra of amorphous SiO$_2$, films [J]. Journal of Applied Physics, 1995, 77(9):4343 – 4348.

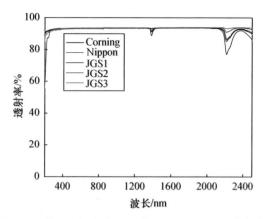

图 1-6 3mm 厚双面抛光熔融石英 UV-VIS-NIR 透射光谱曲线

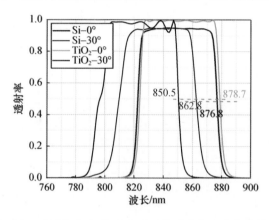

图 1-10 用 TiO$_2$ 和 Si 作为 H 层时带通滤光片的角度敏感性

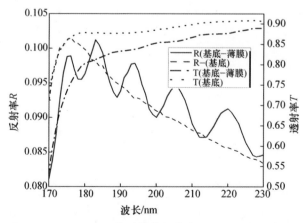

图 1-11 800nmSiO$_2$ 薄膜材料和紫外级熔融石英光谱曲线

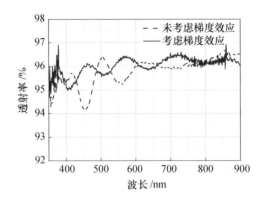

图 1-16　可见光宽带减反射膜的实测曲线

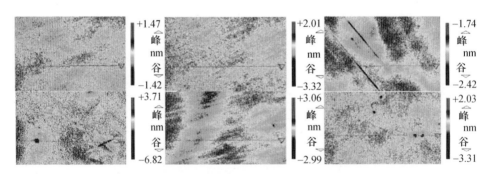

(a) 依次为：表面、深度 30nm、深度 100nm、深度 200nm、深度 375nm、深度 600nm

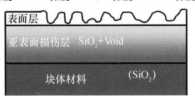

(b) 亚表面的光学模型：RMS 为 0.27,SSD=565nm

图 2-10　基片 A 的表面和亚表面实测图和结构图

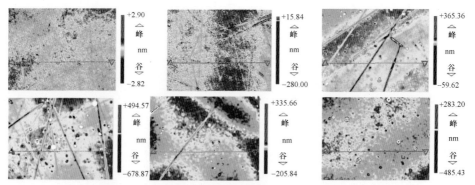

(a) 依次为：表面、深度 0.5μm、深度 8μm、深度 100μm、深度 185μm、深度 250μm

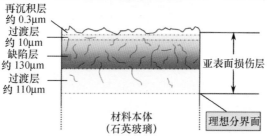

(b) 亚表面损伤层的物理模型，RMS 约 1nm

图 2-11 基片 B 的表面和亚表面实测图和结构图

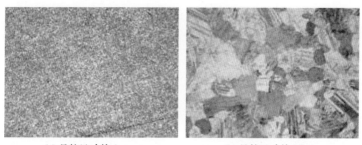

(a) 晶粒尺寸约 1μm   (b) 晶粒尺寸约 30μm

图 2-15 热压 ZnS 热等静压前(a)后(b)显微照片

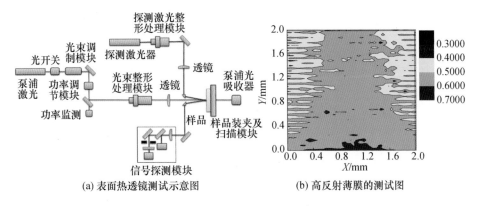

(a) 表面热透镜测试示意图　　　　　(b) 高反射薄膜的测试图

图 3-18　　表面热透镜测试仪示意图和高反膜实测图

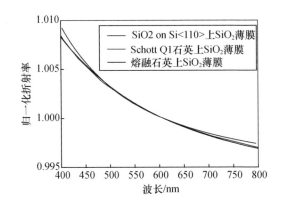

图 3-26　　两种基底上的 SiO_2 薄膜与熔融石英折射率的归一化曲线

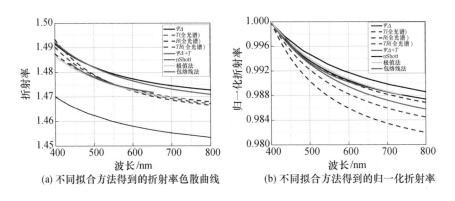

(a) 不同拟合方法得到的折射率色散曲线　　　(b) 不同拟合方法得到的归一化折射率

图 3-27　　不同测试和拟合方法二氧化硅薄膜的折射率对比

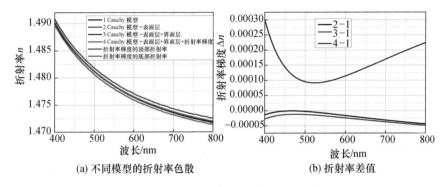

(a) 不同模型的折射率色散　　　　(b) 折射率差值

图 3 - 28　不同模型二氧化硅薄膜的折射率对比

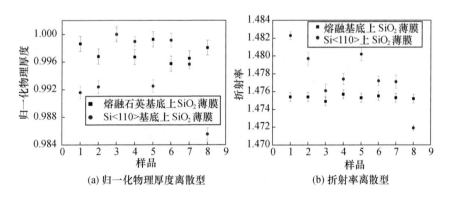

(a) 归一化物理厚度离散型　　　　(b) 折射率离散型

图 3 - 30　熔融石英和硅基底的 SiO₂ 薄膜折射率与物理厚度计算的一致性比较

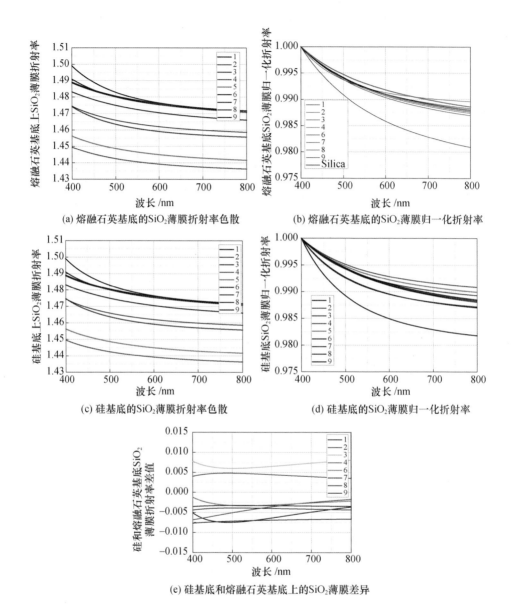

(a) 熔融石英基底的SiO₂薄膜折射率色散　　(b) 熔融石英基底的SiO₂薄膜归一化折射率

(c) 硅基底的SiO₂薄膜折射率色散　　(d) 硅基底的SiO₂薄膜归一化折射率

(e) 硅基底和熔融石英基底上的SiO₂薄膜差异

图 3-31　不同沉积技术和参数对应薄膜折射率比较

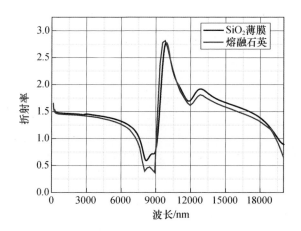

图 3 - 32   二氧化硅薄膜全光谱折射率与熔融石英的对比

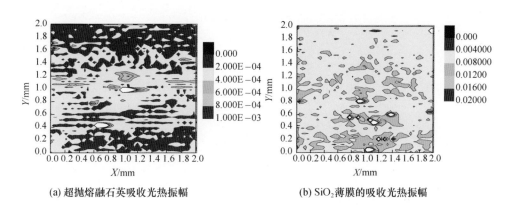

(a) 超抛熔融石英吸收光热振幅   (b) SiO$_2$薄膜的吸收光热振幅

图 3 - 35   超抛熔融石英基片和 SiO$_2$薄膜吸收光热振幅

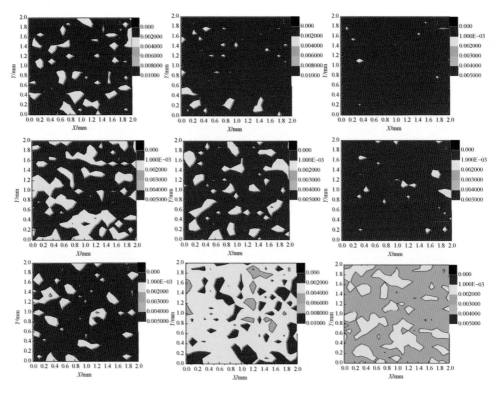

图 3 - 36 不同沉积技术制备的 SiO₂ 薄膜光热信号图

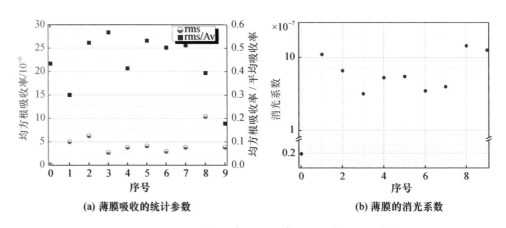

(a) 薄膜吸收的统计参数

(b) 薄膜的消光系数

图 3 - 37 不同沉积技术和参数 SiO₂ 薄膜吸收特性(0 为基片)

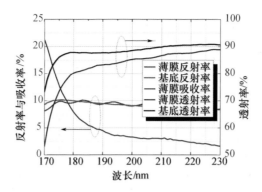

图 3-38　基片和 IBS SiO_2 薄膜紫外透/反射率和薄膜的吸收

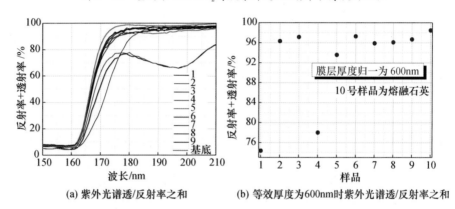

(a) 紫外光谱透/反射率之和　　　　(b) 等效厚度为600nm时紫外光谱透/反射率之和

图 3-39　SiO_2 薄膜紫外透/反射率之和曲线

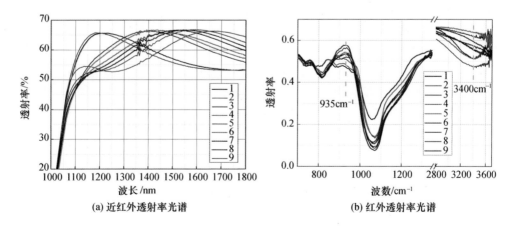

(a) 近红外透射率光谱　　　　　(b) 红外透射率光谱

图 3-41　9组 Si 基底 SiO_2 薄膜的近红外和红外透射光谱曲线

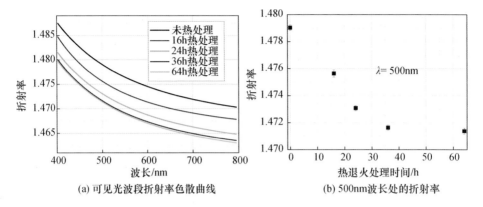

(a) 可见光波段折射率色散曲线

(b) 500nm波长处的折射率

图 4 - 1　在 300℃ 温度下薄膜的折射率与退火时间的关系

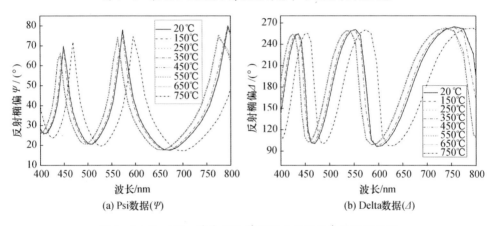

(a) Psi数据($\mathit{\Psi}$)

(b) Delta数据($\mathit{\Delta}$)

图 4 - 2　Si < 110 > 基底 SiO$_2$ 薄膜退火后椭偏参数的测试值

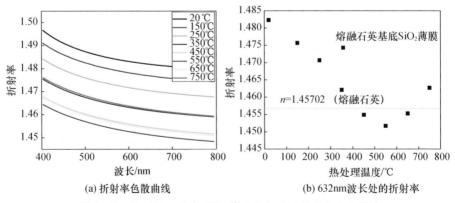

(a) 折射率色散曲线

(b) 632nm波长处的折射率

图 4 - 5　Si < 110 > 基底/SiO$_2$ 薄膜退火后的折射率变化趋势

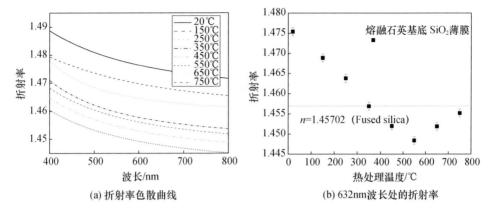

(a) 折射率色散曲线　　　　　　　　　　(b) 632nm波长处的折射率

图 4-7　熔融石英基底 SiO₂ 薄膜退火后折射率变化趋势

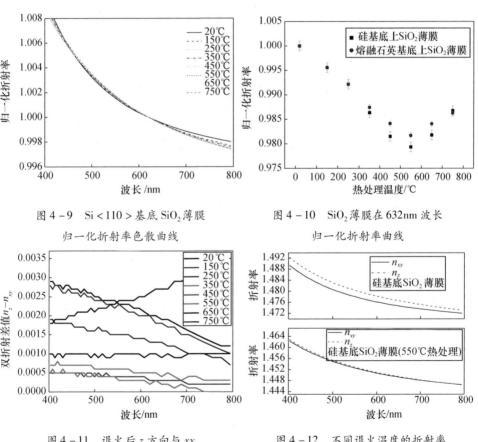

图 4-9　Si <110> 基底 SiO₂ 薄膜　　　　图 4-10　SiO₂ 薄膜在 632nm 波长

　　　　归一化折射率色散曲线　　　　　　　　　　归一化折射率曲线

图 4-11　退火后 z 方向与 xy　　　　　　图 4-12　不同退火温度的折射率

　　　　平面的折射率差值　　　　　　　　　　　变化和各向异性变化

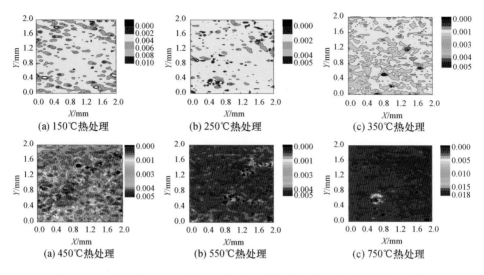

(a) 150℃热处理　　　　(b) 250℃热处理　　　　(c) 350℃热处理

(a) 450℃热处理　　　　(b) 550℃热处理　　　　(c) 750℃热处理

图 4-15　石英基底和不同热处理温度的 SiO₂ 薄膜的吸收损耗振幅分布图

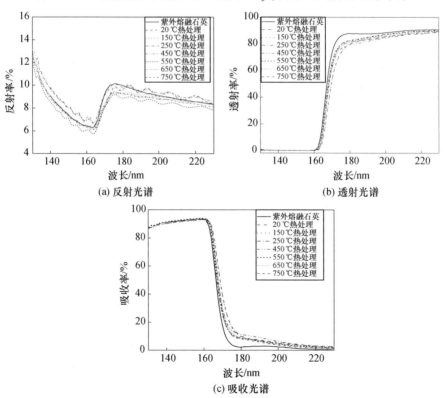

(a) 反射光谱

(b) 透射光谱

(c) 吸收光谱

图 4-18　紫外石英薄膜上 SiO₂ 薄膜退火前后的光谱特性

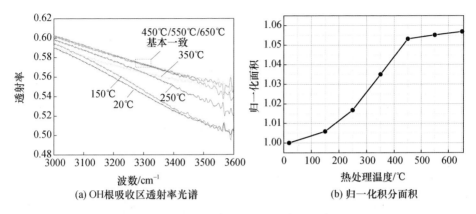

(a) OH根吸收区透射率光谱

(b) 归一化积分面积

图 4-21　SiO₂薄膜退火后红外透射特性

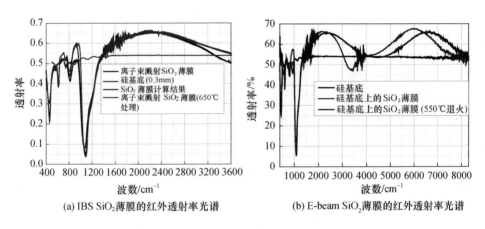

(a) IBS SiO₂薄膜的红外透射率光谱

(b) E-beam SiO₂薄膜的红外透射率光谱

图 4-22　E-Beam 沉积 SiO₂薄膜/Si 基底红外透射特性

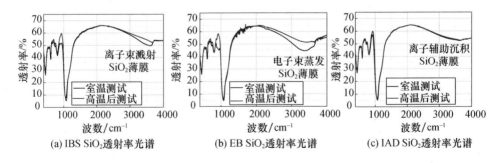

(a) IBS SiO₂透射率光谱　　(b) EB SiO₂透射率光谱　　(c) IAD SiO₂透射率光谱

图 4-24　IBS SiO₂、EB SiO₂ 和 IAD SiO₂高温冲击前后的红外透射光谱曲线

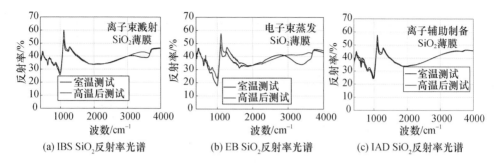

(a) IBS SiO₂反射率光谱　　(b) EB SiO₂反射率光谱　　(c) IAD SiO₂反射率光谱

图 4-25　IBS SiO₂、EB SiO₂ 和 IAD SiO₂ 高温冲击前后的红外反射光谱曲线

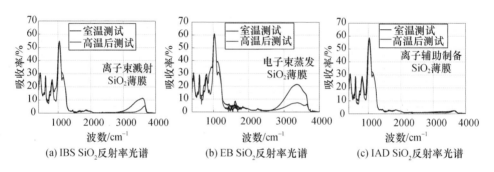

(a) IBS SiO₂反射率光谱　　(b) EB SiO₂反射率光谱　　(c) IAD SiO₂反射率光谱

图 4-26　IBS SiO₂、EB SiO₂ 和 IAD SiO₂ 薄膜高温测试前后的红外波段吸收光谱曲线

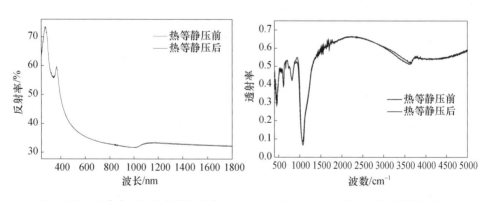

图 4-29　硅基底可见光光谱反射率　　　　图 4-30　硅基底红外光谱透射率

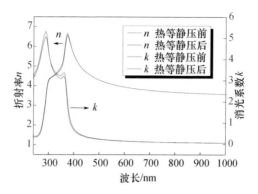

图 4 – 31 硅基底可见光
区光学常数变化

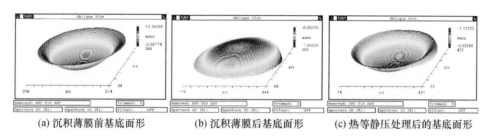

(a) 沉积薄膜前基底面形　　　(b) 沉积薄膜后基底面形　　　(c) 热等静压处理后的基底面形

图 4 – 33　热等静压对基底表面形变的影响

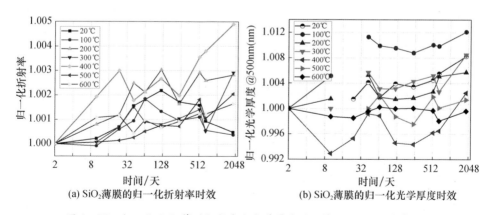

(a) SiO₂薄膜的归一化折射率时效　　　(b) SiO₂薄膜的归一化光学厚度时效

图 4 – 35　归一化 SiO₂薄膜折射率和光学厚度时效特性(熔融石英基片)

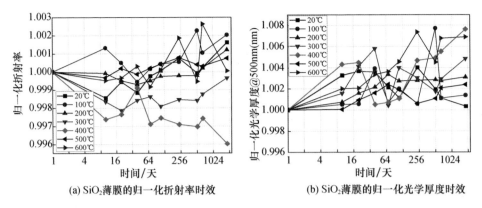

(a) SiO₂薄膜的归一化折射率时效

(b) SiO₂薄膜的归一化光学厚度时效

图 4 - 36　归一化薄膜折射率和光学厚度时效特性(Si 基片)

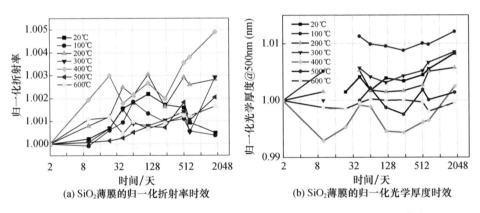

(a) SiO₂薄膜的归一化折射率时效

(b) SiO₂薄膜的归一化光学厚度时效

图 4 - 37　归一化薄膜折射率和光学厚度时效特性拟合结果(熔融石英基片)

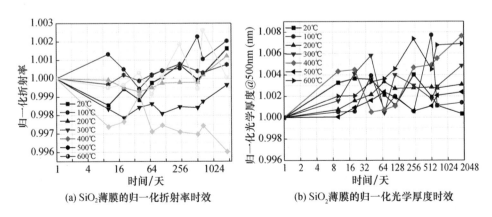

(a) SiO₂薄膜的归一化折射率时效

(b) SiO₂薄膜的归一化光学厚度时效

图 4 - 38　归一化薄膜折射率和光学厚度时效特性拟合结果(单晶硅基片)

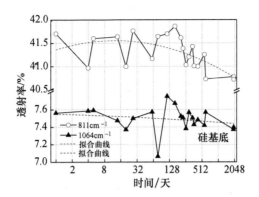

图 4 - 39　SiO$_2$薄膜特征峰红外透射率光谱的时效特性

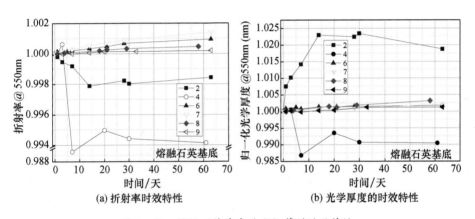

(a) 折射率时效特性　　　　　　　　(b) 光学厚度的时效特性

图 4 - 40　熔融石英基底的 SiO$_2$薄膜时效特性

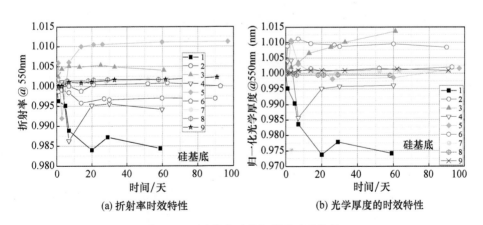

(a) 折射率时效特性　　　　　　　　(b) 光学厚度的时效特性

图 4 - 41　硅基底的 SiO$_2$薄膜时效特性

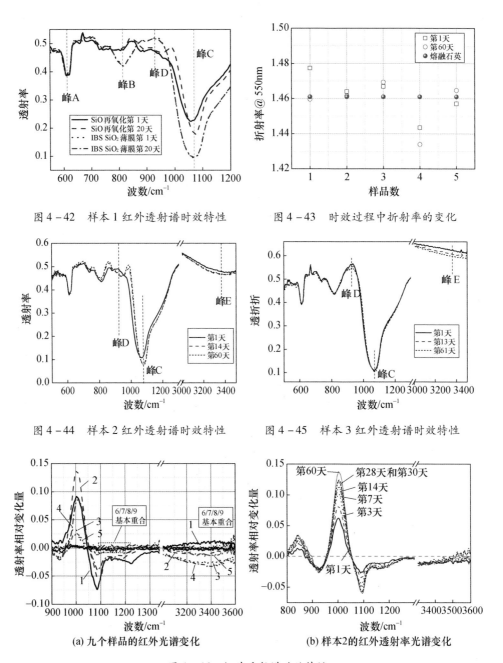

图 4-42　样本 1 红外透射谱时效特性

图 4-43　时效过程中折射率的变化

图 4-44　样本 2 红外透射谱时效特性

图 4-45　样本 3 红外透射谱时效特性

(a) 九个样品的红外光谱变化

(b) 样本2的红外透射率光谱变化

图 4-46　红外透射谱时效特性

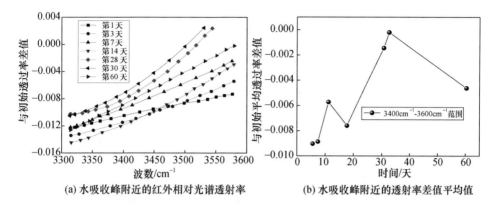

(a) 水吸收峰附近的红外相对光谱透射率

(b) 水吸收峰附近的透射率差值平均值

图 4-47　样本 2 在水吸收峰附近的红外透射谱时效特性

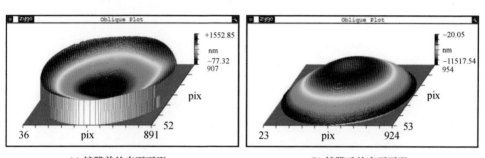

(a) 镀膜前的表面面形

(b) 镀膜后的表面面形

图 5-6　干涉仪获得的三维轮廓图

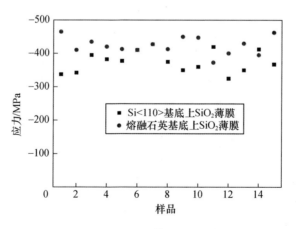

图 5-11　不同样品的应力数据

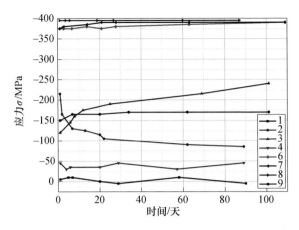

图 5 - 15　不同沉积技术和参数的 SiO$_2$ 薄膜应力时效

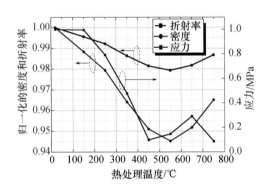

图 5 - 16　归一化应力、折射率和密度的对比

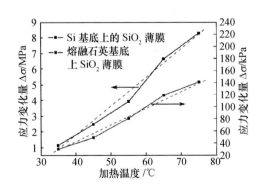

图 5 - 18　应力随加热温度变化曲线

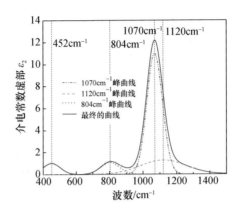

图 6-7　熔融石英在红外波段的介电常数虚部

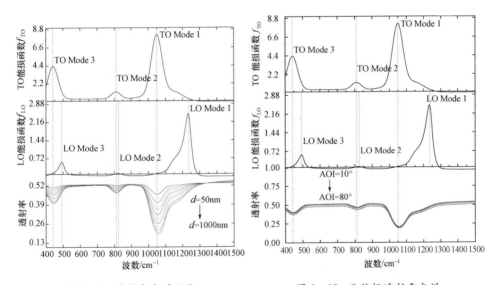

图 6-8　透射率光谱曲线　　　　　图 6-10　S 偏振透射率光谱

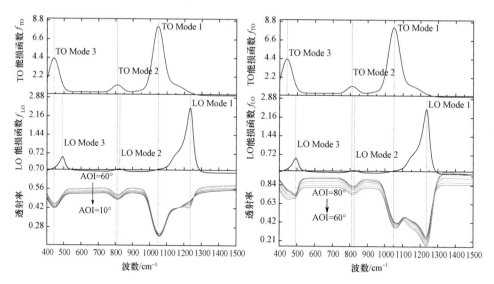

图 6 - 11   P 偏振透射率
光谱曲线（AOI≤60°）

图 6 - 12   P 偏振透射率
光谱曲线（AOI≥60°）

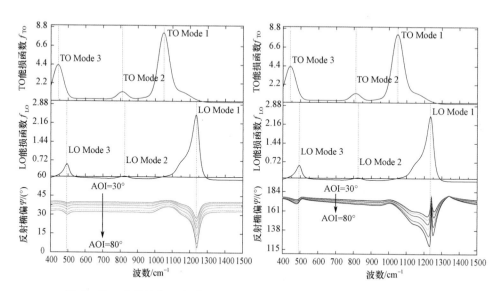

图 6 - 13   反射椭偏 ψ 光谱

图 6 - 14   反射椭偏 Δ 光谱

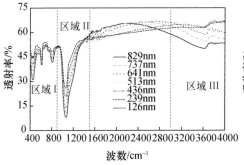

图 6 - 15　SiO₂ 薄膜的红外光谱透射率

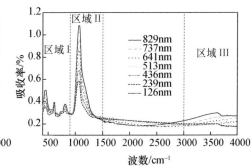

图 6 - 16　SiO₂ 薄膜的吸光度光谱

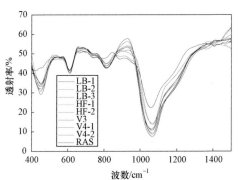

图 6 - 20　不同制备工艺下的 SiO₂
薄膜透射率光谱

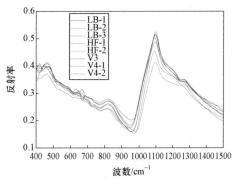

图 6 - 21　不同制备工艺下的 SiO₂
薄膜反射率光谱

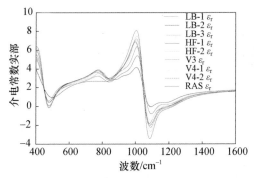

图 6 - 22　不同制备工艺下的 SiO₂
薄膜介电常数实部

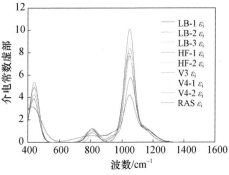

图 6 - 23　不同制备工艺下的 SiO₂
薄膜介电常数虚部

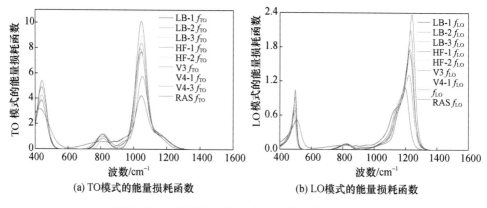

(a) TO模式的能量损耗函数　　　　　　　　(b) LO模式的能量损耗函数

图 6-24　不同制备工艺下的 SiO₂ 薄膜能量损耗函数

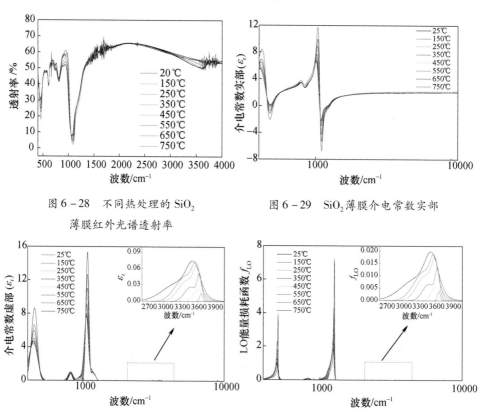

图 6-28　不同热处理的 SiO₂
薄膜红外光谱透射率

图 6-29　SiO₂ 薄膜介电常数实部

图 6-30　SiO₂ 薄膜介电常数
虚部(f_{TO} 函数)

图 6-31　SiO₂ 薄膜的 LO 模式
能量损耗函数

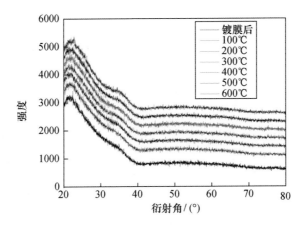

图 7 - 3　Ta$_2$O$_5$薄膜晶向结构

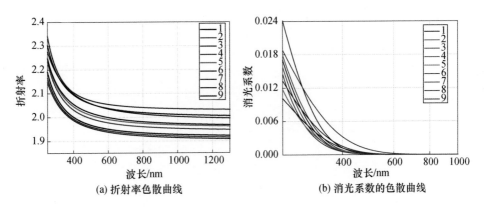

(a) 折射率色散曲线　　　　　　　(b) 消光系数的色散曲线

图 7 - 4　IBS HfO$_2$薄膜折射率和消光系数曲线

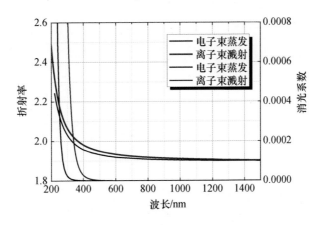

图 7 - 5　HfO$_2$薄膜折射率和消光系数曲线

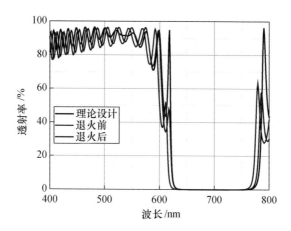

图 7 - 7　高反膜在 0° 入角时理论设计曲线和实测透射率曲线

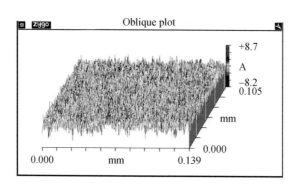

图 7 - 11　退火后表面粗糙度测试图

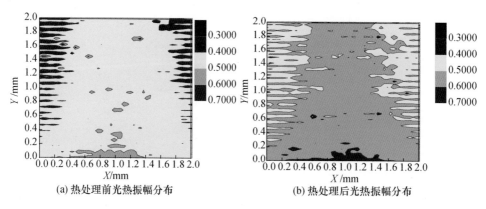

(a) 热处理前光热振幅分布　　　　　　(b) 热处理后光热振幅分布

图 7 - 12　高反膜样本 A 热处理前后膜吸收损耗分布图

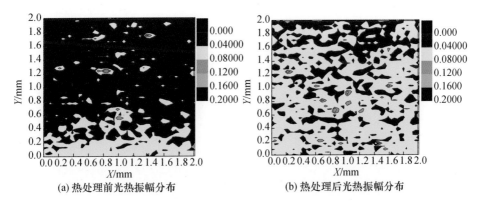

(a) 热处理前光热振幅分布

(b) 热处理后光热振幅分布

图 7-13　高反膜样本 B 热处理前后膜吸收损耗分布图

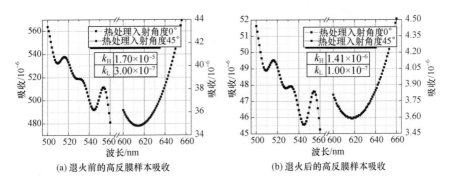

(a) 退火前的高反膜样本吸收

(b) 退火后的高反膜样本吸收

图 7-15　吸收损耗模拟分析

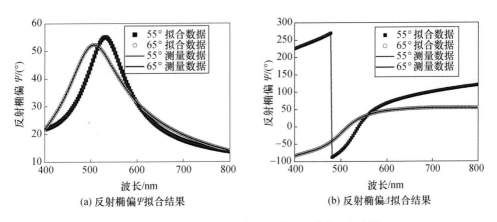

(a) 反射椭偏Ψ拟合结果

(b) 反射椭偏Δ拟合结果

图 7-19　减反射膜的反射椭偏参数测量值和拟合值

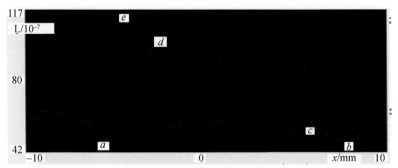

(a) 减反膜横向扫描的损耗测试结果

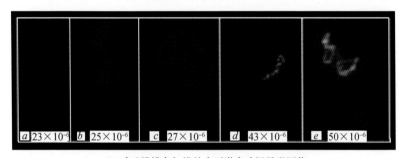

(b) 减反膜横向扫描的表面激光暗场显微图像

图 7 - 22　减反射膜总损耗的扫描分布特性和对应特征点暗场显微照片

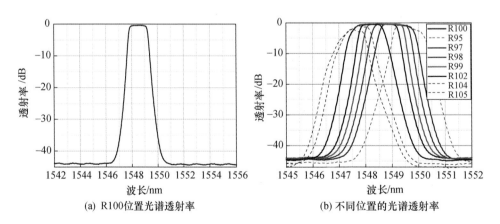

(a) R100位置光谱透射率　　　　　　　(b) 不同位置的光谱透射率

图 7 - 32　200G 窄带滤光片实测光谱曲线

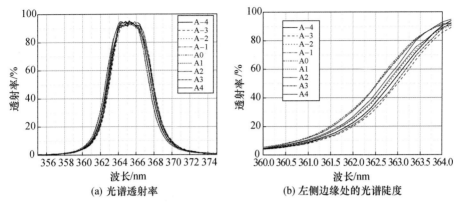

(a) 光谱透射率   (b) 左侧边缘处的光谱陡度

图 7-38 大口径窄带滤光片透射率测试曲线(A-4~A4)

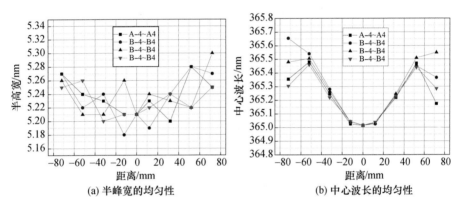

(a) 半峰宽的均匀性   (b) 中心波长的均匀性

图 7-39 半峰宽和峰值波长均匀性测试数据

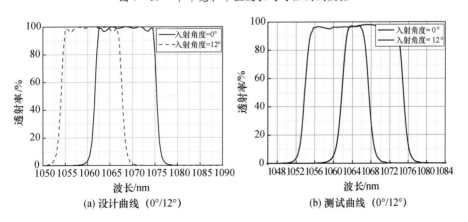

(a) 设计曲线 (0°/12°)   (b) 测试曲线 (0°/12°)

图 7-40 1064nm 窄带滤光片设计和测试曲线

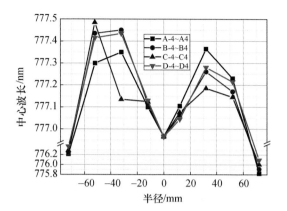

图 7-41　均匀性测试取样方法及测试结果

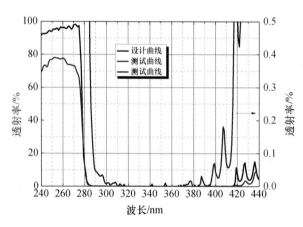

图 7-44　240~275nm 波段高透和 285~450nm 波段高反膜曲线

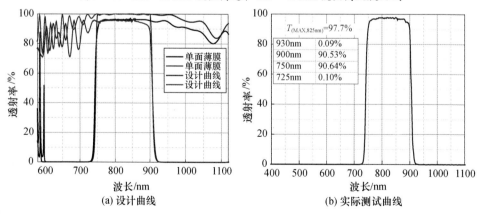

(a) 设计曲线　　　　　　　　　　(b) 实际测试曲线

图 7-45　设计和测试曲线